AF569617

50 PFLANZEN

die unsere Welt verändert haben

Titel der Originalausgabe: *Fifty Plants that Changed the Course of History*

www.librero-ibp.com

Ursprünglich herausgegeben von Quid Publishing,
einem Imprint von The Quarto Group

Satz und Redaktion: bookwise Medienproduktion GmbH, München

Printed in Malaysia

ISBN 978-94-6359-683-1

50 PFLANZEN

die unsere Welt verändert haben

Bill Laws

Aus dem Englischen von Frank Auerbach

Librero

Inhalt

Einleitung

Welch größere Freude gibt es, als die Erde in ihrem Pflanzenkleide zu betrachten, gleich einem Gewande von Stickereien, besetzt mit exotischen Perlen, geschmückt mit einer Vielfalt seltener und kostbarer Juwelen?

John Gerard, *The Herbal*, 1597

Gingen plötzlich alle Pflanzen der Erde zugrunde, gäbe es für uns keine Zukunft. Allzu leichtfertig betrachten wir Pflanzen als stumme Zeugen unseres Fortschritts. Auf der Erde gedeihen 250000 bis 300000 Arten – doch vielen Menschen erscheinen sie nur als hübsches Dekor ihrer egoistischen Lebensweise: wenn man den Hund in einem Eichenwald spazieren führt, mit dem Auto an purpurnen Lavendelfeldern oder mit dem Zug an riesigen Weizenflächen vorüberfährt.

Pflanzen und Menschen

Tatsächlich spielen Pflanzen eine sehr aktive Rolle in unserer Geschichte. Der Atem der Pflanzen ermöglicht das Leben auf der Erde, sie nehmen Kohlendioxid (CO_2) auf und geben Sauerstoff ab. Pflanzen waren so gesehen unsere Wegbereiter, weil sie als Reaktion auf vorgeschichtliche Klimakatastrophen die Photosynthese entwickelt und die DNA für die Entstehung von Landlebewesen erschlossen haben.

Gefrorene Pollenkörner im Eis der Antarktis geben Geheimnisse über die Vergangenheit unseres Planeten preis und könnten beispielsweise Hinweise darauf geben, ob das Ozonloch sich schon vor Jahrmillionen ankündigte. Die Geschichte der Pflanzen ist bedeutend älter als die des Menschen. Sie besiedeln die Erde seit 470 Millionen Jahren – unsere Historie hingegen reicht lediglich ein paar Jahrmillionen zurück. Würde man auf einem Zifferblatt jedes Jahrhundert als eine Minute darstellen, dann hätten die Römer vor 20 Minuten Europa erobert, das Christentum breitete sich seit einer Viertelstunde aus, und die ersten Europäer besiedelten Amerika in der kurzen Zeit, in der aus den Bohnen von *Coffea arabica* eine Tasse Kaffee entsteht.

Flüssiger Muntermacher
Die Bohnen von *Coffea arabica* werden seit Jahrhunderten geröstet, gemahlen und gebrüht (siehe Seite 54).

Pflanzen spenden uns Energie, Nahrung, Obdach und Heilmittel. Sie verhindern die Bodenerosion und regulieren das Verhältnis von Kohlendioxid und Sauerstoff in unserer Atemluft. Und sie haben uns zur Anlage botanischer Gärten angeregt und zur Pflege unserer Gärtchen am Haus, für die wir kleine Vermögen ausgeben.

Goldene Ernte
Die Körner von *Triticum aestivum* ernähren seit der Zeit der alten Ägypter die Menschen vieler Kulturen (siehe Seite 190).

Mit Pflanzen fügen wir uns aber auch Schaden zu, wenn wir beispielsweise zu viel Zucker essen, pflanzliche Betäubungsmittel missbrauchen oder uns dem Alkohol hingeben. Eine übergewichtige Frau mag den Tag verwünschen, an dem erstmals Zucker (siehe Seite 166) raffiniert wurde, ein Trinker wird der Gerste (siehe Seite 104) die Schuld an seinem Elend zuschieben, während ein armer Krebspatient den Tabak (siehe Seite 136) für seinen Zustand verantwortlich macht. Andererseits dürfen wir uns an einer Tasse Tee (siehe Seite 26) laben, mit einem Glas Wein (siehe Seite 202) feiern oder den Duft der Wicke (siehe Seite 118) und der Rose (siehe Seite 162) genießen.

Verletzliche Erde

Es ist an der Zeit, sich bewusstzumachen, wie die Pflanzen unser Leben auf der Erde bestimmt haben und welche Schlüsselrolle in unserem Leben ihnen auch weiterhin zukommt. Wir gehen mit Pflanzen ebenso fahrlässig um wie mit unserem Planeten. So kann es nicht weitergehen. Wenn wir fossile Brennstoffe verschwenden und die Regenwälder vernichten, »unternehmen wir«, so der Paläoklimatologe David Beerling, »ein unbeherrschbares globales Experiment, das mit Sicherheit das Klima für künftige Generationen verändert. Pflanzen (…) sind heute wie in der jüngeren und ferneren Vergangenheit ein Hauptfaktor im Umweltdrama der Erderwärmung.« (*The Emerald Planet: How Plants Changed Earth's History*, 2007) Die Gefährdung oder Vernichtung unserer Pflanzenwelt könnte den Gang der Geschichte für alle Zeiten besiegeln.

Flower-Power
Der Handel mit Tulpenzwiebeln erreichte im Holland des 17. Jahrhunderts ungeahnte Ausmaße und führte zur ersten Finanzkrise der Geschichte (siehe Seite 198).

Agave

Agave spp.

Ursprungsgebiet: südliches Mexiko und nördliches Südamerika

Typus: kaktusähnliche Pflanze mit stacheligen Blättern

Höhe: bis 12 m

- ✦ Nahrung
- ✦ Heilmittel
- ✦ ***Handelsware***
- ✦ Werkstoff

Agaven waren Rohstoff für nahezu alles – von Schiffstrossen bis zum Tequila, dem hochprozentigen Schnaps. Ein Tequila-Kater dürfte freilich kaum den Lauf der Welt verändert haben, für eine Gruppe amerikanischer Ureinwohner hingegen waren Agaven die Lebensgrundlage.

Die edle Agave

Agaven sind bemerkenswerte Pflanzen. Sie gedeihen sogar in Wüsten und an trockenen, sonnigen Gebirgshängen. Seit mindestens 9000 Jahren wird die Agave verzehrt, doch erst 1753 wurde sie wissenschaftlich erfasst, als Carl von Linné sie »die Edle« taufte und als *Agave americana* beschrieb.

A. americana wurde auch »Jahrhundertpflanze« genannt, weil sie hundert Jahre brauchen soll, um zum Blühen zu kommen. Tatsächlich kann sie etwa dreimal in einem Jahrhundert blühen, wonach jeweils die Hauptpflanze abstirbt und aus Seitentrieben neue Pflanzen entstehen. Es gibt 136 Arten von Agaven, und sie erschienen vor rund 60 Millionen Jahren auf unserem Planeten.

Aus Agaven werden strapazierfähige, lichtbeständige Teppiche angefertigt. In Kenia, Tansania und Brasilien spielen die einen Meter langen Blattfasern von *A. sisalana*, oder Sisalagave, eine wichtige wirtschaftliche Rolle. Im frühen 20. Jahrhundert wurden aus Sisal Schnüre und Seile für verschiedenste Zwecke hergestellt – um die Ladung von Schiffen festzuzurren oder Hopfenranken hochzuziehen. Agaven enthalten auch starke Wirkstoffe: Obwohl *A. bovicornuta* Hautentzündungen verursacht und andere Arten so toxisch sind, dass sie als Pfeilgift verwendet werden, sind manche für ihre entzündungshemmende Heilwirkung bekannt.

Als im Europa des 15. Jahrhunderts die dunkle Zeit der Inquisition herrschte, hatte die Kultur der Azteken 8000 Kilometer weiter westlich in Mexiko den Höhepunkt ihrer Macht erreicht. Hier war die Agave eine wichtige Pflanze, besonders *A. pacifica*, deren Fasern sich vorzüglich zu Kleidung verarbeiten ließen. Anfang des 16. Jahrhunderts hatte der spanische Eroberer Hernán Cortés den Azteken die Macht entrissen und war mit reicher Beute heimgekehrt. Im Gegenzug gelangte der Destillierapparat nach Mexiko. Hatte das Destillieren von Getreide in Europa eine lange Geschichte, war diese Technik im präkolumbianischen Amerika unbekannt gewesen. Dies sollte sich aber rasch ändern.

Mexikanische Tradition
Eine *Pulquería* in Tacubaya, Mexiko, 1884 von William Henry Jackson fotografiert. Der Tequila, den man zuweilen als mexikanisches Nationalgetränk bezeichnet, wird aus fermentiertem Agavensaft hergestellt.

Traditionell wurde hier Alkohol aus Agaven gebraut. *Pulque*, vergorener Agavensaft, entstand durch Fermentierung des in ausgehöhlten Agavenstängeln zusammengelaufenen »Honigwassers« *(aguamiel)*. Weiterhin gab es *Mescal* aus gemaischten Agavenköpfen oder *Cabeza*, ein Getränk, das vier Jahre in Flaschen reifte. In den 1620er Jahren kochten die Mexikaner die fleischige Blattwurzel von *A. tequilana*, um aus ihrer Stärke Zucker zu gewinnen. Wurden die Pflanzenteile in Bottichen zerstampft und dann fermentiert, wandelte sich der Zucker in Alkohol um. So entstand der *Tequila*. Anderthalb Jahrhunderte lang war die Stadt Tequila im Staat Jalisco für kaum etwas anderes bekannt.

Ein Tequila, zwei Tequila, drei Tequila – und zu Boden.

George Carlin, amerikanischer Komiker

Der Tequila mit seinen bis zu 50 Prozent Alkoholgehalt war nicht jedermanns Sache. So soll Carlos Herrera, ein Barkeeper im mexikanischen Tijuana, die Margarita erfunden haben, um eine amerikanische Barbesucherin zu erfreuen, die puren Tequila verabscheute.

Im Leben einer Gruppe von Apachen in New Mexico spielte die Agave eine so zentrale Rolle, dass man sie *Mescalero* nannte. Die Indianer nutzten die Mescal-Agave als Nahrung und stellten aus den Fasern Seile, Schnüre, Sandalen und Körbe her. Getrocknete Agavenblätter nutzten sie als Brennstoff, und mit gekauten Agaven-»Priemen« luden sie ihre Feuerwaffen. Sogar als Nähzeug dienten die Agaven: Wenn man die scharfe Spitze der Agave abbrach, zog sie einen Faden mit sich. Die Mescalero hätten in der »Reservationszeit« der 1870er Jahre die Umsiedlung aus ihrer angestammten Heimat fast nicht überstanden, aber schließlich wurden sie in New Mexico sesshaft.

Aloe vera

✦

Die nicht mit Agaven verwandte, aber ähnlich aussehende *Aloe vera* stammt aus dem tropischen Afrika und erreichte vor etwa 400 Jahren den karibischen Raum. Der Saft aus den fleischigen, spitz zulaufenden Blättern hat besondere Heilwirkung, speziell zur Linderung von Hautkrankheiten und Verbrennungen, selbst zur Behandlung von Strahlenschäden.

Zwiebel

Allium cepa

Ursprungsgebiet: unbestimmte Herkunft

Typus: fleischige Zwiebelknolle

Höhe: 30 cm

- ✦ ***Nahrung***
- ✦ ***Heilmittel***
- ✦ ***Handelsware***
- ✦ Werkstoff

Haben Zwiebeln den Gang der Geschichte verändert? Wohl kaum. Und doch hat die bescheidene Zwiebel der Wissenschaft bei der Klassifizierung der Pflanzen einige tränenreiche Einsichten beschert. Sie wirkte auch am Klischee des Franzosen mit Baskenmütze, gestreiftem Pullover und einem Zwiebelzopf über dem Fahrradlenker mit.

Vergossene Tränen

Schneiden Sie in eine Zwiebel, und eine Chemikalie wird freigesetzt: Propanthial-S-Oxid. Dieser Stoff reizt die Augenschleimhäute wie ein Pfefferspray, und Sie müssen weinen. Aber sind diese Tränen so echt wie jene, die aus Kummer vergossen werden? Nach langen Forschungen kam Charles Darwin zu dem Ergebnis, dass da kein Unterschied bestehe. Tränen, folgerte er, befeuchten einfach die Augen zu ihrem Schutz. Im 20. Jahrhundert aber widerlegte ihn der amerikanische Biochemiker William Frey. Er entdeckte, dass zwar alle Tränen aus Wasser, Schleim und Salz bestehen, die aus Traurigkeit vergossenen jedoch zusätzliche Proteine enthalten, weil der Körper sich bei diesem Weinen emotional reinigt und stressrelevante Stoffe ausspült. Kurz: Sich ausweinen tut gut.

Versteht der Knabe nicht die Frauenkunst, schnell einen Tränenschauer zu gebieten, wird eine Zwiebel ihm behilflich sein ...

William Shakespeare, *Der Widerspenstigen Zähmung*, 1592

Das war aber nur einer der hilfreichen Beiträge der Zwiebel zur Wissenschaft. Diese Gemüsepflanze hatte ihren Ursprung wohl vor 5000 Jahren in Südwestasien. Als eines der ältesten Gemüse der Welt – dicht gefolgt von Erbse, Kohl und Lauch – scheint sie sich rasch über die Erde ausgebreitet und eine Welle von Verwirrungen nach sich gezogen zu haben.

In der griechisch-römischen Antike war die Zwiebel ein Grundnahrungsmittel. Die Römer nannten sie *unio*, um auf die einzigartige, perlengleiche Beschaffenheit und die durchscheinende Optik der geschälten Zwiebel zu verweisen. Noch früher in der Geschichte ernährten sich die ägyptischen Arbeiter, die die Pyramiden erbauten, von Zwiebeln, Knoblauch und Lauch, und bisweilen dienten kleine Zwiebeln bei der Mumifizierung bedeutender Persönlichkeiten als künstliche Augäpfel. In in Pelusium im Nildelta soll es sogar einen Zwiebelkult gegeben haben.

Sowohl der Zwiebel als auch dem Knoblauch *(Allium sativum)* werden traditionell geheime Wirkungen nachgesagt. Wehrt der Knoblauch Vampire ab, so kann einem eine links getragene Zwiebel Krankheiten vom Leib halten. Eine auf offenem Feuer verbrannte Zwiebel war ein Abwehrzauber gegen Unglück; dagegen brachte es Glück, von einer Zwiebel zu träumen. Wer sich in der Thomasnacht (20./21. Dezember) eine Zwiebel unters Kopfkissen legte, konnte im Traum seine künftige Frau sehen.

»Zwiebel-Johnnies«

✦

Wenn in der nordwestlichen Bretagne die Zwiebelernte begann, schnappten sich junge Bretonen ein Fahrrad und fuhren mit so vielen Zwiebelschnüren, wie sie an den Lenker hängen konnten, zu den Fischerhäfen Saint-Brieuc und Tréguier. Von dort brachen sie zur *journée d'Albion*, zum Tagestrip nach England, auf, wo sie die jungen Zwiebeln englischen Hausfrauen an der Tür zum Kauf anboten. Die »Onion Johnnies«, wie sie genannt wurden, trugen wie schon ihre Vorfahren die traditionellen Baskenmützen und Pullover der Bretonen. Den Zwiebelverkauf gibt es fast nicht mehr, aber dieses Klischeebild des Franzosen hat sich bis heute erhalten.

Alles in einem Namen

Zwiebeln haben ebenso viele verschiedene Bezeichnungen wie Formen. Im Englischen gibt es nicht nur *onions*, sondern auch *jibbles*; im Französischen wird die Zwiebel *oignon*, aber auch *ciboule* genannt, im Italienischen *cipolla* und im Sanskrit *ushna* ... Welch eine Erleichterung, als Carl von Linné auftauchte und Ordnung ins System brachte!

Er war 1707 als ältestes Kind des Gemeindepfarrers und fantasievollen Gärtners Nils Ingemarsson Linnaeus in einem torfgedeckten Blockhaus in Råshult am Möckelnsee in Schweden geboren worden. Dieser hatte einmal ein seltsames Hochbeet in seinem Garten angelegt, das den Esstisch der Familie darstellte und auf dem kleine Sträucher die Essensgäste repräsentierten. Carl war von dieser gärtnerischen Spielerei genauso fasziniert wie allgemein von der Natur. Der Vater förderte das Interesse seines Sohnes, brachte ihm die richtigen Pflanzennamen bei und überließ ihm ein Beet, das er selbst bepflanzen durfte. Der Garten war ein guter Lehrmeister, und Carl wurde ein begeisterter Naturkundler.

Später studierte er an der Universität Uppsala Medizin, zu einer Zeit, als eine Flut neuer Pflanzen aus Übersee Europa erreichte. Kühne englische, holländische und französische Seefahrer brachten sie aus allen Ecken der Erde mit. In der darauffolgenden botanischen Verwirrung erhielten einzelne Pflanzen unterschiedliche Namen, wodurch die Aufgabe, sie wissenschaftlich systematisch zu benennen, zum Alptraum wurde. Linné befasste sich auch mit der Kalibrierung des Thermometers und dem Anbau von Bananen

Knoblauch
Der Knoblauch gehört wie die Zwiebel zur Familie der *Alliaceae*. Fast alle Teile der Pflanze, selbst Blätter und Blüten, finden in der Küche Verwendung.

in den Niederlanden, und er schuf die Grundlagen für die Anlage botanischer Gärten in aller Welt. Vor allem aber räumte er das Durcheinander bei der Zwiebel auf – und schuf ein System für die Klassifizierung aller Pflanzen und Tiere.

In Uppsala freundete er sich mit seinem Kommilitonen Peter Artedi an, der seine Naturbegeisterung teilte. Die beiden jungen Männer heckten den ehrgeizigen Plan aus, alle Geschöpfe auf Gottes Erde zu klassifizieren. Einer sollte das Tier-, der andere das Pflanzenreich übernehmen, doch als Artedi 1735 in einer Amsterdamer Gracht ertrank, schulterte Linné die gesamte Aufgabe. 1778 starb Linné, vermutlich infolge von Überarbeitung; doch hatte er eine wissenschaftliche Systematik geschaffen, die bis heute Bestand hat.

Es ist die Gattung, die die Eigenart bestimmt, und nicht die Eigenart, die die Gattung ausmacht.

Carl von Linné (1707–1778)

Vormals waren Pflanzen wie die Zwiebel mit vielerlei volkstümlichen und etlichen, oft widersprüchlichen lateinischen Namen bezeichnet worden. Der griechische Arzt Dioskurides hatte zu Lebzeiten Christi in seiner Arzneimittellehre *De materia medica* etwa 500 Pflanzen sorgfältig benannt, doch es sollte noch ein Jahrtausend vergehen, bis sein Werk in der mittelalterlichen Welt Verbreitung fand. Linné klassifizierte in den zwei Bänden seiner *Species plantarum* (1753) die 5900 zu seiner Zeit bekannten Pflanzen, jede davon mit einem zweiteiligen lateinischen Namen (binäre Nomenklatur). Im 18. Jahrhundert waren sich die Botaniker und anderen Naturforscher so weit einig, dass verschiedene Pflanzen zu Familien zusammengefasst werden konnten: Zwiebel-, Lauch- und Knoblauchpflanzen in der Familie der Liliengewächse oder *Liliceae*; Bohnen, Erbsen und Wicken in der Familie der Hülsenfrüchtler oder *Leguminosae*; Mais und Bambus in der Familie der Gräser oder *Poaceae*.

Diese Pflanzenfamilien wurden in Gattungen und diese in Arten unterteilt. Nachdem er alte latei-

Gesundes Gleichgewicht
Das Werk *Tacuinum Sanitatis* (1531) – Übersichtstafeln der Gesundheit – stellte Risiken und Nutzen etlicher Pflanzen und Nahrungsmittel dar. Diese Abbildung aus dem Originaldruck zeigt Bauern bei der Knoblauchernte.

Carl von Linné
Die erste Auflage von *Systema naturae* erschien 1735. Binnen zwei Jahrzehnten folgten zehn Nachauflagen. Zusammen mit einem anderen Werk Linnés, *Species plantarum* (1753), wurde es zum Grundstein der modernen botanischen Nomenklatur.

nische Namen entfernt oder verkürzt hatte, verwendete Linné die Gattung als ersten (wie etwa *Pisum*) und die Art als zweiten Namen (wie bei *Pisum sativum*, der Gartenerbse). Üblicherweise ist der erste Name groß-, der zweite kleingeschrieben. Bei Wiederholungen wird der erste Name abgekürzt; die Ergänzung *L.* weist auf die Erstveröffentlichung durch Linné selbst hin *(*wie bei *P. sativum L.)*. Weitere Varietäten (Spielarten), Kulturformen (Züchtungen mit besonderen Eigenschaften) oder Sorten sind mit einem zusätzlichen Namen gekennzeichnet, zum Beispiel *P. sativum* 'Wunder von Kelvedon'.

Eine gewisse Ordnung wurde von Linné in die ziemlich verworrene Zwiebelwelt gebracht, als er die Gattung *Allium* in verschiedene Arten wie *A. porrum* (Porree), *A. schoenoprasum* (Schnittlauch), *A. sativum* (Knoblauch) und *A. fistulosum* (Winterzwiebel) unterteilte. Er klassifizierte die Gattungen und Arten der Pflanzen innerhalb von Familien entsprechend ihrer Anzahl männlicher Staubgefäße und weiblicher Stempel – eine Methode, die sich am »Sexualsystem der Pflanzen« orientierte. Johann Siegesbeck, ein Gelehrter in St. Petersburg und Zeitgenosse Linnés, nach dem dieser die Pflanze *Siegesbeckia orientalis* benannte, prangerte Linnés Werk als obszön an. Wie, so wetterte er, könnten Zwiebeln zu solch vegetativer Unmoral kommen? Schlimmer noch – wie könnte man junge Menschen eine »so unzüchtige Methode« der Klassifizierung lehren? Trotz seiner »widerwärtigen Lüsternheit« wurde Linnés System allgemein anerkannt und der Name des schwedischen Forschers zum festen Begriff.

Linné war ein bescheidener Mensch und legte für seine Bestattung fest: »Bewirtet niemanden … und nehmt keine Beileidsbekundungen entgegen.« Doch als er im Januar 1778 starb, ignorierte man seine Anweisungen. Sogar der schwedische König kam zur Beisetzung und erwies dem Mann die Ehre, der den Pflanzen der Erde Namen gegeben hatte.

Älter als Zwiebeln?

✦

Der Lauch, *Allium porrum*, könnte älter sein als die Zwiebel. Er wird in einem der frühesten erhaltenen Rezepte der Welt auf einer 4000 Jahre alten babylonischen Tafel als Zutat eines Lammeintopfs aufgeführt. Die Griechen nannten ihn *prasa*, die Araber *kurrats* und die Römer, die ihn ins nördliche Europa brachten, *porrum*. Die Waliser, die den Römern den hartnäckigsten Widerstand leisteten, nannten ihn *cenhinen* und wählten ihn zur Nationalpflanze. Warum – das bleibt wohl ein Geheimnis. Vielleicht hat es mit der Liebe der Waliser zu Rede und Gesang und den die Kehle schmierenden, schleimigen Eigenschaften des Lauchs zu tun. Es geht auch die Sage, dass sich walisische Krieger vor der Schlacht Lauchstangen vor den Helm banden, um sich gegenseitig zu erkennen.

Ananas

Ananas comosus

Ursprungsgebiet: tropisches Südamerika

Typus: tropische Fruchtpflanze

Höhe: 1,50 m

Wenn Sie mit dem Zug durch die Vororte einer englischen Großstadt fahren, werden Sie in den Reihenhausgärtchen kaum mehr die hübschen kleinen Rasenrechtecke und Gemüsebeete von früher entdecken, sondern Reihen von Plastiktreibhäusern voll exotischer Pflanzen, die in der Sonne brüten. In gigantischem Ausmaß werden Jahr für Jahr Unmengen an geformtem Plastik produziert, um die Nachfrage zu decken. Die Pflanze, mit der die Begeisterung für Treibhäuser ihren Anfang nahm, ist die Königin der Früchte: die Ananas.

✦ ***Nahrung***
✦ Heilmittel
✦ ***Handelsware***
✦ Werkstoff

Gärtners Freude

Die meisten Gärtner wollen ihren Auftraggebern die Freude machen, mit einer Chrysanthemenzüchtung einen Preis auf der jährlichen Gartenschau zu gewinnen oder die Küche des Hauses mit einem exotischen Gemüsegericht zu bereichern. Keinem gelang dies besser als John Rose, dem Gärtner des englischen Königs Karl II. (1630–1685). Ein Gemälde aus dem Jahr 1675 zeigt Rose, wie er in seinem Gehrock und mit wallender Perücke auf einem bestrumpften Bein vor seinem König kniet und diesem eine seltsame, knotige Frucht darbietet. Der geckenhafte König wendet gelangweilt den Blick von diesem Angebot ab. Dabei war es doch etwas ganz Besonderes: eine frühe, selbst gezogene Ananas.

Die Spanier hatten die Ananas entdeckt, nachdem sie in Amerika gelandet waren; und wie zuvor schon die Ureinwohner, so fanden auch die Invasoren die große, süße Frucht köstlich. Sie bildet sich aus einer Ansammlung von etwa hundert einzelnen Blüten und ist ebenso reich an Aroma wie an Vitamin A und C. Züchtet man Ananas, indem man ihre wirbeligen grünen Blätterkronen in Kompost einpflanzt oder aus Seitenschösslingen Ableger zieht, gedeihen sie in tropischem Klima bestens. Die Spanier, die sie nach Europa brachten, hatten auch zu Hause genügend Wärme für den Anbau. Des Weiteren gedieh die Ananas in Pflanzungen in Nord- und Südafrika, später in Malaysia und Australien. Hawaii erwies sich als eines der fruchtbarsten Ananas-Anbaugebiete überhaupt. In den sonnenarmen, kalten Regionen Nordeuropas

Königliche Gabe
Dieses Gemälde von 1675, dem Holländer Hendrick Danckerts zugeschrieben, zeigt König Karl II., dem sein Gärtner John Rose eine Ananas überreicht.

hingegen hatte es die Ananas schwer. Die dortigen Gärtner stellten sich aber der Herausforderung und gingen daran, in beheizten Holzhäuschen einzelne Früchte auf Pferdemistbeeten zu ziehen.

Der Gartenbauer und Autor John Evelyn hatte seine Methode zur Nutzung natürlicher Energie in *Terra: A Philosophical Discourse of Earth* der Royal Society unterbreitet – jener Organisation, die von Karl II. zur Förderung von Kunst und Wissenschaft geschaffen worden war. Man müsse, so Evelyn, Treibhausgruben so tief ausheben, dass ein Mann darin stehen könne, und mit dampfendem Mist auffüllen. Pflanzen, die in tragbaren Holzkästen darüber gezüchtet wurden, gediehen dank der natürlichen Wärme vom Boden her umso besser. (Der Gedanke war allerdings nicht neu. Über 500 Jahre zuvor hatten orientalische Gärtner den Einsatz von gutem Mist maisgefütterter Hengste propagiert und den Arbeitern empfohlen, darüber zu urinieren, um das Wachstum der Saat zu fördern.)

Wardscher Kasten

✦

Exotische Pflanzen nach Europa zu verschiffen war früher ein Glücksspiel. Für die Lösung des Problems sorgte Nathaniel Bagshaw Ward (1791–1868), der einen Mottenkäfig erfinden wollte. Ein verschlossener Glasbehälter wurde in ein zusammenlegbares Holzgestell gesetzt. Diese Vorrichtung sollte – befanden sich die richtigen Pflanzen darin – das Studium von Motten erleichtern, von denen die Viktorianer besonders fasziniert waren. Doch der Wardsche Kasten erwies sich als geschlossene, selbsterhaltende kleine Pflanzenwelt: Die Pflanzen dünsteten nachts Feuchtigkeit aus, und ihr Kondenswasser befeuchtete tags den Boden. Nathaniels Kästen reisten bald um die ganze Erde und beförderten Pflanzen und Farne aus der Neuen Welt nach Europa, wo man sie studieren und, wenn möglich, für Handelszwecke züchten konnte.

Fruchtverband
Dem Augenschein zum Trotz besteht die Frucht der Ananas aus einer Ansammlung vieler Einzelfrüchte. Sie sind spiralig angeordnet – wie entlang einer Wendeltreppe.

Der Treibhauseffekt

Die frühen »Ananas-Wärmekammern«, wie diese Treibhäuser hießen, lösten eine allgemeine Begeisterung für besondere Gewächshäuser aus, in deren Schutz Zitruspflanzen, Myrten, Lorbeer- und Granatäpfelbäume und andere empfindliche Gewächse gedeihen konnten. 1705 beauftragte die englische Königin Anne Nicholas Hawksmoore mit dem Bau eines geräumigen Gewächshauses beim Kensington Palace. Es wurde im Gegensatz zu Evelyns Wärmekammer als »Treibhaus« bezeichnet und sollte die empfindlichen Exoten vor der winterlichen Kälte schützen. Evelyns Erfindung regte auch etliche andere berühmte Gartenarchitekten an, wie Sir Christopher Wren, James Wyatt und John Vanbrugh, die sich an »Glaspalästen« und »Ananashäusern« für den Adel versuchten. Beflügelt wurde die Leidenschaft für Gewächshäuser später durch den Wettstreit jener Nationen, die jeweils den großartigsten »Wintergarten« zu errichten strebten. 1847 erhob sich der 90 Meter lange Jardin d'Hiver fast drei Stockwerke hoch an den Champs-Élysées in Paris, und in Buffalo, New York, wurde ein »Weinhaus« mit 210 Meter Länge so groß angelegt, dass darin 200 Weinstöcke Platz fanden.

Vor lauter Höflichkeit ist er süß wie eine Ananas.

Richard Brinsley Sheridan, *Die Nebenbuhler, 1775*

Das Gewächshaus-Genie jener Zeit – oder der Mann, der am rechten Ort zur rechten Zeit der technischen Entwicklung war – hieß Joseph Paxton. Der Sprössling einer Bauernfamilie aus Bedfordshire in England erkannte, dass die Belüftung wichtig war, dass die Lichtreflexion weiß getünchter Wände die Innentemperatur steigern half und dass ein Glasdach mit genau 52 Grad Neigung die Einwirkung des Sonnenlichts verstärkt, weil es mittags im rechten Winkel auf das Glas trifft.

Auch die Wahl des Glases war entscheidend. Der viktorianische Gartenarchitekt und Autor John Loudon ließ die ersten gebogenen eisernen Glasrahmen patentieren und erklärte, »Sparsamkeit bei der Glasqualität« sei Unfug und führe zu »der kränklich vergeilten Blässe von Pflanzen, die das Auge eines jeden, der am Pflanzenreich interessiert ist, eher schmerze als erfreue«. Breites Zylinderglas oder Flachglas war für die Verwendung an Gewächshäusern zu teuer. Die Lösung bot schließlich das Kronglas, das durch die Zentrifugal-

Riesiges Gewächshaus Das Querhaus des Londoner Crystal Palace während der Weltausstellung 1851. Der Palast hatte eine Grundfläche von 93 000 Quadratmetern und fasste am Tag der Eröffnung 15 000 Besucher.

kraft zu einer großen Rundscheibe gedreht wird und dann in Quadrate und Rauten geschnitten werden konnte.

Joseph Paxton verband diese Elemente mit einer eigenen Erfindung – gusseiserne Fenstersprossen mit einer Regenwasserrinne außen und einem Kondenswasserkanal innen (wie beim Blatt einer Riesenwasser-lilie) – und baute so 1851 seinen berühmten Glaspalast in London. Damit öffnete er die Schleusen für eine Flut von Gewächshausbauten für jedermann. Es gab zweischiffige Gurkenhäuser, Melonenhäuser, bescheidene Frühbeethäuser und »Rasen-Wintergärten«, die – wie ein Katalog aus der damaligen Zeit versprach – »zur Wachstumsbeschleunigung verschiedener Saaten von unschätzbarem Wert« waren. Des Weiteren Rahmengestelle und an die Hauswand zu lehnende Gewächs- und Treibhäuser, die »alle praktischen Erfordernisse von Landadel, Gartenbaubetrieben, Gärtnern und wirklich allen, die ein preiswertes, stabiles Gewächshaus zum Züchten und Treiben von Gurken, Tomaten, Melonen etc. benötigen, erfüllen«. James Shirley Hibberd fasste die Begeisterung für Gewächshäuser im 19. Jahrhundert beredt zusammen: »Ein Haus voller Melonen oder Gurken, in dem sich bis unter das Dach reiches Blattwerk entfaltet, darunter hängen die Früchte so natürlich, als ob die Pflanzen zwischen Bäumen auf ihrem heimischen Boden wachsen würden – das ist einer der schönsten Anblicke aller Gartenausstellungen.«

Im Lauf der Zeit wich das Gusseisen dem Holz und dann – dank dem New Yorker Einwanderer Leo Baekeland – dem Plastik. Aufgrund seiner wissenschaftlichen Arbeit mit Polymeren (große, vielteilige Moleküle) entwickelte er 1907 den ersten Plastikkunststoff: das Bakelit. Es war hart und schwarz, konnte aber geformt werden. Baekeland behauptete vor Journalisten, er habe sich nur mit den Polymeren befasst, um Geld zu verdienen. Aber es brachte ihm kein Glück. Er starb nach Jahren der Einsamkeit 1944 in einem New Yorker Sanatorium. Tragischerweise soll sich sein Enkelsohn 1981 mit einer Plastiktüte selbst erstickt haben. Doch Baekeland hatte den Weg für eine Unmenge von Kunststoffen geebnet, darunter Polypropylen (das neunmal unabhängig voneinander »erfunden« wurde – das Patent erhielten schließlich zwei amerikanische Wissenschaftler, die für Phillipps Petroleum in Oklahoma arbeiteten) und Polyvinyl (PVC). Das PVC-Gewächshaus sollte schließlich Millionen von Hausgärtchen in aller Welt schmücken – oder verschandeln (je nach Geschmack). Die bescheidene »Ananas-Wärmekammer« von einst hat also den Schritt in die Moderne geschafft.

Geburtenkontrolle
Die Samen in einer Ananas gelten als nachteilig für die Fruchtqualität. In Hawaii, wo die Ananas ein wichtiges Exportgut darstellt, wurden Maßnahmen ergriffen, um die Bestäubung einzuschränken. Dazu gehört sogar ein Einfuhrverbot für Kolibris.

Frucht in Dosen

✦

Der Ananasverkauf stieg rasant, nachdem ein Mr Dole in Hawaii das Eindosen der Frucht bewerkstelligt hatte. Ananassaft war auch als Hausmittel bekannt: zur Reinigung des Darms von Wurmbefall, zur Linderung des Wehenschmerzes, bei Knochenbrüchen, Hämorrhoiden und Halsentzündungen.

Bambus

Gattungsgruppe: Bambuseae

Ursprungsgebiet: tropisch heiße Gegenden, vor allem Ostasien

Typus: holziges immergrünes Gras

Höhe: bis zu 30 m

- Nahrung
- ***Heilmittel***
- ***Handelsware***
- ***Werkstoff***

Als eine der am schnellsten wachsenden Pflanzen der Erde findet der Bambus vielfache Verwendung. Er wird als Baumaterial genutzt und war wichtiges Arbeitsmittel der asiatischen Kunst, besonders für Tuschezeichnungen und Gemälde.

Ein echter Herr

Abgesehen vom Reis, hat keine andere Pflanze in der Geschichte Chinas und des Fernen Ostens eine so wichtige Rolle gespielt wie der Bambus. Er wurde für fast alles verwendet, vom ersten Schubkarren der Welt bis zu Flugzeugmodellen. Manches schöne Kunstwerk ist ihm zu verdanken. Der Bambus »schuf« wundervolle Werke der Malerei, die Künstler wie den Impressionisten Claude Monet entscheidend beeinflussten.

Der chinesischen Gesellschaft galt der Bambus als so nützlich, dass er sogar als Vorbild für das Verhalten eines Gentleman diente. Ein echter Herr, so Bai Juyi (772–846), sollte stets aufrecht und stark sein wie der Bambus. Und so, wie der Bambushalm hohl ist, sollte sich der Herr aufgeschlossen zeigen und weder Vorurteile noch verborgene Gedanken hegen.

Es gibt über 1400 Bambusarten. Sie passen sich unterschiedlichsten Umgebungen an und gedeihen in großen Höhen ebenso wie im Tiefland, lediglich auf alkalischen Böden, in trockenen Wüsten und in Sumpfgebieten kommen sie nicht vor.

Schon vor über 2000 Jahren brachten Bambushaine ihren Besitzern gute Gewinne ein. Seither gibt es in China keinen Lebensbereich, in dem der Bambus keine Rolle gespielt hätte. Amtliche Dokumente wurden im alten China auf Bambusstreifen *(jian)* geschrieben – auch nach der Erfindung der Seidenbücher. Bis heute werden gut erhaltene Exemplare gefunden, die wertvolle Informationen über die Frühgeschichte preisgeben.

Der Buddhismus gelangte im 1. Jahrhundert unserer Zeitrechnung nach China. Seinen Anhängern war

Steigst du den gewundenen Pfad durch Bambushaine empor, spürst du die Kühle einer Halle. Dein schräger Schatten und ein pfeifender Ton klingen lange bedeutungsvoll nach.

Wang An-shi (1021–1086)

Grausamkeit gegenüber Mitgeschöpfen verboten, deshalb verzichteten sie in ihrer Ernährung auf Fleisch, Fisch und Eier. Die zarten Bambussprossen waren hingegen erlaubt. Zan Ning, ein buddhistischer Mönch des 10. Jahrhunderts, widmete sein »Bambussprossen-Handbuch« *Sun Pu* der genauen Beschreibung und Zubereitung von 98 Arten verschiedener Sprossen. Als der legendäre »Gelbe Kaiser« Huang Ti seinem Hofmusiker Ling Lun befahl, Maßstäbe für die chinesische Musik zu schaffen, hielt sich dieser an den verlässlichen Bambus: Er schnitt zwölf Bambusrohre auf unterschiedliche Längen zurecht, so dass man mit ihnen genau die Noten der sechs weiblichen und sechs männlichen Stimmen wiedergeben konnte. Es gab kaum einen Sektor des Lebens, in den der Bambus nicht vordrang. Ein viktorianischer Autor staunte über die Auswirkungen dieser Pflanze auf das chinesische Alltagsleben im 19. Jahrhundert: »Der Bambus wird im Himmlischen Reich höher geachtet als die Bodenschätze und bringt China neben Reis und Seide die größten Einnahmen.« Weiter schrieb er über die vielfältige Verwendung, darunter »aus Bambusblättern geflochtene wasserdichte Mäntel und Hüte, landwirtschaftliche Werkzeuge, Fischernetze, Körbe unterschiedlicher Formen, Papier und Schreibfedern, Getreidemaße, Weinbecher, Schöpfkellen, Essstäbchen und Tabakpfeifen – alle aus Bambus«.

Holzblasinstrumente Seit Jahrhunderten wird Bambus zur Anfertigung von Holzblasinstrumenten wie der hier abgebildeten Panflöte verwendet.

Bambus und Tee

Bambus war ein wesentlicher Bestandteil der Teezeremonie (siehe Seite 26). Tee, so die Legende, sei mit Bodhi-dharma, dem Begründer des Zen-Buddhismus, nach China gekommen. Der Weise sei eingenickt, während er zu meditieren versuchte. Aus Ärger darüber habe er sich die Augenlider ausgerissen und sie zu Boden geworfen. Dort hätten sich diese in die augenförmigen Blätter der Teepflanze verwandelt. Die Teezeremonie, die sich in der Folgezeit entwickelte, verlangte, dass das Teepulver *(matcha)* mit einem kleinen Bambusbesen umgerührt wurde, der zwei Zentimeter Durchmesser haben und in nicht weniger als 80 feine Haare gesplissen sein sollte. Auch die Schöpfkelle war aus Bambus.

In Japan wurde das Teetrinken von Sen no Rikyu (1522–1591) zur Kunstform erhoben. Er war mit dem

Richter mit Kunstsinn

✦

Der berühmte Dichter und Universalgelehrte Su Tung-p'o (1037–1101) schuf als Städteplaner 1089 in Hangzhou und 1096 in Kanton die größten künstlich bewässerten Bambusplantagen seiner Zeit. Einst musste er als Friedensrichter den Fall eines bäuerlichen Schuldners verhandeln. Da der arme Mann ihm leidtat, nahm er Pinsel und Papier, skizzierte mit wenigen Strichen eine Bambuspflanze und schenkte dem Mann das Bild, damit er es verkaufen und so seine Schulden bezahlen konnte.

Kaiser Hideyoshi befreundet, der ihn später zum Tode verurteilte. Für Rikyu drehte sich die »Kunst des In-der-Welt-Seins« um das drei mal drei Meter große Teehaus *(chashitsu)*, in dem fünf Personen Platz fanden. Während der Tee in einem Nebenraum, dem *mizuya*, gewaschen und zubereitet wurde, verharrten die Gäste in einem Unterstand aus Bambus, dem *machiai*, bis sie zu einem Gang auf dem Teegartenpfad, dem *roji*, eingeladen und schließlich mit großer Höflichkeit in das Teehaus gebeten wurden.

Weiterentwicklung
Japanische Holzschnitte, wie dieser aus dem Jahr 1895, sollen Claude Monet beeinflusst haben. Die japanische Kunst entwickelte sich von einfarbigen *Sumi-e*-Drucken zu wesentlich komplizierteren Arbeiten mit größerer Farbenvielfalt.

Bambus in der Kunst

Konfuzius (551–479 v. Chr.) soll gesagt haben: »Ohne Fleisch magern die Menschen ab. Aber ohne Bambus werden sie ordinär.« Vor allem in der Kunst kam der schlanke Bambus voll zur Geltung. China verfügt über die weltweit längste ungebrochene Kunsttradition. Malerei und Kalligraphie, eng miteinander verbunden, haben sich in mehr als 2000 Jahren entwickelt. Wichtigste Elemente sind ein weicher Bambuspinsel, ein Gefäß mit schwarzer Tinte aus Kiefernholzruß und – nach einer Weile tiefer Meditation – die Ausführung der Arbeit binnen weniger Minuten oder Sekunden, ohne Zögern, ohne Korrektur.

Der Malstil, der am engsten mit dem Bambus verknüpft wurde, war *sumi-e*, eine Form von Tuschzeichnung und Aquarell, nicht zuletzt weil der Malvorgang das bebende *chi* des zitternden Bambusblatts widerspiegelte. Die Erfindung des Bambuspinsels wird General Meng Tian zugeschrieben, der um 221 bis 209 v. Chr. einen Pinsel *(pi)* mit einem Griff aus Bambus *(chu)* und einer *yu* genannten Spitze anfertigte. Hatte der Pinsel Haare, so dürften sie von Tieren gestammt haben: Rotwild, Ziege, Schaf, Zobel, Wolf, Fuchs oder Kaninchen, für feinste Details auch die Schnurrhaare einer Maus. Der Künstler des *sumi-e* arbeitete auf dünnem Papier, nahm seinen Bambuspinsel und konturierte mit Tusche in der »Farbe des Herzens«: Schwarz. Er strebte nicht die Wiedergabe des Gegenstands an, sondern

versuchte, dessen Wesenheit mit ein paar minimalistischen Strichen festzuhalten.

Die Kunst Chinas übte starken Einfluss auf die seiner Nachbarn aus, Japan, Korea, Tibet, Teile der Mandschurei und Zentralasiens und entferntere islamische Länder. Doch ist es Japan, das sich im 19. Jahrhundert der Welt öffnete, zu verdanken, dass die fernöstliche Malerei eine der bekanntesten Kunstrichtungen jener Zeit beeinflusste: den Impressionismus.

Der bedeutendste Vertreter dieser Bewegung war Claude Monet, der große, raubeinige, bärtige Künstler, der ein Haus im Dorf Giverny mietete, weil es einen schönen Gemüsegarten hatte. Täglich wählte er dort das Gemüse aus, das am folgenden Morgen geerntet und ihm am Ende seines langen Arbeitstags serviert werden sollte.

Bevor er groß herauskam und für seine vielen Bilder der berühmten japanischen Brücke in seinem Garten in Giverny hohe Preise verlangen konnte, stellte er 1874 zusammen mit Camille Pissarro in Paris aus. Der Kunstkritiker Louis Leroy spottete über Monets *Impression, Sonnenaufgang*: »Verstehe, irgend so was muss es wohl sein. Wenn ich beeindruckt bin, muss es irgendwo eine Impression geben.« Der gehässige Kommentar ging nach hinten los, denn die neue Kunstbewegung, die sich durch frisches Licht, erkennbare Pinselstriche und unübliche Motive auszeichnete und von der freien Natur und der neuen Kunst der Fotografie beeinflusst war, wurde als Impressionismus berühmt.

Künstler wie Edgar Degas und Claude Monet waren von der japanischen Malerei fasziniert. Monet sammelte japanische Holzschnitte, um von ihrer Komposition zu lernen, und bei der zweiten Impressionistenausstellung zeigte er *La Japonaise*, ein Porträt seiner Frau, die darauf ein grellrotes, mit dem Bild eines wilden Samurai besticktes japanisches Gewand trägt und von runden Papier- und Bambusfächern umgeben ist. Obwohl er das Bild später als Kitsch abtat, erzielte er damit beachtliche 2000 Franc.

Naturgerüst
Bambus wird nicht nur zur dekorativen Ausstattung verwendet, sondern auch als Baumaterial und für Gerüste.

Vielseitiger Bambus

✦

Die Liste der Verwendungen für Bambus ist ungewöhnlich lang: Sie umfasst Windmühlen, Zithern, Körbe, Brennmaterial, Pfeile und natürlich Essstäbchen, Nadeln für Plattenspieler, Schmuckpolitur in Form von Bambusasche, aber auch Gerüste für Wolkenkratzer. Bambus kam bei sehr feinen Waagen zum Einsatz und wurde zu Glühfäden, Akupunkturnadeln, Papier, Matten, Außenverkleidungen für Flugzeuge und Dachrinnen verarbeitet. Er diente als Heilmittel für Asthmatiker, als Balsam für Haut und Haar, er wurde für Särge, Fahrräder, Stühle, Hocker und Betten verwendet, als Fingernagelschutz, als Spielzeug, für Jurten, Wachs, Bienenstöcke, Bier, Schirme, Häuser, Pavillons, als Gift und Aphrodisiakum. Im Krieg diente Bambus, nicht Stahl, zur Armierung von Beton. Die Bambusrohre erhöhten die Tragkraft um das Drei- bis Vierfache.

Kohl

Brassica oleracea

Ursprungsgebiet: Mittelmeerküsten, besonders an der Adria; andernorts verwildert

Typus: zwei- oder mehrjährig mit holzigem Stängel und großen Blättern

Höhe: 90 cm

✦ ***Nahrung***
✦ Heilmittel
✦ Handelsware
✦ ***Werkstoff***

Was wäre der Heimgärtner ohne ein Fleckchen Erde, auf dem sein Kohl gedeiht? Schon die Kelten bauten ihn vor 2500 Jahren an; es folgten Generationen von Gemüsezüchtern – vom römischen Kaiser Diokletian bis zu den amerikanischen First Ladys Eleanor Roosevelt und Michelle Obama. Und er löste die größte Revolution in der Haltbarmachung von Lebensmitteln aus.

Frisch eingefroren

Anfang des 20. Jahrhunderts brach ein Fallensteller, Clarence »Bob« Birdseye, in den Eiswüsten von Labrador im Norden Kanadas das Eis einiger Fässer mit Salzwasser auf, um sich etwas Kohl herauszuholen. Er hatte diese Methode, Lebensmittel einzufrieren, entwickelt, um seiner Frau Eleanor eine Freude zu bereiten, weil ihr in der eisigen Abgeschiedenheit frisches Gemüse fehlte. Er sollte mit seiner Idee ein Vermögen machen.

Kohl hatte eine lange Reise durch die Geschichte hinter sich, bis er Labrador erreichte. Der wildwachsende Vorfahre dieses Bündels knackiger grüner Blätter hatte sich unter den Kelten in Mitteleuropa und am Mittelmeer entwickelt. Die Griechen nannten ihn *karambai*, und die Römer hatten gleich zwei Namen für ihn: *caulis* und *brassica*. Vielleicht hätte das römische Weltreich länger bestanden, wäre Kaiser Diokletian länger in Rom an der Macht geblieben, anstatt sich vorzeitig zur Ruhe zu setzen und bei seinem Palast in Spalatum (dem heutigen Split) an der dalmatinischen Küste Kohl zu züchten. »Könntest du nur das Gemüse sehen, das ich angebaut habe!«, begeisterte er sich einem Freund gegenüber, während das Imperium auf den Bürgerkrieg zusteuerte.

Warum nur war Kohl so beliebt? Ganz einfach. Weil man aus einer Handvoll unansehnlicher schwarzer Samen essbare Riesengewächse ziehen konnte. Im Jahr 2000 brachte Barb Everingham aus Wasilla in Alaska einen Kohlkopf von 48 Kilogramm zustande und erreichte damit fast das Gewicht des schafsgroßen, 56,24 Kilogramm schweren Exemplars von Bernard Lavery aus Südwales, mit dem dieser seit 1989 den Weltrekord hält.

Der Vandergaw-Kohl, den Sie mir sandten, gedieh viel besser als der Large Late Flat Dutch.

Kundenzuschrift in einem amerikanischen Samenkatalog (1888)

Vielseitiges Gemüse Die Anpassungsfähigkeit des Kohls an die meisten gemäßigten Klimata und Bodentypen und seine Anspruchslosigkeit haben ihn zum Lieblingsgemüse in Gärten in aller Welt gemacht.

Buddeln für den Sieg

Es war eher die Menge als die Größe, die König Georg V. von England während des Ersten Weltkriegs veranlasste, die Blumenbeete vor dem Londoner Buckingham Palace umgraben und mit Kohl und Kartoffeln bepflanzen zu lassen. »Jedermann ein Gärtner«, lautete die Devise einer Regierungskampagne. Die Zahl der Gartenparzellen stieg von 600 000 auf 1,5 Millionen, und die anglikanische Kirche erteilte die Sondererlaubnis, an Sonntagen auf Kohlbeeten zu arbeiten – vorher war es nur gestattet, am Tag des Herrn zu kämpfen, aber nicht zu arbeiten.

Bis Kriegsende bauten die Briten erstaunliche zwei Millionen Tonnen frisches Gemüse an, und viele Kriegsheimkehrer, die ihre Verwundungen auskurierten, pflegten zugleich ihre privaten Kohlköpfe. Die heilsame Wirkung des Gemüsegärtnerns half vielen, mit dem Alptraum ihrer Fronterlebnisse fertigzuwerden.

Im Zweiten Weltkrieg ging das Landwirtschaftsministerium der USA gegen alle Versuche vor, »die Parks und Rasenflächen umzugraben, um Gemüse anzubauen«. Die Lebensmittelvorräte hatten einen Höchststand erreicht, und Stickstoff wurde eher zur Herstellung von Sprengstoff benötigt als zum Düngen

Vielgestaltig

✦

Eine polymorphe Pflanze wie der Kohl vermag unterschiedlichste Formen zu entwickeln. Aus der Wildform gingen Grünkohl, Spitzkohl, Kohlrabi, Rosenkohl, Rübsamen, Brokkoli und Blumenkohl hervor. Lässt man jedoch einige davon lange genug miteinander wachsen, entwickeln sie sich wieder zu ihrer wilden Urform zurück. Einzelne Varianten sind in bestimmten Regionen besonders beliebt: Rosenkohl wurde um 1750 erstmals in Belgien erwähnt, während die Italiener stets Brokkoli bevorzugten (um 1724 war er als »Italienischer Spargel« bekannt).

Selbst gezogen
Eine Frau arbeitet während des Zweiten Weltkriegs auf einem Gemüseacker in Pie Town, New Mexico. Weißkohl erwies sich für Amerikaner und Briten als Segen angesichts der Belastungen durch den Krieg.

von Kohl. Doch als die Firma Burpee 1942 das »Victory Garden Seed Packet« offerierte, verdreifachte sich der Verkauf von Saatgut, und etwa vier Millionen Amerikaner reihten sich in die Front der Gemüse-Selbstversorger ein. 1943 wurde Dosennahrung rationiert, was die First Lady Eleanor Roosevelt dann doch veranlasste, einige Rasenflächen am Weißen Haus umgraben und mit Karotten, Bohnen, Tomaten und Kohl bepflanzen zu lassen. Diese Beete verschwanden wieder unter dem Rasen, bis Michelle Obamas Ehemann die Präsidentschaft übernahm und die Wiederherstellung der Gemüsebeete anordnete.

Doch zurück nach Großbritannien. »Buddeln für den Sieg – das sollte das Anliegen eines jeden sein, der einen Garten oder eine Parzelle hat«, erklärte der Landwirtschaftsminister. Weil deutsche U-Boote Handelsschiffe versenkten, die Lebensmittel nach England bringen sollten, verkündete A. J. Simons im *Vegetable Grower's Handbook*: »Wir werden jedes bisschen Grünzeug brauchen, das dieses Land hervorbringen kann. 1939 importierten wir 8 500 000 Tonnen Lebensmittel aus Übersee, 1942 waren es nur 1 300 000 Tonnen. Kein Wunder, dass uns die Regierung drängt, mehr Gemüse selbst anzubauen.«

Als hilfreich erwiesen sich die sogenannten »Continuous Cloches«, Beetabdeckungen, die, wie der Hersteller Chase versprach, »Ihren Gemüseertrag ohne Erweiterung der Bodenfläche verdoppeln, Ihnen Wochen an Wuchszeit ersparen und das ganze Jahr über frische Nahrung liefern«. Chase brachte sogar einen Ratgeber *Cloches v. Hitler* (»Abdeckungen gegen Hitler«) für Sixpence auf den Markt. Das Ministerium veranstaltete »Dig for Victory«-Ausstellungen, ließ Musterbeete anlegen und forderte alle Schulen auf, Gemüse anzubauen. Diese Schulbeete brachten nicht nur frisches Gemüse hervor, sondern nach dem Krieg auch eine neue Generation von Hobbygärtnern. Und der viele Kohl hatte einen weiteren Vorteil: Wie George Orwell feststellte, »sind die meisten Menschen besser

Januar ist der Monat der Planung. Dann sollten Sie Ihre Saatkartoffeln, Gemüsesamen, Düngemittel etc. bestellen und sich darum kümmern, dass Ihre Gartengeräte in Ordnung sind, damit Sie demnächst – sobald es die Witterungsbedingungen zulassen – ernsthaft zu gärtnern beginnen können.

Merkblatt »Dig for Victory« des britischen Landwirtschaftsministeriums, Januar 1945

ernährt als früher, und doch gibt es weniger Dicke«. Dank des Kohls war diese Nation kerngesund.

Doch bald gab es noch besseren Zugang zu frischem Gemüse als je zuvor. Anfang des 20. Jahrhunderts lebte der eingangs erwähnte Clarence Birdseye mit Gattin Eleanor und Sohn Kellogg 400 Kilometer vom nächsten Laden entfernt in einem Blockhaus. Dorthin waren sie gezogen, nachdem »Bob«, Jahrgang 1886, sein Studium am Amherst College, Massachusetts, abgebrochen hatte, weil seine Familie die Studiengebühren nicht mehr aufbringen konnte. Für kurze Zeit arbeitete er im amerikanischen Landwirtschaftsministerium, doch risikobereit, wie er war, überzeugte er Eleanor, dass sie besser von der Pelztierjagd würden leben können.

Der grosse Durchbruch

Birdseye lernte, was die Ureinwohner im Norden Kanadas längst wussten: Fleisch schmeckte besser, wenn es schnell tiefgefroren wurde. Fisch, Kaninchen oder Ente behielten ihren Geschmack, wenn sie auf natürliche Weise im Freien bei arktischen Temperaturen von bis zu –50 °C eingefroren wurden. Später schrieb er: »Das taten die Eskimos seit Jahrhunderten so. Mein einziges Verdienst war es, den Verbrauchern verpackte Tiefkühlkost zugänglich zu machen.«

1917 kehrte die Familie in die USA zurück, wo Bob Birdseye daranging, in einer alten Eiskremfabrik in New Jersey mit Eisstangen, Salzwasser und einem elektrischen Ventilator »den Labrador-Winter nachzubauen«. Die Familie zog dann nach Gloucester, Massachusetts, und experimentierte weiter mit dem Einfrieren von Fleisch, Fisch und Gemüse. Bob baute einen transportablen Tiefkühler, lud ihn auf einen Laster und fuhr ihn hinaus auf die Felder, um das Gemüse gleich bei der Ernte einzufrieren.

Zufällig kostete einmal Marjorie Merriweather Post, die Tochter eines Lebensmittelherstellers, eine Tiefkühlgans von Birdseye. Drei Jahre später kaufte sie dessen Familienunternehmen und änderte 1930 den Namen in »Birds Eye«. Im deutschsprachigen Raum firmiert die Marke unter dem Namen »Iglo«.

Symbol für Gewinn

✦

Die gelb blühende Wildform des Kohls hat sich in den meisten Regionen der Erde angesiedelt. Wie Blumen (rote Rosen für Liebe, Mohnblumen für Erinnerung) werden auch Gemüsepflanzen bestimmte Eigenschaften zugeschrieben. Die Erbse, »die Vorbotin des Sommers«, so der viktorianische Gartenschriftsteller John Loudon, symbolisiert Respekt, die Kartoffel Wohlwollen. Der Kohl wurde passenderweise als Symbol für Profit betrachtet.

Tee

Camellia sinensis

Ursprungsgebiet: China, Japan, Indien, russische Schwarzmeerküste

Typus: kleiner Baum mit einer Lebensdauer von mehr als 50 Jahren

Höhe: 1,50 m

✦ ***Nahrung***
✦ Heilmittel
✦ ***Handelsware***
✦ Werkstoff

Während einige Pflanzen dem Gang der Geschichte nur einen Schubs geben, lenken ihn andere wirklich in neue Bahnen. So die Teepflanze, *Camellia sinensis*. Was den Inhalt einer Teekanne ausmacht, hätte fast die chinesische Kultur zerstört, führte zur Unabhängigkeit der Vereinigten Staaten und in Südostasien Hunderttausende in die Sklaverei. Veränderte der Tee die Welt? Ganz gewiss.

Beruhigender Genuss

Auf die »Teedame« konnte man sich nach den Bombennächten im von »Blitzkrieg« heimgesuchten London verlassen. Müden Helfern und erschöpften Feuerwehrleuten bot sie stets eine »schöne Tasse Tee« an. Auf der anderen Seite der Erde knieten Geishas hinter Bambusparavents und bereiteten die Teezeremonie zum Abschied von Offizieren vor. Und an Bord eines Truppentransporters in einem australischen Hafen legten Soldaten vor dem Kampfeinsatz voller Anspannung die Hände um ihre Blechtassen mit Tee.

Damals wie heute kommt nichts an die beruhigende Wirkung des heißen Aufgusses aus den Blättern eines asiatischen Strauches heran. Der englische Schriftsteller und Lexikograph Samuel Johnson beschrieb 1757 in seinem *Literary Magazine* einen Bekannten, »der seit zwanzig Jahren zu seinen Mahlzeiten nur den Aufguss dieser faszinierenden Pflanze genießt, sich mit Tee den Abend verschönt, beim Tee um Mitternacht Trost sucht und mit Tee den Morgen begrüßt«. Der Gelehrte dürfte kaum geahnt haben, dass dieser »faszinierenden Pflanze« wegen in Amerika ein Sturm entfesselt wurde, aus dem eine neue Nation überzeugter Kaffeetrinker hervorging.

Tee wird seit über 4500 Jahren aus den Blättern eines von Indien bis China wildwachsenden kleinen Baumes zubereitet – der Legende nach. Der Kaiser Shen Nung soll den Trank 2737 v. Chr. entdeckt haben.

So weit das Auge reicht
Vor allem dank der riesigen verfügbaren Landflächen hat China als größter Teeproduzent der Welt Indien überholt.

Camellia sinensis ist eine einfache Pflanze. Zur Gattung *Camellia*, die zu Ehren des Jesuiten Camellius, eines Botanikers aus dem 17. Jahrhundert, so benannt wurde, gehören einige betörende Gartenschönheiten, aber die blassen weißen Blüten der *C. sinensis* mit ihrem leichten Anflug von Röte brechen keine Herzen. Die Chinesen fanden als Erste heraus, dass sich aus den getrockneten grünen Blättern der Pflanze mit heißem Wasser ein angenehm schmeckendes, beruhigendes Getränk brühen ließ. Um 800 n. Chr. führten sie den Tee in Korea und Japan ein, 1657 kannten ihn schließlich auch die Engländer. Damit er reichlich frischen Blattwuchs lieferte, wurde der Teebaum regelmäßig beschnitten und zu einem niedrigen Strauch gestutzt, was das Pflücken erleichterte. Teepflücker, die ihre Körbe wie einen Rucksack auf dem Rücken trugen, knipsten für hochwertigen Tee die Knospe und zwei Endblätter jedes Triebes ab oder, wenn es mehr um Quantität als um Qualität ging, die drei Endblätter. Dieser sensible Vorgang, bei dem Finger- und Daumenkuppe zusammen die Spitze des Triebs abzupfen und in der Handfläche halten, hat Versuche, das Teepflücken

Herrscher mit Geschmack
Der legendäre Kaiser und Bauer Shennong kostet Kräuter, um ihre Qualität zu prüfen. Er soll im alten China die Grundlagen der Landwirtschaft geschaffen haben.

Ich betrachte das Teetrinken als zerstörerisch für die Gesundheit, als schwächend für den Körper, als Ursache für Unmännlichkeit und Faulheit, als Verderber der Jugend und als Grund für das Elend im Alter.

William Cobbett, *Cottage Economy*, 1821

zu mechanisieren, ebenso verhindert wie die niedrigen Löhne der Teepflücker. Stünden die Geschicklichkeit der Pflücker – und ihre schlechte Bezahlung – nicht im Wege, würde Tee auch in vielen entwickelten Ländern angebaut.

Die vollen Körbe wurden zu einem Verarbeitungsbetrieb vor Ort gebracht, wo die grünen Blätter welkten, dann gerollt, fermentiert, getrocknet und sortiert wurden. Der in Fernost beliebte grüne Tee wurde durch Erhitzen des Blattes erzeugt, um die natürliche Schwärzung des Blattes während der Fermentation zu unterbinden. Schwarzer Tee, wie er im Westen bevorzugt wird, wurde nach Qualität sortiert, von Broken Orange Pekoe über Orange Pekoe bis zu Souchong.

Chinesischer Tee

Im 18. und 19. Jahrhundert wandte sich ganz Europa von Bier und Brunnenwasser ab und trank immer mehr Tee. Und je mehr man trank, desto mehr wollte man haben, denn Tee enthält geringe Mengen anregendes Koffein. William Cobbett echauffierte sich darüber: »Es ist in der Tat eine schwächere Form von Opium, welches kurzfristig belebt, danach aber schwächt.« Frauen, so Cobbett, vertrödelten rund einen Monat

Zeremonielle Zubereitung
Diese Illustration aus dem 19. Jahrhundert stellt die Teezeremonie dar. Jemandem Tee anzubieten erfüllt in China mehrfache gesellschaftliche Aufgaben: etwa einem älteren Menschen Achtung zu erweisen, eine Entschuldigung vorzubringen oder an einem Hochzeitstag Dank auszusprechen.

pro Jahr mit dem »Teezeug« und ließen ihre Kinder »schmutzig und mit Löchern in den Strümpfen« herumlaufen, während deren Väter schwer arbeiteten. Cobbetts Einwänden zum Trotz strömte der Tee zur Mitte des 18. Jahrhunderts in Europa durch die Kehlen von Arm und Reich.

WER DIE WAHL HAT ... Die weltweite Begeisterung für Tee hat zu einem breiten Angebot vieler Sorten geführt, darunter grüner, weißer, schwarzer, gelber, Jasmin- und Chrysanthementee.

Damals sicherte sich die britische East India Company Standorte in den wichtigen indischen Häfen Madras, Bombay und Kalkutta und verjagte die französische Rivalin aus Südindien. Nachdem sie 1757 den bengalischen Fürsten die Herrschaft über die reichen nordöstlichen Provinzen Indiens entrissen hatte, wurde die »Company« für mehr als ein Jahrhundert die führende Handelsmacht in Indien. Mit Schiffsladungen voll Bauholz, Seide und Porzellan erreichte auch chinesischer Tee die Heimat.

Es war allerdings ein einseitiges Geschäft. In China herrschte eine geschlossene, autarke Zivilisation, die Europa kaum zur Kenntnis nahm und keinen Bedarf an Waren, Technologien oder Ideen aus dem fernen Westen hatte. Andererseits war diese Nation der weltweit größte Teeproduzent. Wegen seines unersättlichen Inlandsbedarfs an grünem Tee hatte China kein Interesse am Export, geschweige denn am Papiergeld, das westliche Kaufleute zunächst als Zahlungsmittel anboten. China benötigte wertvolle Metalle wie Kupfer, Silber oder Gold, und die westlichen Teehändler waren gezwungen, im Austausch Edelmetalle zu liefern – ein höchst unerfreulicher Umstand. Regelmäßig wurden Handelsdelegationen entsandt, um die herrschenden Mandarine zu überreden, Chinas Grenzen zu öffnen. Doch für gewöhnlich kehrten sie mit leeren Händen zurück, nachdem ihre Gastgeber sie daran erinnert hatten, dass die meisten ihrer technischen Errungenschaften – etwa die Sämaschine, der Eisenpflug, der Buchdruck und das Schießpulver – schon viele Jahrhunderte vor ihrer »Erfindung« im Westen in China entwickelt worden waren. Dann kam jemand auf den Gedanken, Tee gegen Opium einzutauschen (siehe Seite 148).

TEEKANNEN

✦

In den meisten Ländern wurde Tee in einem Kessel zubereitet, aber die Briten brühten ihn lieber in Porzellankannen auf. Das Problem war, dass die heimischen Töpferwaren dem kochenden Wasser nicht standhielten. Die Lösung kam dann mit dem Tee ebenfalls aus China. Das Porzellan, das die Chinesen 1500 Jahre vor den Europäern erfunden und vervollkommnet hatten, wurde als Beiladung zur leichten Teefracht nach England verschifft. Bald waren Teekanne und -service aus Porzellan so beliebt wie der chinesische Tee selbst.

Rebellion
Die Vernichtung von Tee im Hafen von Boston von Nathaniel Currier (1846). Heute bevorzugen Amerikaner zwar Kaffee, aber auch die Teebranche setzt in den USA jährlich Milliarden Dollar um.

Die »Teediebe«

Im 18. Jahrhundert war der Tee bei den Nordamerikanern genauso beliebt wie überall sonst auf der Welt. Heute jedoch konsumieren die Kanadier fast viermal so viel Tee wie ihre kaffeetrinkenden US-Nachbarn. Dies hat mit einer Begebenheit zu tun, die sich vor mehr als 200 Jahren an einem Dezembertag des Jahres 1773 ereignete, als sich die Mündung des Charles River in Boston, Massachusetts, plötzlich dunkel färbte. Vorgeblich hatte eine Gruppe von Mohawk-Indianern drei Teeschiffe geentert, die im Hafen lagen, und systematisch alle Säcke der Teefracht aufgeschlitzt und den Inhalt ins Wasser gekippt.

Die »Teediebe« waren indes keine Indianer, sondern verkleidete weiße Rebellen. Sie protestierten damit gegen Pläne der britischen Kolonialherren, höhere Zölle auf Waren zu erheben, die nach Amerika ausgeführt wurden, insbesondere auf Tee. Großbritannien hatte zu Hause die Teesteuern gesenkt, um den lukrativen Teeschmuggel zu unterbinden, der das Land teuer zu stehen kam. Zum Ausgleich versuchte man, die Staatseinnahmen auf Kosten der amerikanischen Kolonisten zu steigern. Weil König Georg III. und sein Parlament ihren amerikanischen Untertanen diktierten, was sie zu tun und zu lassen hatten, erhob sich der allgemeine Protestschrei »No taxation without representation!«. Um den Briten zu zeigen, was sie mit ihrem Tee tun könnten, verwandelten die Rebellen das

Hafenwasser von Boston in eine Teesuppe. König Georg, der ebenso starr an seinen amerikanischen Kolonien fest- wie seinen Sohn vom Thron fernhielt, weigerte sich standhaft, der Forderung nachzugeben. Auf die »Boston Tea Party« folgten ähnliche Proteste in New York, Philadelphia, Annapolis, Savannah und Charleston, und während loyale Amerikanerinnen auf ihren Nachmittagstee verzichteten, machten die Briten den Hafen von Boston dicht. Die Fehler der Krone sollten nicht in Vergessenheit geraten: Als am 4. Juli 1776 die Unabhängigkeitserklärung vom Ersten Kontinentalkongress angenommen wurde, verkündete der Text nicht nur die Loslösung von Großbritannien, sondern erinnerte auch an die »tyrannischen Akte« des britischen Königs.

König in Nöten
Die Zustimmung Georgs III. zum Tea Act von 1773 (25 Prozent Zoll auf nach Amerika exportierten Tee, um die britischen Kolonialbeamten zu bezahlen) löste eine Reihe von Volksaufständen und schließlich den Unabhängigkeitskrieg aus.

Der Wettlauf um den Tee

Bis Mitte des 19. Jahrhunderts dümpelte die Handelsmarine mit plumpen, schwerfälligen Schiffen durch die Ozeane. Der Verlust des Handelsmonopols der British East India Company 1833 eröffnete den freien internationalen Wettbewerb im Teehandel und beschleunigte den Puls der Händler. Briten und Amerikaner investierten in schlankere, schnellere Schiffe: die Teeklipper (von *to clip*, dt. »schneiden«) mit stromlinienförmigem Rumpf, messerscharfem Bug, nach hinten geneigten Masten und enormer Segelfläche. Bei günstigem Wind flogen die Klipper mit ihrer wertvollen Fracht förmlich nach Hause. Sie fuhren in der halben Zeit durch das Chinesische Meer, den Indischen Ozean, rund um das Kap der Guten Hoffnung und über den Atlantik nach New York, London, Liverpool und Belfast.

Die Kapitäne der Teeklipper lieferten sich regelrechte Wettrennen, und die Presse lebte von Geschichten heldenhafter Kämpfe gegen die Elemente – nur für den Tee. Die Händler erzielten hohe Profite mit kurzen Lieferzeiten (man denke dabei an den heutigen Wettlauf, Beaujolais Nouveau schnell nach Paris oder Berlin zu bringen), ohne sich mit dem tatsächlichen Nutzen für die Teetrinker zu beschäftigen: Frischer Tee schmeckt nicht anders als solcher, der zwölf Monate in einem Lagerhaus aufbewahrt wird. Als neue Rekorde aufgestellt und gebro-

Teefälscher

✦

Die Beliebtheit des Tees führte zu seltsamen Beimengungen, mit denen der Inhalt der Teekisten gestreckt werden sollte: darunter Holunderblüten, Eschenblätter (mit Schafdung gekocht und gefärbt), Eisenspäne und Graphit. Grüner Tee wurde manchmal mit Porzellanerde, Gelbwurzel, Preußischblau und Gips verfälscht. Laut *Cassell's Family Magazine* von 1897 war das nicht die Schuld der chinesischen Exporteure. »Tee ... ist ständig von solchen Verfälschungen betroffen. Diese scheinen allein unserer kriminellen Fantasie zu entspringen, nicht der Absicht der Chinesen, solche Manipulationen vorzunehmen.« Teetrinkern wurde geraten, vor dem Gebrauch die Teeblätter mit kaltem Wasser abzuwaschen und durch Musselin zu seihen.

Höchsttempo
Diese Lithographie aus dem 19. Jahrhundert zeigt den Teeklipper *Thermopylae*. Mehr Masten und Rahsegel ermöglichten es den Klippern, die Wege zwischen den Häfen wesentlich schneller zurückzulegen.

chen wurden, trugen die Namen am Schiffsbug (wie *Thermopylae* und *Cutty Sark* – Letztere liegt noch heute im Hafen von London) zum Wert des Tees bei, den sie befördert hatten. Bald kam eine Sorte auf den Markt, die sich »Cutty Sark Tea« nannte.

Doch dabei blieb es nicht lange. Bald tuckerten Dampfschiffe über die Ozeane. Zwar hielt sie das regelmäßige Bunkern von Brennmaterial auf, aber 1869 verschaffte ihnen eine neue technische Großtat den entscheidenden Vorsprung gegenüber den Segelschiffen: der Suezkanal. Dank der 171 Kilometer langen Kanalpassage halbierte sich die Fahrtzeit von China nach Europa – nur für Dampfschiffe, denn die Klipper konnten wegen der unsicheren Windverhältnisse im Roten Meer die Abkürzung nicht nutzen. Ende des 19. Jahrhunderts war ihre Zeit vorüber.

Ceylon-Tee

✦

Der Tee aus Sri Lanka wird wegen seiner hohen Qualität geschätzt, ist aber eher ein Neuling in der 4500-jährigen Geschichte des Getränks. Der Teeanbau entwickelte sich hier erst nach einer Reihe von Fehlschlägen. Ceylon, wie Sri Lanka vor Erlangen der Unabhängigkeit hieß, war teilweise von britischen Pflanzern gerodet worden, die dort Kaffee anbauten. Aber die Ernten wurden vom Rostpilzbefall durch *Hemileia vastatrix* und von der Kaffeeratte vernichtet. Nun wandten sich die Pflanzer dem Chinarindenbaum zu, waren aber der holländischen Konkurrenz in Malaysia nicht gewachsen. In ihrer Not stellten sie auf *Camellia sinensis* um und konnten endlich Gewinne erwirtschaften.

Plantagenernte

2009 äußerten sich die Vereinten Nationen besorgt über das »Land Grabbing« reicher Nationen, die in armen Ländern im großen Stil Anbauflächen erwerben. Firmen aus den USA, China, Südkorea, Japan, Indien, Libyen und den Emiraten kaufen oder pachten Land, um Feldfrüchte zum Ersatz für fossile Brennstoffe anzubauen: für Biotreibstoff. Der Umfang dieser Landnahmen hat mittlerweile ein Ausmaß erreicht, das der Hälfte der landwirtschaftlichen Flächen Europas entspricht. Die UNO sagt voraus, dass die Auslagerung der Lebensmittelproduktion und der Intensivanbau Nahrungsmangel und Umweltprobleme in den Gastländern verursachen werden. Als der südkoreanische Autohersteller Daewoo mit einem 99-Jahres-Vertrag 1,3 Millionen Hektar Ackerland auf Madagaskar pachtete, kam es zu Unruhen und schließlich zur Entmachtung des dortigen Präsidenten Marc Ravalomanana.

Das Plantagenproblem ist ein klassischer Fall sich wiederholender Geschichte. Im 19. Jahrhundert enteigneten Teeproduzenten Land in Gebieten der jeweiligen Kolonialherren und rodeten es, um Plantagen anzulegen. Der Anbau verdrängte örtliche Gemeinwesen, zerstörte heimische Ökosysteme und profitierte von billigen Arbeitskräften, die aus anderen Ländern wie Indien herbeigeschafft wurden – Menschen, die eines Tages Selbstbestimmungs- und Bürgerrechte forderten.

Der Teehandel hatte den Gang der Geschichte zu Hause und zur See verändert, aber vor allem verschob er das soziale Gleichgewicht in jedem Land, in dem Tee angebaut wird.

Handgepflückt
Teepflücker in Ceylon (heute Sri Lanka), fotografiert Ende des 19. Jahrhunderts. Sri Lanka ist einer der größten Teeproduzenten der Erde und exportiert fast ein Drittel der Welthandelsmenge.

Hanf

Cannabis sativa

Ursprungsgebiet: Zentralasien

Typus: schnell wachsende einjährige Pflanze

Höhe: 3 m

✦ Nahrung
✦ ***Heilmittel***
✦ ***Handelsware***
✦ ***Werkstoff***

Cannabis, Hanf, Haschisch, Gras oder Marihuana hat einen denkbar schlechten Ruf. Verurteilt in Politikerreden, von Vollstreckungsbeamten oder Studenteneltern, liefert die Pflanze die weltweit meistverbreitete und -konsumierte Entspannungsdroge. Und doch gehört sie zu den frühesten Kulturpflanzen. Sie galt mindestens zwei amerikanischen Präsidenten als wichtiges Erntegut, die amerikanische Unabhängigkeitserklärung wurde auf Hanf gedruckt, und er dürfte sich zu einem wichtigen nachwachsenden Rohstoff entwickeln. Was also lief verkehrt mit *Cannabis sativa*?

Vielseitiges Rauschgift

In den 1970er Jahren spielten sich in Stadtgärtchen und auf Gemüsebeeten seltsame Szenen ab: Verdutzt sahen Kohl- und Karottenzüchter zu, wie uniformierte Polizisten des Rauschgiftdezernats farnartige Pflanzen herausrissen und die angegrauten Hippies, die sie angebaut hatten, ins Gefängnis brachten. Es kommt selten vor, dass Behörden gegen den privaten Anbau von Pflanzen vorgehen, aber *Cannabis sativa* ist keine gewöhnliche Pflanze. Jahrzehnte nach ihrem Verbot fragt man sich, ob nicht das Kind mit dem Bade ausgeschüttet wurde. Die petrochemische Herstellung von Plastik belastet die Umwelt viel mehr und ist nicht nachhaltig. Hanf dagegen liefert einen natürlichen Ersatz. Er wächst schnell und kommt ohne Dünger, Unkraut- und Schädlingsvernichtungsmittel aus. In warmem Klima erreicht er binnen drei Monaten seine volle Höhe und liefert Fasern, die dreimal so stark sind wie Baumwolle. Dieses nachhaltige, leicht zu verarbeitende Naturprodukt kann für alles – von der Hausdämmung und Autoverkleidung bis zu atmungsaktiver Kleidung – verwendet werden, denn die Hanffasern haben einen inneren Hohlraum. Die Kehrseite ist, dass Cannabis unterschiedliche Konzentrationen des Rauschgifts Tetrahydrocannabinol (THC) enthält, ein Wirkstoff, der schon die Skythen zu seltsamen Gebräuchen veranlasste, wie der griechische Historiker Herodot berichtete. Er habe gesehen, wie die Skythen in behelfsmäßigen

Hütten aus Stöcken und Wollfilz über einer Schale mit Hanfsaat kauerten, die auf glühend heißen Steinen stand. »Sogleich beginnt diese zu rauchen und Dämpfe auszuströmen, wie kein griechisches Dampfbad sie hervorbringt.« Die Skythen sollen Freudenschreie ausgestoßen haben.

Hanfseil
Um sie trocken zu halten und vor dem Verrotten zu bewahren, mussten Hanfseile mit Teer eingestrichen werden. Der Siegeszug der Dampfschifffahrt machte Hanfseile in der Seefahrt schließlich obsolet.

Die Geschichte pflegt sich selbst zu wiederholen: »Der Rauch muss tief eingeatmet und ein paar Sekunden lang angehalten werden, was Nichtraucher als unangenehm empfinden. Kräuter- oder Menthol-Zigarettentabak ist milder, aber am besten ist es für den Rachen, dem Joint sechs gemahlene Gewürznelken beizugeben. In kleinen Mengen genossen, ruft das ein angenehm schwebendes, entspanntes Gefühl hervor. Die französischen Impressionisten pflegten größere Mengen zu nehmen, die wie LSD wirkten«, schrieb Nicholas Saunders 1975.

THC ist auch für die medizinischen Wirkungen des Hanfs verantwortlich. Cannabis wird seit Jahrtausenden zur Schmerzlinderung und Behandlung vieler Krankheiten von Krebs über Depressionen bis Alzheimer verwendet. Die Bedeutung von Hanf als Heil- oder Betäubungsmittel ist jedoch geringer als der Nutzen der Faserpflanze.

C. sativa hat eine lange, verwirrende Geschichte. Herodot berichtete, dass »Hanf in Skythien wächst. Die Thraker machen daraus Gewänder, die solchen aus Leinen so ähnlich sind, dass man sie dafür halten kann.« Aber die Verwendung für Webstoffe begann schon viel früher, wahrscheinlich vor 4500 Jahren in China. Die Chinesen bauen seither kontinuierlich Hanf an und sind weltweit die größten Produzenten. Osteuropäische Länder folgten: Rumänien, die Ukraine und Ungarn, später andere wie Spanien, Frankreich oder auch Chile. Im 17. und 18. Jahrhundert, als Schiffsausrüster auf Hanf angewiesen waren, lag der Großteil der Hanfproduktion in russischer Hand. Ein Schiff wie die USS *Constitution*, die im Krieg von 1812 gegen die britische Marine reüssiert hatte, benötigte etwa 60 Tonnen Hanf für Taue und Segel. (Damals hatte die britische Marine amerikanische Häfen blockiert, um den Handel mit dem von Napoleon besetzten Europa zu unterbinden, was auch den Hanf aus Russland einschloss.)

Hanf für den Henker

✦

Hanf wird mit Textilien in Verbindung gebracht, Marihuana mit Rauschgift. Das Wort *marihuana* ist mexikanisch-spanischer Herkunft: »Maria-Johanna« hieß eine bekannte Hanfseilmacherin in Mexiko. »Hanf« hingegen hat germanische Wurzeln: *hanapa*. Den gleichen indogermanischen Ursprung hat das *kannabis* der Griechen wie das lateinische *cannabis*. Noch in den 1930er Jahren behauptete ein Wörterbuch: »Ableitung unbekannt«, aber die Leser erfuhren den Verwendungszweck: »Segeltuch, Taue, Henkerseil«.

Cannabis-Gewinner

Zwei Amerikaner profitierten besonders vom Hanf: Benjamin Franklin, der Mitverfasser der amerikanischen Verfassung, und ein Ladeninhaber in San Francisco namens Löb Strauss. Franklin ist aus vielen Gründen berühmt: Er führte die erste Zinnbadewanne aus England ein, und er erfand Dinge wie den Blitzableiter, Bifokalgläser und einen leistungsfähigen Haushaltsofen. Als zehnter Sohn eines frommen Ehepaars aus Boston ging er bei seinem Halbbruder James in die Lehre, der als Drucker eine der ersten Zeitungen in Amerika herausgab, den *New England Courant*. Franklin schrieb regelmäßig Beiträge für den *Courant*, aber als sich das Verhältnis zwischen James und ihm verschlechterte, verdrückte er sich nach Philadelphia, wo er mit nur einem holländischen Taler ankam. Da war er 17. Im Alter von 42 zog er sich aus dem einträglichen Druckereiunternehmen, das er aufgebaut hatte, zurück und widmete sich öffentlichen Aufgaben, der Diplomatie, der Wissenschaft und dem Vegetarismus.

Revolutionsfaser
Das berühmteste Dokument der amerikanischen Geschichte wurde sehr wahrscheinlich auf Hanfpapier aus der Papierfabrik von Benjamin Franklin gedruckt. Heute macht Hanfpapier nur einen Bruchteil der Papierproduktion aus.

Infolge der britischen Handelsbeschränkungen wuchsen in den 30 Jahren vor der amerikanischen Revolution die Spannungen zwischen der Kolonie und dem Mutterland. Unter anderem war Amerika auf britisches Papier angewiesen. Diese Abhängigkeit war lästig, und Franklin fand eine Möglichkeit, seine Druckmaschinen stattdessen mit Hanf zu füttern. Als die Unabhängigkeitserklärung aufgesetzt wurde, geschah dies fast mit Sicherheit auf Hanfpapier aus Franklins Fabrik.

Fast ein Jahrhundert nach der Unabhängigkeitserklärung ließen sich ein Schneider aus Nevada, Jacob Davis, und sein Geschäftspartner Löb Strauss ein Verfahren patentieren, mit dem sie Arbeitshosen aus Hanf-Segeltuch – oder *jean* (eine Verballhornung von Genua) – mit Kupfernieten verstärkten. Löb (nunmehr Levi) Strauss war Einwanderer aus Bayern und 1853 dem Ruf des Goldes nach San Francisco gefolgt. Dort verlegte er sich vom Verkauf von Segeltuch für Wagenplanen und Zelte auf die Herstellung von Hosen für Goldgräber. (Nur die ersten Jeans von Levi waren aus Hanfgewebe geschneidert, später verwendete er *serge de Nîmes* – Denim –, einen aus dem französischen Nîmes importierten Baumwollstoff, nachdem sich Arbeiter beklagt hatten, dass Hanf scheuerte.)

Befürworter des Hanfs kämpfen neuerdings für seine Verwendung und verweisen darauf, dass dieses Material umweltverträglicheres Papier liefere – Papier auf Holzbasis erfordert mehr Chemikalien für die Herstellung von Holzschliff und verursacht größere Umweltschäden durch Abholzen. Sie behaupten ferner, Hanf sei auch umweltfreundlicher als Baumwolle, die Unmengen an Unkraut- und Schädlingsvernichtungsmitteln benötige (siehe Seite 88).

Fast alles, was wir zur Verteidigung brauchen, haben wir im Überfluss. Hanf wächst gar im Übermaß, so dass es uns nicht an Tauwerk mangelt.

Thomas Paine, *Common Sense*, 1776

Im Westen wird Hanf hartnäckig mit gefährlichen Drogen in Verbindung gebracht, obwohl der für Gewebe und Papier angebaute Hanf nur verschwindend geringe Mengen an THC enthält. Der Krieg gegen den Hanf begann in Amerika während der Prohibitionszeit in den 1920er und 1930er Jahren, als Alkohol verboten war. Für das Alkoholverbot hatten Anhänger der Abstinenzbewegung aus dem 19. Jahrhundert gekämpft. Doch trotz Razzien, Verhaftungen und Verurteilungen blühte das Geschäft mit schwarzgebranntem und in Spelunken verkauftem Alkohol genauso wie vor der Prohibition – und die Korruption bei Polizisten und Politikern noch viel mehr. Hanf oder Cannabis wurde als weiteres schlimmes Rauschmittel angesehen. Dass das »Gras« von Faulenzern, mexikanischen Einwanderern und schwarzen Musikern bevorzugt wurde … umso schlimmer! Als Männer wie Harry J. Anslinger von der Bundesrauschgiftbehörde und der Zeitungsverleger William Randolph Hearst es verurteilten, war das Urteil besiegelt. Hearsts Kritiker wiesen darauf hin, dass zum Imperium des Zeitungsmagnaten auch Wälder für Papierholz gehörten und ein Wechsel zum Hanf seine Gewinne geschmälert hätte. Aber Hearst hätte auch selbst zur Hanfproduktion übergehen können. Eine wahrscheinlichere Erklärung für seine Haltung ist, dass er den Reden Anslingers glaubte, eines lautstarken Cannabisgegners, der übertriebene und unhaltbare Berichte über die schädlichen Wirkungen von *C. sativa* veröffentlichte.

Das 1937 erlassene US-Gesetz zur Marihuanabesteuerung war der Beginn eines Cannabisverbots in der ganzen westlichen Welt. Aber es ist vorauszusehen, dass der Verbrauch von Cannabis im nächsten Jahrzehnt um etwa zehn Prozent steigen wird.

Am ältesten und schönsten

✦

C. sativa hat für mehr Wirbel gesorgt als der blau blühende Flachs *(Linum usitatissimum)*. Doch die Verwendung von Flachs zur Herstellung von Gewebe – Leinen – ist viel älter als die von Hanf. Jungsteinzeitliche Stämme in der Schweiz fertigten aus Flachs Leinen, und die alten Ägypter wickelten Mumien in solches Gewebe. Viele Aristokraten lehnten jedoch den ranzigen Geruch von trocknendem Flachs ab. Dennoch ist Flachs die älteste Faserpflanze, die kultiviert wurde.

Der »ursprüngliche Hanf«
Flachs *(Linum usitatissimum)* war ein früher Vorläufer des Hanfs als Faserlieferant.

Cayennepfeffer

Capsicum frutescens

Ursprungsgebiet: Mittel- und Südamerika, karibische Inseln

Typus: ganzjährige Pflanze, wird üblicherweise einjährig angebaut

Höhe: je nach Art unterschiedlich

✦ ***Nahrung***
✦ ***Heilmittel***
✦ ***Handelsware***
✦ Werkstoff

Als Konstantinopel 1493 fiel, war für Europa die Versorgung mit schwarzem Pfeffer, dem König der Gewürze, auf dem Landweg unterbrochen. Eine Schockwelle lief über den Kontinent. Der Verlust des Pfeffers, *Piper nigrum,* war ein schwerer Schlag für die Wirtschaft der Mittelmeerstaaten. Flugs sandten sie Seefahrer aus, die die bekannte und unbekannte Welt erforschen sollten, um nach geeignetem Ersatz zu suchen. 1490 fanden sie ihn: Chili – den Cayennepfeffer.

Scharfer Wirbel

Wenn eine holländische Hausfrau im 15. Jahrhundert in Amsterdam zu ihrem Gemüsehändler kam und Pfeffer verlangte, erhielt sie ein paar harte schwarze Samenkörner: *Piper nigrum*, ein Gewürz, das aus Indien quer über die Kontinente bis zu ihm gereist war. Ein ähnlicher Wunsch würde heute in einem Amsterdamer Supermarkt womöglich mit einem Päckchen roten Pulvers erfüllt – Cayennepfeffer, der aus den Früchten einer ganz anderen Pflanze gewonnen wird. Die Verwirrung, was nun eigentlich Pfeffer sei, begann, als Kolumbus 1492 in der Karibik landete und seine Seeleute einige der scharf schmeckenden Früchte der Gattung *Capsicum* kosteten.

Die Heimat dieser wildwachsenden Paprikapflanzen dürften die Guyanas gewesen sein, denn viele ihrer ursprünglichen Namen verweisen auf karibische Wurzeln. Die *Capsicum*-Schoten wurden sicherlich wegen ihrer heilenden und geschmacklichen Qualitäten von den Azteken angebaut, die sie die spanischen Invasoren darboten. Die von den Azteken *chili* genannten Früchte waren so scharf, dass den Weißen Wasser in

If Peter Piper picked a peck of pickled peppers
Where's the peck of pickled peppers Peter Piper picked?
Zungenbrecher aus dem 19. Jahrhundert

die Augen schoss und sie atemlos nach Bier verlangten, um das im Rachen wütende Feuer zu löschen. Als die Seeleute darüber berichten sollten, konnten sie die Schärfe nur mit der des alten asiatischen Gewürzes, des schwarzen Pfeffers, vergleichen. So kam das neue Gewürz zum spanischen Namen für Pfeffer: *pimienta.*

Die Quelle dieser pflanzlichen Schärfe ist das Alkaloid Capsaicin, das in dem samentragenden Nährgewebe der Frucht enthalten ist. Capsaicin hat schleimhautreizende, auf der Zunge brennende Eigenschaften, verfügt aber auch – wie schon die Azteken wussten – über wichtige medizinische Wirkungen, weil es den Blutdruck senkt und die Arterien entspannt. In der modernen Medizin kann man mit Capsaicin Arthritisbeschwerden lindern sowie Gürtelrose, Diabetes, Neuralgien und postoperative Schmerzen behandeln. In Mexiko ist Chili ein Hausmittel gegen Zahnschmerzen.

Chili-Abwehr
In Teilen Afrikas werden Chilischoten zum Schutz der Felder benutzt. Man legt sie entlang der Zäune aus. Ihr starker Geruch hält Elefanten davon ab, näherzukommen.

Cayennepfeffer wird heute gewerbsmäßig in vielen tropischen und subtropischen Ländern der Erde angebaut, über Amerika hinaus in Fernost sowie Ost- und Westafrika. Den meisten Verbrauchern ist die Paprikaschote *C. annuum* als ganzjährig erhältliches Salatgemüse am vertrautesten. Sie wächst an einer niedrigen einjährigen Pflanze mit dunkelgrünen Blättern und weißen Blüten, aus denen bauchige Schoten hervorgehen, die sich beim Reifen von grellem Grün in Knallrot, Orange oder Gelb verfärben. Nur fünf Arten der Paprikagattung *Capsicum* werden kultiviert, drei davon in größerem Umfang: *C. annuum* (Gemüsepaprika, Jalapeño, Cayennepfeffer), *C. frutescens* (Tabasco)

Zu scharf, um wahr zu sein

✦

Wilbur Scoville entwickelte 1912 für ein amerikanisches Pharmaunternehmen ein Verfahren zur Ermittlung der Schärfe von *Capsicum*-Früchten. Der sensorische Scoville-Test stützte sich auf die Geschmacksknospen von Prüfpersonen, die eine Chililösung in Zuckersirup kosteten. Schrittweise wurde der Sirupanteil erhöht, bis die Schärfe des Chilis verschwand. Scovilles Prüfer arbeiteten mit einer Skala von 0 bis 350 000 und gaben süßlichem Gemüsepaprika einen Wert zwischen 0 und 100, während Habañero 100 000 bis 300 000 erreichte. Als schärfster Chili der Erde gilt derzeit der Naga Jolokia, der im indischen Bundesstaat Assam und in Bangladesh gedeiht.

CAYENNEPFEFFER-PULVER
Cayennepfeffer wird meist zerstampft, dann zu harten »Keksen« gebacken und schließlich zu leuchtend rotem Pulver zermahlen.

und *C. chinense* (Scotch Bonnet, Habañero). Berücksichtigt man die zahlreichen anderen Chili-Spielarten (und jene, die vielleicht noch in südamerikanischen Wäldern ihrer Entdeckung harren), könnte es weltweit über 3000 unterschiedliche Varietäten der Gattung Paprika geben.

SCHARFE WÜRZE

C. frutescens – der Cayennepfeffer – nahm eine Zeit lang den Platz des echten Pfeffers ein. Das Wort »Chili« stammt von den mexikanischen Nahuatl und bezeichnet die langen Schoten des Cayennepfeffers. Zur Herstellung des handelsüblichen Gewürzes werden die Schoten getrocknet, zerstampft, mit Mehl vermischt und zu harten »Keksen« gebacken. Diese wiederum zermahlt man zu einem feinen roten Pulver. Einige Sorten der Paprikagattung bringen sogar die härtesten Männer zum Weinen. Die schärfsten Paprika kommen nicht unbedingt aus Südamerika, sondern aus Indien (siehe Kasten S. 39), Spanien und Ungarn. Ungarische Paprika zählen zu den wenigen Varietäten, die es mit mexikanischen Chili aufnehmen können. Es gibt scharfe, aber auch milde Paprikagewürze. Letztere werden aus Schoten hergestellt, denen vor dem Mahlen Stängel, Stiel und Samenstand entfernt wurden. Die feurige Schärfe der Tabascosauce rührt vom natürlichen Capsaicin der südamerikanischen Chilischoten her.

Die spanischen Eroberer, die in kurzer Zeit mit einer verhältnismäßig kleinen Streitmacht fast ganz Südamerika eingenommen hatten, kehrten mit Gold und pflanzlichen Schätzen – darunter Ananas, Erdnüsse, Kartoffeln und der nun so getaufte »Pfeffer« – nach Europa zurück. Die *Capsicum*-Pflanze breitete sich schnell in der Alten Welt aus. Schon in den 1540er Jahren erreichte sie Indien, und 400 Jahre später war Indien – einst Hauptlieferant des echten Pfeffers – einer der größten Exporteure des *Capsicum*-Pfeffers.

Dieser nahm bald den Platz anderer scharfer Gewürze in der asiatischen und europäischen Küche ein. Die leuchtend roten Früchte hingen, aufgefädelt wie Halsketten, an weiß verputzten Hauswänden zum Trocknen in der Herbstsonne. Im Winter raspelte die Hausfrau die verschrumpelten Schoten als Würze in Suppen und Eintopfgerichte.

NOCH MEHR VERWIRRUNG

✦

Der Pimentbaum gedeiht auf Jamaika und anderen karibischen Inseln sowie in Mexiko und Südamerika. *Pimenta officinalis* liefert Jamaikapfeffer oder Piment: Die Beeren werden grün geerntet, sonnengetrocknet und abgepackt. Piment dient als Speisegewürz, die Baumrinde als Duftstoff für Kosmetika, das Baumöl (Eugenol) findet ähnlich dem Nelkenöl für Aromen und in der Parfümerie Verwendung.

Gewalttätige Pflanzen

Die Entdeckung des Chilis faszinierte die Europäer. Nicholas Culpeper war »der Mann, der als Erster auf der Suche nach Heilpflanzen und -kräutern Wälder durchstreifte und Berge erstieg«, erklärte Samuel Johnson. Er habe »zweifellos den Dank der Nachwelt verdient«. Culpeper nannte den Chili Guinea-, Cayenne- oder Vogelpfeffer und widmete dessen »Tugenden« etliche Spalten in *Complete Herbal* (1653), nicht ohne vor dem maßlosen Gebrauch dieser »gewalttätigen Pflanzen und Früchte« zu warnen. Der Guineapfeffer, so schrieb er, stehe unter dem Einfluss des Planeten Mars. »Die Dämpfe, die den Schalen oder Schoten entströmen ... durchdringen das Hirn, indem sie durch die Nase in den Kopf steigen und gewaltiges Niesen und heftiges Husten hervorrufen sowie starkes Erbrechen.« Ins Feuer geworfen, entwickelten sie »schädliche und übelriechende Dämpfe«; Chili zu essen könnte sich sogar »als lebensgefährlich erweisen«. Trotzdem, so Culpeper weiter, »wenn man ihn von all seinen bösen Eigenschaften befreit, kann er von großem Nutzen sein«. Dann zählte er Anwendungen auf wie das Austreiben von Nierensteinen, Hilfe bei Wassersucht, Linderung von Geburtsschmerzen, Entfernen von Leberflecken und Sommersprossen, Behandlung von Bissen giftiger Tiere, Befreiung von Zahnschmerzen sowie »Hysterie und anderen Frauenkrankheiten«. Kurzum, Chili war ein Wundermittel und hinreichend scharfer Ersatz für den echten Pfeffer.

Zeuge der Natur
Nicholas Culpeper (1616–1654) dokumentierte im Laufe seines kurzen Lebens Hunderte von Heilpflanzen.

Heilsames Gewürz
Extrakte aus Cayennepfeffer werden in der Medizin als reizlinderndes Mittel zur Behandlung von Rheumasymptomen, Nervenschmerzen und bei Beschwerden der Muskulatur und der Gelenke eingesetzt.

Chinarinde

Cinchona spp.

Ursprungsgebiet: Nordbolivien und Peru

Typus: immergrüner Baum oder Strauch

Höhe: 5 bis 15 m

Sie heilte Könige, Königinnen und Revolutionäre. Jenen, die um ihre Geheimnisse wussten, brachte sie sagenhaftes Vermögen, doch viele, die sie vergeblich zu enträtseln suchten, richtete sie zugrunde. Die Chinarinde stützte Weltreiche, vor allem das von Queen Victoria, und erleichterte die Verschiffung von 20 Millionen Menschen in die Sklaverei, was soziale Ungleichheiten entstehen ließ, die noch heute den Globus erschüttern.

- ✦ Nahrung
- ✦ ***Heilmittel***
- ✦ ***Handelsware***
- ✦ Werkstoff

Sumpffieber

»Sie sagten mir, ich sei alles; das ist eine Lüge, ich bin nicht fieberfest«, erklärt William Shakespeares König Lear. Das »Fieber« raffte viele historische Persönlichkeiten dahin, Alexander den Großen ebenso wie Oliver Cromwell. Die britischen Adelshäuser wären wohl nie wieder an die Macht gelangt, wäre Cromwell nicht dem tödlichen Stich einer irischen Mücke erlegen. Man schätzt, dass heute die Hälfte der Weltbevölkerung von jenem Fieber – besser bekannt als Malaria (vom italienischen *mala aria* oder »schlechte Luft«) – bedroht ist, einer Krankheit, die mehr Menschen getötet hat als alle Kriege und Epidemien zusammen. Bis in die späten 1930er Jahre gab es nur ein Mittel gegen das Fieber: ein Medikament aus der Borke des Chinarindenbaums.

Wie dieser im 17. Jahrhundert nach Europa gelangte, liest sich wie ein Thriller um Liebe, Verrat, Korruption und Verschwörung. Er spielt an den Ufern fauliger, von Stechmücken wimmelnder Sümpfe in Europa, Asien und Westafrika und an den Berghängen Südamerikas. Über Ersteren lag der Fluch der Malaria, an Letzteren gedieh ihre Heilung.

Wir halten Malaria gemeinhin für eine Tropenkrankheit. Doch bis zur Ankunft fremder Schiffe, die Larven der Malariamücke im Bilgenwasser mitbrachten, waren die Karibik und große Teile Afrikas, Malaysias, Sri Lankas und Burmas malariafrei. Selbst in Südamerika dürfte es bis zur Ankunft der Entdecker und Eroberer keine Malaria gegeben haben.

Malaria ist eine schwächende Krankheit. Sie trug 1865 zur Niederlage der Konföderationsarmee im Amerikanischen Bürgerkrieg bei. Die Japaner standen im Zweiten Weltkrieg durch die Besetzung Burmas, Indiens und Chinas kurz davor, ein neues Großreich zu errichten, wären die Alliierten nicht mit dem Antimalariamittel Quinacrine versorgt worden. Und nach dem Vietnamkrieg waren schätzungsweise 20 000 Amerikaner mit Malaria infiziert. Die einst »Sumpffieber« genannte Erkrankung zeichnet sich durch eine Abfolge von Fieberschüben (Wechselfieber mit Schüttelfrost und Schweißausbrüchen) aus und schwächt die Patienten so sehr, dass sie an Entkräftung sterben. Einige Opfer erleiden nur einen einzigen Anfall und sind danach ihr Leben lang gegen die Krankheit geschützt. Manche haben während ihres ganzen weiteren Lebens plötzliche Rückfälle, während wiederum andere Menschen mit bestimmten Blutgruppen gegen eine Infektion vollständig immun sein sollen. Die Malaria ist noch immer eine rätselhafte Erkrankung.

Banks' Weitblick

✦

Sir Joseph Banks, Sohn eines reichen Engländers, hatte eine Leidenschaft für die Botanik. 1771 kehrte er von Expeditionen nach Neufundland und Labrador sowie von seiner großen Abenteuerfahrt in den Pazifik mit Captain Cook zurück und brachte eine Unmenge Pflanzen mit. Als Präsident der Royal Society und Berater von König Georg III. hatte er Macht und Einfluss, aber niemand hörte auf ihn, als er empfahl, Exemplare von *Cinchona* aus den Anden versuchsweise in den Londoner Botanischen Garten in Kew zu holen. Es dauerte fast ein Jahrhundert, bevor man seine Idee aufgriff.

Stechmücken

Die Quelle der Malariainfektion ist nicht ein Moskito, sondern ein Mensch, der den Erreger (Sporentierchen) in seinem Blut trägt. Durch den Stich eines Moskitos wird der Erreger auf andere Menschen übertragen. Etwa 13 Prozent der rund 400 Stechmückenarten können die Krankheit verbreiten, wobei die Weibchen gefährlicher sind als die Männchen. Die männlichen *Anopheles*-Fiebermücken leben von Blütennektar und Früchten; die weiblichen »Vampire« ernähren sich von Blut. Wenn sie sich vollgesaugt haben, legen sie ihre Eier auf stehenden Gewässern ab. Die potenziellen menschlichen Opfer können der Malariagefahr vorbeugen, indem sie diese Brutstätten zerstören, Sümpfe trockenlegen oder mit Öl besprühen, damit die Oberflächenspannung der Gewässer verringert und den Weibchen die Landung erschwert wird. Andere Maßnahmen zur Malariaverhütung sind Moskitonetze über den Betten oder der Bau von Pfahlhäusern, weil Moskitos nicht höher als sechs Meter über dem Boden fliegen können. Wenn sich Gemeinden in gefährdeten Gegenden nicht selbst schützen, riskieren sie ihren Untergang durch Malaria.

Winziger Terrorist
Von den 460 Arten der Stechmückengattung *Anopheles* überträgt ein Viertel die Malaria auf Menschen; 40 davon werden mit der endemischen Ausbreitung der Krankheit in Verbindung gebracht.

ET NESCIA
DEÆ FEBRI

Chinchón, eine Stadt mit 5000 Einwohnern, liegt südlich von Madrid. Lange bevor sie von Napoleon geplündert wurde, gehörte sie zu den Besitztümern von Don Luis, dem vierten Grafen von Chinchón. 1629 kümmerte sich dieser im peruanischen Lima nicht so sehr um seinen Landbesitz als um seine kranke Frau. Er war zum spanischen Vizekönig der »Stadt der Könige« ernannt worden und musste nun den Preis für diese Ehre zahlen: Seine schöne Frau lag hier mit Malaria im Endstadium danieder. Ihr Arzt empfahl dem Vernehmen nach *quina quina*, ein volkstümliches Heilmittel der Andenbauern als letzte Rettung. Don Luis stimmte widerstrebend zu. Seine Frau genas, und man nahm das Heilmittel später heim nach Chinchón. Hier gab man es den Landarbeitern und konnte so die Malaria in Schach halten, was Don Luis' Erträgen zugutekam.

Axt oder Verband

✦

Die Chinarinde wird geerntet, wenn der Baum etwa zwölf Jahre alt ist. Oft schneidet man die Bäume dann bis zum Wurzelstock zurück, damit sie von der Wurzel her neu austreiben. Eine andere Methode, »Perurinde« zu ernten, ohne den Baum zu töten, ist der Moosverband: Die Rinde wird abgezogen, dann »verbindet« man die Wunde mit Moos, einem natürlichen Antiseptikum, damit die Rinde nachwachsen kann. Im »Chininrausch« der 1860er Jahre wurden die Bäume einfach geschlagen, die wertvollen Rinden abgezogen und die Stämme weggeworfen.

Die Quechua Perus wussten mit der *quina* (Borke) genannten Baumrinde als Heilmittel schon lange vor der Eroberung durch die Spanier umzugehen. Der Chinarindenbaum gehört zur Familie der *Rubiaceae* (Krappgewächse) und ist in den Anden mit vielen verschiedenen Arten heimisch, von denen einige heilende Alkaloide enthalten. Die Quechua nennen ihn »Borke der Borken« – *quina quina* –, und er liefert 30 verschiedene Alkaloide, darunter Chinin und Chinidin, die noch immer zur Behandlung von Herzerkrankungen und anderen Leiden verwendet werden. Die indigenen Heilkundigen gingen freigebig mit ihrem Wissen um, selbst den Spaniern gegenüber, die schreckliche neue Krankheiten wie Masern, und wohl auch die Malaria, eingeschleppt hatten. Sie ließen auch die Jesuiten-Missionare, die die Seelen der »Heiden« für Christus retten wollten, an ihren Kenntnissen teilhaben. Die Ureinwohner hatten keinerlei Ahnung, dass die ganze Welt auf ein Heilmittel gegen Malaria wartete und dass ihr Bestand an Chinarindenbäumen innerhalb eines Jahrhunderts fast bis zur Ausrottung geplündert werden sollte.

Ab 1650 hielten die Jesuiten für etwa ein Jahrzehnt das Monopol für die Versorgung mit »Perurinde« oder »Jesuitenpulver«, das aber kaum Einfluss auf die europäische Pharmakologie hatte. Jesuitenpulver galt als Quacksalberei, die herkömmlichen Behandlungsweisen wie dem Aderlass nicht gleichkam. Der englische Arzt Sir Robert Talbot, ein Mann von großem Einfluss, war derselben Meinung. Er hatte seinen Adelstitel sowie ein beträchtliches Vermögen mit einem eigenen Malariamittel erlangt. Den englischen König Karl II., den französischen König Ludwig XIV. und die

Wertvolles Geschenk (Bild links) Auf diesem Stich aus dem 17. Jahrhundert wird Peru als kleines Kind dargestellt, das einen Zweig des Chinarindenbaums der Wissenschaft überreicht.

Königin von Spanien hatte er erfolgreich behandelt. Als er 1681 starb, glaubte man, er habe den Wirkstoff seines Malariamittels mit ins Grab genommen. Doch dann enthüllte Ludwig XIV. der erstaunten Welt, dass Chinin – das Jesuitenpulver, das Talbot rundum abgelehnt hatte – der Wirkstoff seiner Arznei gewesen sei. Ende des 16. Jahrhunderts brachten ganze Flotten spanischer Schiffe dieses Malariamittel nach Europa, und in südamerikanischen Wäldern wurden die kleinen Bäume, die man nun nach der Heimatstadt von Don Luis *cinchona* nannte, rücksichtslos gefällt. Etwa ein Jahrhundert lang beherrschte diese ibero-andine Verbindung den internationalen Chinarindenmarkt, während holländische und britische Züchter danch trachteten, Samen des Baums in die Hände zu bekommen, um ihn selbst anzupflanzen.

Perurinde: Der Baum gleicht ein wenig der Kirsche, wächst wahllos verteilt in Wäldern, besonders im bergigen Teil von Quito in Peru, und vermehrt sich von selbst durch Samen.

Nicholas Culpeper, *Complete Herbal*, 1653

Die mittelalterliche Kunst der Alchemie drehte sich einzig darum, aus einfachen Metallen Gold zu machen. Bei ihren vergeblichen Versuchen stolperten die Alchemisten allerdings über eine Reihe zufälliger Entdeckungen. Dem neuzeitlichen Abkömmling der Alchemie, der Chemie, erging es oft ähnlich. Als der 18-jährige Engländer William Henry Perkin 1856 ein Labor einrichtete, um synthetisches Chinin zu entwickeln, entdeckte er stattdessen eine synthetische Farbe, die er *mauvein* nannte: das Anilinpurpur. Perkin gab sich damit zufrieden, verkaufte seine Entdeckung nach Deutschland und wurde steinreich. Bis ein Ersatz für Chinin gefunden wurde, rangen Holland, Großbritannien und Spanien um die Kontrolle über den Handel mit Chinarinde.

1859 fand ein Pflanzenjäger namens Clements Markham in den Anden einige Cinchonapflanzen. Die Kew Gardens in London erhielten ein paar davon, den Rest brachte er in den Botanischen Garten von Kalkutta und die Gärten der britischen Regierung in den indischen Nilgiribergen, wo sie sich erfolgreich einbürgerten. Unterdessen richtete der holländische Botaniker und Pharmakologe Johan de Vrij eine eigene Chinarindenbaum-Plantage auf Java ein.

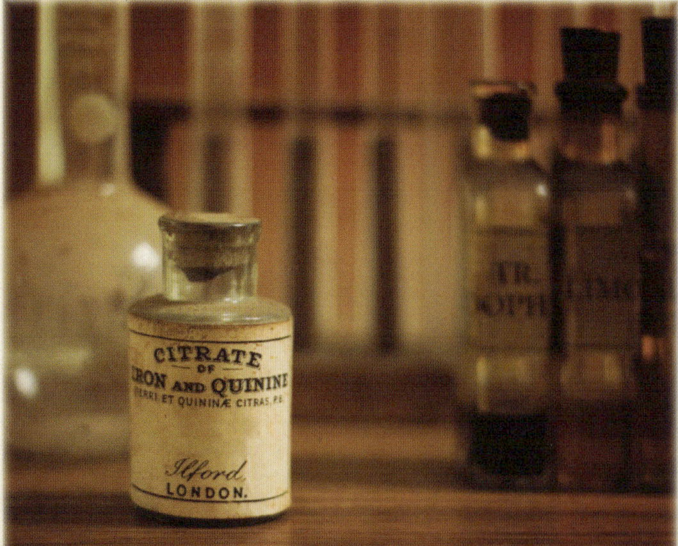

Natürliches Tonikum
Mitte des 19. Jahrhunderts hatte sich Chinin als Malariamittel fest etabliert. Obwohl während des Zweiten Weltkriegs die synthetische Herstellung gelang, bleibt der Chinarindenbaum die wirtschaftlichste Quelle des Wirkstoffs.

Zwischen Baum und Borke

1865 traten zwei junge Briten auf den Plan: Charles Ledger, der als Alpakazüchter am Titicacasee in Bolivien lebte, schickte seinem Bruder in England ein paar Cinchonasamen und schrieb ihm, dass diese Pflanze einen hohen Chiningehalt habe, zwischen 10 und 13 Prozent. Der Bruder solle bei der britischen Regierung einen guten Preis dafür aushandeln. Diese lehnte das Angebot ab und ließ sich damit die möglichen Gewinne aus einem Chinin-Handelsmonopol entgehen. Stattdessen kamen de Vrij und die holländischen Pflanzer mit ihren indonesischen Plantagen den Briten zuvor.

Die Sämlinge von *Cinchona ledgeriana* – wie die Pflanze zu Charles' Ehren heißt – neigten zu Krankheiten und langsamem Wachstum. Doch die holländischen Pflanzer mit ihrer jahrhundertelangen gärtnerischen Erfahrung wussten sich zu helfen. Sie pfropften *C. ledgeriana* auf widerstandsfähigere Wurzelstöcke und brachten damit eine vitale Pflanze zustande. Bis 1884 ernteten sie so viel Rinde, dass sie den südamerikanischen Handel überholten. Großbritannien kultivierte den Chinarindenbaum unterdessen in seinen indischen Kolonien, aber Holland blieb in den nächsten 60 Jahren führend und verarbeitete die Rinde in Amsterdam, von wo aus Chinin in alle Welt verkauft wurde.

Die Plage aller Plagen

✦

Ein Schauder durchlief 2009 die Gesundheitsbehörden der Welt, als bekannt wurde, dass ein bestimmter Stamm des Malariaerregers gegen synthetische Chininersatzstoffe resistent war. Jahrzehntelang hatten die Medikamente, die Reisende einnahmen, um sich vor Malaria zu schützen, gut geholfen, wenn auch mit Nebenwirkungen, die es bei Chinin nicht gab. Wie so oft aber schien die Krankheit die synthetischen Medikamente durch Mutationen überlistet zu haben. Heute wird Chinin einer Reihe von Produkten zugesetzt, von Tonicwater bis zu Mundwässern. Bei der Behandlung der komplizierten *Malaria tropica* kommt es nach wie vor zum Einsatz.

1942 fand dies ein jähes Ende. Während Großbritannien und seine Verbündeten mit dem Krieg in Europa beschäftigt waren, ergriffen die Japaner die Gelegenheit, Südostasien zu erobern. Nach dem Angriff auf Pearl Harbour und der Einnahme Malaysias und Singapurs besetzten ihre Landstreitkräfte Indonesien, beendeten dort die holländische Kolonialherrschaft und beraubten die Alliierten ihrer Cinchonapflanzungen. Unterdessen rückten japanische Truppen durch Burma in Richtung der indischen Grenze vor. Der erbitterte Widerstand der indischen Armee wurde nicht nur durch Geschütze der Alliierten unterstützt, sondern auch durch neue Malariamedikamente. Bevor die Japaner aus dem erbeuteten Chinin Gewinn schlagen konnten, hatten westliche Wissenschaftler den lange gesuchten Chininersatz gefunden und Malariamittel wie Quinacrine, Chloroquin und Primaquin auf den Markt gebracht. Mit diesen Medikamenten gerüstet, hielten die Alliierten den Japanern stand. Noch bevor die Waffen mit dem Abwurf der Atombombe zum Schweigen gebracht wurden, war der japanische Vorstoß abgewehrt.

Cinchonablüten
Der Chinarindenbaum trägt Blüten in kleinen Rispen.

Orange

Citrus sinensis

Ursprungsgebiet: China und Südostasien

Typus: kleiner Baum

Höhe: bis 8 m

- ***Nahrung***
- Heilmittel
- ***Handelsware***
- Werkstoff

Ein Glas frischer Orangensaft ist ein belebender Genuss am Morgen, ein gesundes Getränk, das unseren Vitamin-C-Haushalt aufstockt. Die wertvollen Eigenschaften der Zitrusfrüchte sind seit Jahrhunderten bekannt – und wurden doch von wenigen anerkannt. Als Captain James Cook in den Pazifik segelte, schrieb er Seefahrtsgeschichte, und die Engländer erhielten den Spitznamen »Limeys« – alles dank der Zitrusfrüchte.

Seefahrerkrankheit

1769 waren Maori-Fischer mit ihren Booten in Raukawa, den fischreichen Gewässern zwischen Te Ika a Maui und Te Waka a Maui, der Nord- und Südinsel Neuseelands, unterwegs, als sie am Horizont etwas Seltsames erspähten: einen 31 Meter langen, mit Kanonen bestückten Dreimaster. Auf dem Schiff, das die Meerenge (die heutige Cook-Straße) befuhr, wehte die Flagge der Britischen Marine, und am Bug prangte sein Name: HM *Bark Endeavour.*

An Bord befanden sich neben Captain James Cook 94 Mann Besatzung und Passagiere. Sie alle waren, mit zwei Ausnahmen, bei bester Gesundheit – ungewöhnlich für jene Zeit.

Cook, ein Mann einfacher Herkunft aus Yorkshire, war ein tüchtiger Seefahrer, strenger Kapitän und genialer Navigator. Er hatte bereits hohes Ansehen erlangt, nachdem er Teile Kanadas kartographieren konnte. 1768 segelte er um Südamerika nach Tahiti, Neuseeland und zur Ostküste Australiens und kartographierte auf der knapp dreijährigen Reise neue Meere und Küsten. Diese bahnbrechende

Weltumsegelung, auf der er mit seinem kleinen Schiff vor fast jeder größeren Inselgruppe im Südpazifik vor Anker ging, entkräftete erfolgreich die Theorie, dass die *Terra Australis* ein einziger riesiger Südkontinent sei. Und Cook widerlegte auch die Vorstellung, dass das Leben an Bord unvermeidlich dazu führen müsste, an Skorbut zu erkranken. Er unternahm zwei weitere Reisen von historischer Bedeutung bei voller Gesundheit. Bei einer Auseinandersetzung mit Insulanern am Strand von Hawaii wurde er schließlich 1779 umgebracht.

SEEFAHRTSIKONE
Die *Endeavour*, hier vor der Küste Neuseelands zu sehen, ist eine Ikone der britischen Seefahrtsgeschichte.

Das Leben an Bord der *Endeavour* war nicht so schauerlich, wie es in romanhaften Darstellungen oft geschildert wird. (Nach Ansicht von Samuel Johnson hätte es damals ein Seemann im Gefängnis besser gehabt, wo es mehr Platz, ordentlicheres Essen und »im Allgemeinen bessere Gesellschaft« gab – noch dazu ohne die Gefahr zu ertrinken ...) Auf diesem Schiff indes herrschte Ordnung. Im Mittelschiff arbeiteten Neulinge, von denen einige zum Dienst auf See gezwungen worden waren. An Deck war die Elite der Seeleute, die die Takelung bedienten. Auf der ersten Weltumsegelung befanden sich zwei berühmte Forscher mit an Bord: die Botaniker Daniel Solander und Joseph Banks. Cook verpflichtete die gesamte Besatzung zur Einhaltung strenger Hygienevorschriften und regelmäßiger Mahlzeiten, zu denen auch – soweit unterwegs die Ernte möglich war – eine an den Küsten wachsende Kohlsorte *(Lepidium oleraceum)* gehörte, die später »Cooks Skorbutgras« genannt wurde.

Cook gab auf Anweisung von James Lind, einem Arzt der Britischen Marine, seinen Leuten Zitrusfrüchte und Sauerkraut zu essen. Zwar sollten nicht alle von der Reise zurückkehren (56 Mann gingen 1771 in Plymouth von Bord; Banks' drei Zeichner waren auf See gestorben), aber es war diese Ernährung, die die meisten vor den verheerenden Auswirkungen des Skorbuts bewahrte.

Der Skorbut war für die Seeleute der Handelschifffahrt im 17. Jahrhundert ein schlimmerer Fluch als

ORANGERIEN

✦

Am prunkvollen Hof des französischen »Sonnenkönigs« Ludwig XIV. in Versailles wurde eine *citronnière* errichtet. Sie war mehr als 150 Meter lang und 13,5 Meter hoch und fasste 1200 Orangenbäume. Beim europäischen Adel löste sie die Begeisterung für Orangerien aus, in denen die süß duftenden Orangen blühen konnten. Das Quecksilberthermometer musste erst noch erfunden werden, deshalb war die Temperaturregelung eine Sache der persönlichen Einschätzung. »Wenn das Wasser im Gewächshaus gefroren ist«, riet der holländische Gärtner Van Oosten 1703, »dann muss man die Bäume vorsichtig mit brennenden Öllampen erwärmen.« Der Ertrag lieferte den Eigentümern (und dem flinkfingrigen Gärtner) eine exotische und gesunde Ergänzung ihrer Kost.

Sonnenfrucht
Orangenbäume gedeihen bei warmen Temperaturen zwischen 15 und 30 °C, doch kann man sie auch im Haus züchten.

Piraten und schlechtes Wetter zusammen. Die Symptome begannen mit schwarzen Hautflecken, lockeren Zähnen und Blutungen. Das waren die tödlichen Anzeichen für den Zusammenbruch des kollagenhaltigen Körpergewebes. Meist starben die Seeleute binnen weniger Tage einen qualvollen Tod.

Die Krankheit beschränkte sich nicht auf Seeleute, die an Bord ihrer Schiffe dicht zusammengedrängt waren und monate- oder jahrelang von gepökeltem Rindfleisch und Schiffszwieback leben mussten. Schon Hippokrates, der altgriechische Arzt, schrieb über diese rätselhafte Krankheit. Und während der seit 1096 von der abendländischen Christenheit zur Rückeroberung der heiligen Stätten geführten Kreuzzüge war Skorbut eine der Erkrankungen, mit denen sich die Kreuzfahrer herumschlagen mussten, ohne letztlich Jerusalem von Sultan Saladin befreien zu können.

In der Seefahrt verhinderte der Skorbut wichtige Erkundungen. Die 1497 begonnene Reise des portugiesischen Entdeckers Vasco da Gama nach Indien hätte fast vorzeitig geendet, weil die gesamte Mannschaft an Skorbut erkrankte. »Viele unserer Männer wurden hier krank«, schrieb er in sein Logbuch, bevor er es schaffte, an der ostafrikanischen Küste zu landen und Vorräte an frischen Orangen zu erwerben. »Es gefiel Gott in seiner Gnade, dass ... sich alle unsere Kranken erholten, denn die Luft in dieser Gegend ist gut.« Abgesehen von der guten Luft, war da Gama sich sehr wohl der antiskorbutischen Wirkung von Zitrusfrüchten bewusst. Als die Mannschaft das nächste Mal erkrankte, »schickte der Kapitän einen Mann an die Küste, um einen Vorrat an Orangen zu holen, die von unseren Kranken dringend benötigt werden«. Da Gama verlor mehr als die Hälfte seiner Besatzung, doch nachdem er das Mittel zur Heilung entdeckt hatte, schien er dieses Wissen für sich behalten zu haben. 1591 suchte der englische Kapitän Richard Hawkins dringend nach »einem gelehrten Mann, der etwas darüber zu schreiben wüsste, denn der Skorbut ist eine Heimsuchung zur See und eine Verschwendung von Seeleuten«. Ein Mediziner aus Edinburgh, der bei der Britischen Marine Dienst tat, war schließlich der Richtige.

Der Baum trägt ganzjährig Früchte und ist zu gleicher Zeit mit Blüten, reifen und unreifen Früchten geschmückt.

Theophrast, um 371–287 v. Chr

Nachdem James Lind 1747 zum Rang des Schiffsarztes der HMS *Salisbury* aufgestiegen war, stellte er Versuche mit verschiedenen Behandlungsweisen von Skorbut an. Er wählte zwölf kranke Matrosen als Versuchskaninchen aus und verabreichte ihnen Knoblauch, Pilze, Meerrettich, Apfelmost, Meerwasser, Orangen und Zitronen. Diejenigen, die mit Zitrusfrüchten behandelt wurden, genasen fast über Nacht. Die Resultate seiner Menschenversuche hielt James Lind 1753 in *A Treatise of the Scurvy* (»Abhandlung über den Skorbut«) fest. Doch die Erkenntnisse seiner Zitrustherapie brauchten einige Zeit, um die Mühlen der Marinebürokratie zu durchdringen – vielleicht weil er die Erkrankung auch auf die schlechte Belüftung an Bord, zu viel Salz und »Schweißverhinderung« infolge des kalten Klimas zurückgeführt hatte.

Orangen kamen aus dem Osten (*sinensis* bezieht sich ja auf China – daher »Apfelsine«), Zitronen aus dem nordwestlichen Indien. Zitrusfrüchte zählen heute wie in der Vergangenheit zu den wichtigsten landwirtschaftlichen Produkten tropischer und subtropischer Regionen. Sie reichen von Sevilla-Bitterorangen *(C. aurantium)* und süßen Orangen *(C. sinensis)* bis zu Zitronen *(C. limonium)*, Mandarinen *(C. reticulata)*, Grapefruits *(C. paradisi)* und Limetten *(C. aurantifolia)*. Die Herkunft des Spitznamens »Limey« bezieht sich auf die britischen Matrosen, die seit Cook nie mehr ohne Limonen Segel setzten. Der saure Limonensaft ruinierte zwar ihre Zähne, aber Limonen hielten länger als Orangen und schützten auf natürliche Weise vor Skorbut.

California Dreaming

✦

1873 wurden drei Navelorangenbäume aus Brasilien in Riverside, Kalifornien, eingepflanzt. Sie trugen binnen fünf Jahren Früchte – einer davon noch ein Jahrhundert danach – und bildeten den Grundstock der amerikanischen Orangenproduktion. Der Geschmack der Orange steht bei den Amerikanern an dritter Stelle der Beliebtheitsskala, deshalb trinken sie durchschnittlich über 16 Liter Orangensaft pro Kopf und Jahr. Und was übertrifft die Orange auf der Geschmacksskala? Schokolade und Vanille.

Lackmustest
Der Säuregrad der Zitrusfrüchte variiert zwischen den Arten. Zitronen und Bitterorangen gehören zu den sauersten.

Zitrone *(C. limonium)*

Bitterorange *(C. aurantium)*

Kokospalme

Cocos nucifera

Ursprungsgebiet: indopazifischer Raum

Typus: einstämmige Palme

Höhe: 30 m

»Was steigt braun hinauf und kommt weiß herunter?« lautet ein hawaiisches Rätsel. Die Kokosnuss. Dies Kokospalme ist für uns das bildliche Symbol tropischer Paradiese schlechthin. Nicht bewiesen ist die Behauptung, ihre große Nuss töte, wenn sie jäh vom Himmel fällt, jährlich mehr als 100 Menschen. Aber ohne Zweifel kommt die Kokospalme, gemessen am wirtschaftlichen Nutzen und ihrer vielseitigen Verwendbarkeit, dem Bambus gleich.

- ✦ ***Nahrung***
- ✦ Heilmittel
- ✦ ***Handelsware***
- ✦ ***Werkstoff***

Affengesicht

In der Ära vor dem Plastikzeitalter, am Ende des 19. Jahrhunderts, erwies sich eine exotische Frucht als Segen für alle Industriellen, die dringend nach billigen Ausgangsprodukten für verschiedenste Zwecke suchten: von Farben über Teppiche und Körbe bis zu Nahrungsmitteln und Getränken. *Cocos nucifera*, deren Frucht die Portugiesen wegen ihrer drei »Augen« *macaco*, »Affengesicht«, genannt hatten, konnte all dies erfüllen. Mit den unvermeidlichen Vorurteilen war man auch schnell zur Hand. Kaum hatte die Kokosnuss Europa erreicht, wurde sie als »Faulpelzfrucht« bezeichnet: Eingeborene schliefen angeblich im Schatten der Palmen, bis der sanfte Aufschlag in den Sand fallender Kokosnüsse sie weckte. Sie öffneten eine Nuss mit dem Buschmesser, tränken die Milch, teilten sich das Fleisch mit den Hühnern und kehrten zu ihrer Siesta im Palmenschatten zurück.

Die Wirklichkeit sah etwas anders aus. In Indonesien und auf den Pazifikinseln musste man als Kokospflanzer früh aufstehen, wenn man von der Ernte, die weltweit verschifft wurde, profitieren wollte. Kein Teil der Kokosnuss blieb ungenutzt. Einem indonesischen Sprichwort zufolge bietet sie für jeden Tag des Jahres eine andere Verwendungsmöglichkeit. Kokosfasern wurden zu Seilen, Matten und Teppichen verarbeitet. Getrocknete Palmwedel waren ein begehrtes Brennmaterial und Ausgangsprodukt der Korbflechter, zusammengebundene Stängel dienten als Besen. Getrocknetes

Was ist das: ein Mann mit drei Augen, der doch nur mit einem weinen kann?

Hawaiisches Rätsel

Kernfleisch (Kopra) wanderte zu Seifen- und Margarineherstellern und wurde zur Schweine- und Hühnerfütterung ebenso verwendet wie für die Ernährung der Kinder. Aus den reifen Nüssen machte man Süßigkeiten und Chutneys. Und wenn man den geraspelten Kern auspresste, erhielt man eine Art Kochsahne, die fade Reisgerichte aufpeppte und Fisch- und Bananenspeisen ein feines Aroma verlieh.

Zähe Nuss
Nahaufnahme eines Kokosseils auf einem Markt im indischen Goa. Es wird aus Kokosbast, den rauen Fasern der Außenschale der Kokosnuss, hergestellt.

Entfernte man den »Deckel« einer Kokosnuss, fand man darin eine wässrige Flüssigkeit – ein sauberes, keimfreies Getränk, wenn nach einem Tsunami die Quellen verunreinigt waren. Im Zweiten Weltkrieg wurde Kokosmilch sogar als sterile Tropfinfusion für Verwundete verwendet. Sammelte man diese Flüssigkeit in einem aus Kokosblättern geflochtenen Behältnis, konnte sie zu Palmwein fermentiert werden, der zu Beginn der Fermentation auch als Backhefe diente. Destillierte man den Palmwein, erhielt man Arrak. Und wer sich nach einem langen Abend mit vom Arrak benebelten Sinnen auf den Heimweg machte und irgendwelche Verletzungen zuzog, konnte die Wunden mit steriler Kokosmilch auswaschen und die Blutung mit Auflagen aus gekauten jungen Palmblättern stillen.

Die Menschen brauchten nicht lange, um mit den Kokospalmen und ihren Früchten rund um den Globus Handel zu treiben. Missionare brachten sie nach Guyana, die Portugiesen nach Guinea, und im 16. Jahrhundert wurde sie entlang der Ostküste des tropischen Amerika angepflanzt. Weil Kokosnüsse schwimmen können, hatte diese Form des Samentransports die Palme mithilfe der pazifischen Meeresströmungen bereits weit verbreitet. Aber wo war ihr eigentlicher Ursprung? Die ältesten Namen für die Kokosnuss finden sich im Sanskrit und weisen auf Indien als Herkunftsland. Doch die Entdeckung fossiler Reste einer winzigen Proto-Kokosnuss auf der Nordinsel Neuseelands legt nahe, dass man sie dort schon vor 5000 Jahren zu nutzen wusste.

Verdrängungsprobleme

✦

Seife enthält heute das Öl der Kokosnuss oder der Ölpalme *(Elaeis guineensis)*, die aus dem tropischen Westafrika stammt. Der hohe Bedarf an afrikanischen Ölpalmen hat zu Problemen geführt. Da Palmöl weltweit fast die Hälfte aller Speiseöle ausmacht, verdrängen ausgedehnte Pflanzungen die Primärwälder Malaysias, Indonesiens und Papua-Neuguineas und bedrohen traditionelle Anbauflächen in Thailand, Kambodscha, Indien, auf den Philippinen und in Lateinamerika. Eine Lösung wäre die Beschränkung der Palmölproduktion auf Plantagen, für die keine tropischen Wälder geopfert werden müssen.

Kaffee

Coffea arabica

Ursprungsgebiet: Äthiopien (früher Abessinien)

Typus: immergrüner Strauch oder Baum

Höhe: bis 10 m

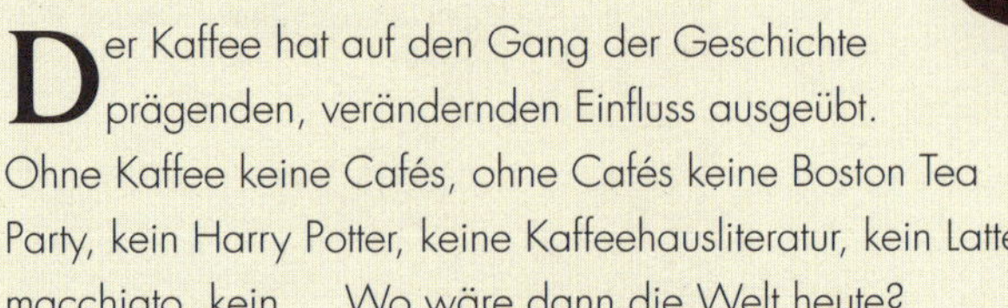

Der Kaffee hat auf den Gang der Geschichte prägenden, verändernden Einfluss ausgeübt. Ohne Kaffee keine Cafés, ohne Cafés keine Boston Tea Party, kein Harry Potter, keine Kaffeehausliteratur, kein Latte macchiato, kein … Wo wäre dann die Welt heute?

- ✦ ***Nahrung***
- ✦ Heilmittel
- ✦ ***Handelsware***
- ✦ Werkstoff

Lobgesang

»Ei! wie schmeckt der Coffee süße«, tönte Johann Sebastian Bach 1734 in seiner *Kaffeekantate* (»Schweigt stille, plaudert nicht«). »Lieblicher als tausend Küsse, milder als Muskatenwein« sei er, so des großen Musikers Lobgesang, komponiert für die Aufführung im Zimmermannischen Caffee-Hauß zu Leipzig, wo Bach das Collegium Musicum leitete.

Die *Kaffeekantate* war nur einer der künstlerischen und wirtschaftlichen Aspekte des neuen Geschäfts mit dem verlockenden Getränk. Schon 1650 trieben sich Studenten mit literarischen Ambitionen in einem der ersten Kaffeehäuser Englands in Oxford herum. Im selben Jahrzehnt war der englische Chronist Samuel Pepys mit Freunden wie dem Dichter John Dryden Stammgast der Londoner Cafés. Im frühen 20. Jahrhundert verbrachte Jean Paul Sartre schöpferische Stunden im La Coupole in Paris; der Beat-Poet Alan Ginsberg arbeitete an seinem Gedicht »Howl« im Caffe Mediterraneum in Berkeley, Kalifornien, und Erich Kästner schrieb viele seiner Bücher, Gedichte und Feuilletons in Cafés. Es gab die berühmten Wiener Kaffeehausliteraten wie Peter Altenberg, Egon Friedell, Karl Kraus, Robert Musil, Alfred Polgar, Arthur Schnitzler, Joseph Roth, Friedrich Torberg oder Franz Werfel. Und Mitte der 1990er Jahre arbeitete eine alleinerziehende Mutter, die von Sozialhilfe lebte, im The Elephant House, einem Café im schottischen Edinburgh, fleißig am Manuskript für *Harry Potter und der Stein der Weisen.*

Schwarzes Gold

Die Heimat der Kaffeebohne ist Äthiopien, der Kaffee sein »Schwarzes Gold«. Das Land, einer der ersten Lebensräume des Homo sapiens und mit einem vorgregorianischen Kalender ausgestattet, der sieben bis acht Jahre »nachgeht«, gilt als der älteste noch bestehende Staat der Erde. Im 20. Jahrhundert wurde es – auch wegen des Kaffeehandels – zu einem der ärmsten. Kaffee macht mehr als 60 Prozent seiner Exporteinnahmen aus – geringste Schwankungen der Weltmarktpreise können eine Wirtschaftskrise auslösen.

Äthiopien war eines der ersten christlichen Länder und hatte später auch die erste islamische Ansiedlung. Der Legende nach verdanken wir äthiopischen Mönchen das Getränk Kaffee. Der Ziegenhirte Kaldi soll nach Schafen seiner Herde gesucht und entdeckt haben, wie sie begierig jene roten »Kirschen« fraßen, die Linné 1753 *Coffea arabica* nannte. Kaldi kostete die »Kirschen« und begann sogleich munter zu tanzen. Ein Vorübergehender, mit dem er seine Entdeckung teilte, fühlte sich von dem Koffeinschub der roten »Kirschen« so angeregt, dass er sie seinen Klosterbrüdern mitbrachte. Sie zogen damit einen Baum und brauten aus den Früchten ein Getränk, das sie während ihrer Gebete hellwach bleiben ließ.

Marco Polo

✦

In den Jahren 1271 bis 1275 reiste der venezianische Kaufmann Marco Polo entlang der Seidenstraße und durch weite Teile der Mongolei. Erst zwischen 1292 und 1295 kehrte er über Sumatra und Südindien nach Hause zurück. Er soll es gewesen sein, der den Kaffee nach Europa brachte, ebenso wie Brasilholz, Ingwer, Gewürznelken, Sago, Galangawurzeln und Kurkuma.

Arabica-Kaffee *(Coffea arabica)* ist in wirtschaftlicher Hinsicht die Spitzensorte – sie hat einen Anteil von 70 Prozent an der Weltproduktion, dicht gefolgt von der Sorte Robusta *(C. canephora)* und mit Abstand von Liberica *(C. liberica)* und Excelsa *(C. dewevrei)*. Andere Varietäten sind der Blue Mountain aus Jamaika sowie der Mundo Novo und die Zwergform San Ramón aus Brasilien. Ihnen allen gemein ist eine Frucht oder »Kirsche«, die ein Paar ovaler Samenkerne (manchmal auch nur eine »Erbse«) umschließt. Ohne das äußere Fruchtfleisch sind die Bohnen unfruchtbar.

Die Araber machten sich diese Eigenschaft zunutze, als sie eifrig Kaffeebohnen über den Hafen von Mokka in den Sudan und den Jemen ausführten, doch ihren Schatz eifersüchtig zu hüten suchten. Marco Polo soll es zu verdanken sein, den Kaffee in seine Heimatstadt Venedig gebracht zu

Unerschrockener Entdecker
Diese Miniatur stammt aus Marco Polos *Il milione (Buch von den Wundern der Welt)*, das noch zu seinen Lebzeiten veröffentlich wurde. Marco Polo brachte, so heißt es, den Kaffee nach Venedig.

Kommt der Kaffee erst in unserem Kreislauf an, bewegen sich die Ideen im Eilmarsch wie die Bataillone einer großen Armee.

Honoré de Balzac, »Freuden und Leiden des Kaffeegenusses«, um 1830

haben, von wo aus er sich in der Alten Welt verbreitete und bald der spanischen Schokolade aus Amerika und dem chinesischen Tee den Rang ablief. Die Ersten, denen es gelang, einen Kaffeebaum in ihr Land zu bringen, waren die Holländer – vielleicht kommt man deshalb in diesem Land kaum ohne die tägliche Portion *koffie* aus ... Schon 1616 züchteten findige holländische Gärtner in ihren Gewächshäusern Kaffeebäume und -sträucher. Im 17. Jahrhundert verschifften sie junge Bäume an Indiens Malabarküste und nach Batavia auf Java. Die zum heutigen Indonesien gehörende Insel sollte einer der Hauptexporteure von Kaffee werden.

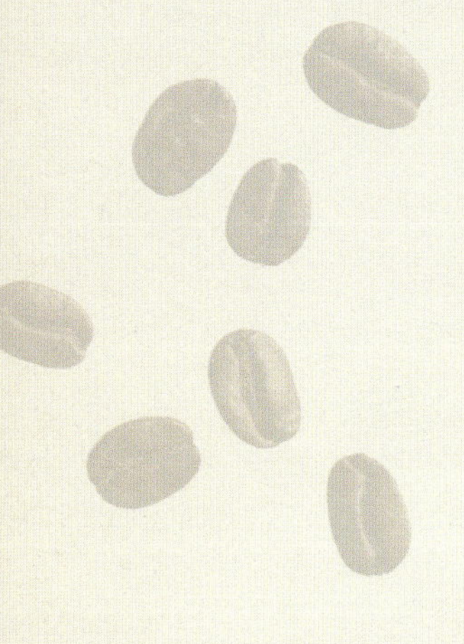

Den Franzosen gelang der Zugriff auf das »Schwarze Gold«, als der Marineoffizier Gabriel Mathieu de Clieu mit einem einzigen Kaffeebaum nach Martinique aufbrach. Er verteidigte die kostbare Pflanze gegen Stürme, Piraten und einen verrückten Passagier, der sich daran vergreifen wollte. In einer Flaute und bei Wasserknappheit teilte er seine schmalen Rationen mit dem kleinen Baum. Dieser überlebte, wurde ehrfürchtig hinter einen schützenden Dornenhecke eingepflanzt und bildete mit seiner Nachkommenschaft den Grundstock der Kaffeeproduktion von Martinique. Der Kaffeebaum war also »entwischt« und breitete sich schnell in der Karibik, Mittel- und Südamerika und Sri Lanka aus.

Die aufkommende Mode der Kaffeehäuser gab dem Anbau der Kaffeebohne einen enormen Schub. »Das erste«, berichtet der Historiker Thomas Macaulay, sei »von einem türkischen Kaufmann gegründet worden, der bei den Mohammedanern Geschmack an deren Lieblingsgetränk gefunden« habe. 1683 wurde in Venedig ein Kaffeehaus eröffnet, dem 1720 das berühmte Caffè Florian am Markusplatz folgte, zu dessen namhaften Gästen Goethe, Lord Byron, Casanova, Cocteau und Thomas Mann gehörten. Hier wird auch heute noch der traditionelle *caffè corretto* serviert.

Kaffeehäuser waren Orte künstlerischer Kreativität (obwohl einen Londoner Kritiker der »Gestank von Tabak, schlimmer als der Schwefeldampf der Hölle« empörte) wie auch Lokalitäten, in denen man Geschäfte machte. 1688 wurde Edward Lloyd's Kaffeehaus in der Lombard Street zum Treffpunkt von Schiffseignern und die

Frühstücksgenuss
Im 18. Jahrhundert genossen bürgerliche Familien in ganz Frankreich allmorgendlich ihren Kaffee – wie *Das Frühstück* (1739) von François Boucher zeigt.

Geburtstätte des Schifffahrtsversicherungsunternehmens Lloyd's of London. Die Londoner Börse ging aus Jonathan Miles' Kaffeehaus, ebenfalls in der Lombard Street, hervor, und auch das kleine Kaffeehaus in der New Yorker Wall Street, in dem Alexander Hamilton, Ökonom und erster Finanzminister der USA, Pläne für eine Nationalbank ausarbeitete, hat seinen Teil an der Geschichte. Die Pläne für die Boston Tea Party von 1773 (siehe Seite 26) heckte man im dortigen Kaffeehaus Green Dragon aus, und im Merchant's in Philadelphia wurde die Unabhängigkeitserklärung erstmals öffentlich verlesen. Das Kaffeetrinken – im Gegensatz zum »englischen« Tee – war ein patriotisches Anliegen geworden.

Soziale Bande
Drei Männer unterhalten sich Ende des 19. Jahrhunderts in einem Kaffeehaus in Algier. Kaffeetrinken ist ein gesellige Angelegenheit in fast allen Kulturen unseres Planeten geworden.

Seither ist der Kaffeeverbrauch unerbittlich gestiegen und hat in Ländern der Dritten Welt eine Wirtschaft entstehen lassen, die schutzlos den Schwankungen des Marktes ausgeliefert ist (der Einbruch der Kaffeepreise im Jahr 2000 hat Tausende in die Pleite getrieben). Kaffee gedeiht in fast allen Ländern zwischen den Wendekreisen des Krebses und des Steinbocks. Entlang der Äquatorialzone kann der Baum sogar, ähnlich wie die Orange, gleichzeitig mit den reifenden »Kirschen« Blüten treiben, was arbeitsintensives Pflücken von Hand erforderlich macht. Der internationale Kaffeehandel machte aus den Kaffeeröstern Millionäre und aus den Erzeugern arme Leute. In der zweiten Hälfte des 20. Jahrhunderts führte dies seitens religiöser und weltlicher Organisationen zu Fairtrade- und TransFair-Kampagnen, die direkte Handelsverbindungen mit den Erzeugern aufbauten. Bestürzt über die Ungleichheit zwischen dem reichen Kaffee-Establishment und den etwa 25 Millionen Subsistenzbauern, gingen sie daran, die Ware direkt bei den Erzeugern zu erwerben und die Gewinne an diese zurückfließen zu lassen. In den 1990er Jahren wurde eine entsprechende Kampagne in Amerika lanciert, die zur Folge hatte, dass Starbucks 2009 zum weltweit größten Käufer von fair gehandeltem Kaffee wurde – ein Meilenstein für eine Kampagne, die aus Holland kam, jenem Land, das den Kaffeebaum zuerst aus Afrika geholt hatte.

Kaffee mit Schaum

✦

»Espresso ist für Italien, was Champagner für Frankreich ist«, umschrieb Charles Maurice de Talleyrand seine Vorliebe für den konzentrierten Kaffee. Der Cappuccino, ein Espresso mit einer Haube aus heißem Milchschaum, kam erst später. Die »Latte«-Mode, dampfend heiße Milch einem Espresso beizugeben, und das Kaffee-Schokolade-Getränk »Mokka« (nicht die Kaffeesorte) breiteten sich in den USA und im späten 20. Jahrhundert auch in Europa aus. Ganz ohne Schaum kommt hingegen türkischer Kaffee aus, der nach wie vor »schwarz wie die Hölle, stark wie der Tod und süß wie die Liebe« getrunken wird.

Koriander

Coriandrum sativum

Ursprungsgebiet: von Südeuropa und Nordafrika bis Südwestasien

Typus: einjährige Gewürzpflanze

Höhe: etwa 60 cm

- ***Nahrung***
- ***Heilmittel***
- ***Handelsware***
- Werkstoff

Was wäre die indische Küche ohne die aromatische Würze des Korianders? »An Indiens würzigen Gestaden …«, schwärmte schon der Dichter William Cowper 1782. Doch Koriander ist nicht asiatischen Ursprungs, sondern ein Export vom Mittelmeer. Warum? Weil diese hoch wachsende, schlanke, aromatische Pflanze – bekannt für ihre Wirkung gegen Blähungen – sowohl Heilkraut als auch Gewürz war.

Küchengeschichten

Dieses hohe, schwankende Kraut wächst an Wegesrändern entlang einer Schnellstraße in Minnesota ebenso wie an einem ruhigen Dorfsträßchen auf Zypern. Bestellt man in Ägypten einen Salat, enthält er – ob man will oder nicht – junge, frisch gepflückte Korianderblätter, und wer sich in Peru eine Suppe servieren lässt, dürfte auch darin diese Blätter finden. Straßenverkäufer in Mumbai offerieren aromatische Gerichte, die mit Koriandersamen gewürzt sind. Und im fernen Mittelalter hätten wir eine Frau beobachten können, die sich elf bis 30 Samenkörner auf die Innenseite ihres linken Oberschenkels bindet – ein sicherer Schwangerschaftszauber. Warum nur hatte diese wildwachsende mediterrane Pflanze derartige Auswirkungen auf die Koch- und Heilkunst?

Koriander ist eines der natürlich reinigenden Nahrungsmittel und ein Gewürz, das die Schädigung von Fleisch durch Hitze verhindert. Er gehört zur Familie der Doldenblütler oder *Umbelliferae*, aromatischer, samentragender Pflanzen, zu der auch Kümmel *(Carum carvi)*, Kreuzkümmel *(Cuminum cyminum)*, Dill *(Anethum graveolens)* und Fenchel *(Foeniculum vulgare)* gehören. Ihretwegen rollten keine Köpfe von Herrschern und wurden keine

Und das Haus Israel nannte es Manna, und es war wie weißer Koriandersamen.

2. Mose 16,31

Kriege entfesselt, doch spielten sie alle ihre Rolle in der Weltgeschichte der Kochkunst.

Kümmelkörner werden in Europa traditionell verwendet, um Brot, Käse und Suppen zu würzen und dem Kümmelschnaps sein unverwechselbares Aroma zu geben. Kümmel verleiht Currypulver Würze und dient in der Kräutermedizin als verdauungsförderndes, krampflösendes, schmerzstillendes Heilmittel. Dill, den man gern beim Einlegen von Gurken verwendet, hilft – wie Culpeper schrieb – »gegen Winde«. Im Fenchel, mit dem zunächst Suppen und Fischsaucen gewürzt wurden, entdeckte man so wertvolle Öle, dass er 1907 Eingang in das britische Arzneimittelverzeichnis fand; und er dient als Zutat für Konditoreiwaren, Gewürzmischungen, Mixed Pickles, Sirupe und Liköre.

Gewürz des Lebens
Diese Wandmalerei (um 1400 v. Chr.) in einer Grabkammer stellt verschiedene Lebensmittel dar. Die alten Ägypter würzten ihr Brot mit Koriander.

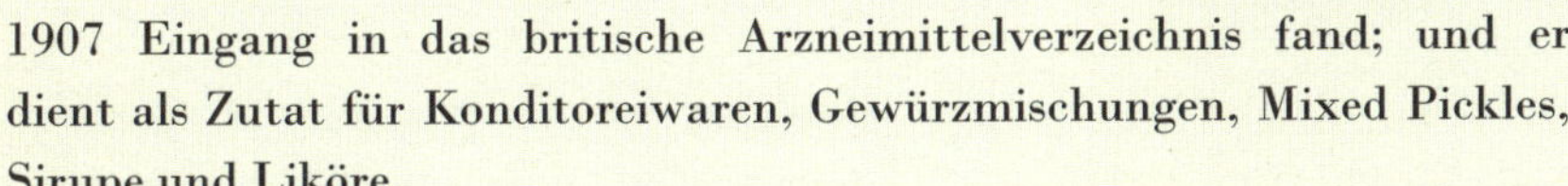

Koriander jedoch blieb irgendwie geheimnisvoll. Wie bei Kümmel, Dill und Fenchel macht sich die Heilwirkung besonders im Verdauungssystem bemerkbar. Für die Chinesen, die ihn seit mindestens 3000 Jahren anbauen, ist Koriander ein Mittel zur Erhöhung der Lebenserwartung. Die alten Griechen, die ihn wegen des Gestanks der Blätter *koriandron* (nach der Bettwanze *koris*) nannten, priesen seine Heilwirkungen, ebenso die Römer, die ihn in Marinaden zum Haltbarmachen von Fleisch mischten. Koriander hat seinen Ursprung im Buschwald des Mittelmeergebiets, und mit der Ausdehnung des Römischen Reichs gelangte er ins nördliche Europa. Die Schnapsbrenner in den französischen Klöstern gaben ihn ihrem Chartreuse und Benedictine bei, bekannten verdauungsfördernden Likören. Und schließlich kam der Koriander mit den Händlern, die entlang der Seidenstraße (siehe Seite 130) reisten oder über den Indischen Ozean segelten, nach Indien, wo er zu einem wesentlichen Bestandteil der Küche wurde.

Gewürz oder Arznei?

✦

Heilkräuter und Gewürzpflanzen waren einst nicht nur als Aromen geschätzt. Man verstand sie als irdische Symbole übernatürlicher Kräfte, deshalb wurden sie in der Magie wie in der Heilkunde – einst verwandten Disziplinen – verwendet, und man studierte ihre Eigenschaften genauestens. Culpeper schrieb über den Dill: »Merkur regiert diese Pflanze.« Und über Kümmel: »Dies ist auch eine merkurische Pflanze.« Fenchel sei »ein Kraut des Merkur und der Jungfrau und steht deshalb im Gegensatz zu den Fischen«. Der Koriander fehlte in seiner Liste.

Vielseitiger Samen
In Indien werden Koriandersamen in Wasser gekocht und traditionell bei Erkältung getrunken.

Safran

Crocus sativus

Ursprungsgebiet: Kleinasien

Typus: Knollenpflanze

Höhe: 15 cm

Schon in der Welt der Antike war Safran ein Luxus sondergleichen, ein unverzichtbarer Farbstoff für Köche und Färber. Doch dort, wo Safran angebaut wurde, ereigneten sich Dramen und Katastrophen. Das teuerste Gewürz der Welt kann auch heute nur in mühevoller Handarbeit gewonnen werden.

- ***Nahrung***
- Heilmittel
- ***Handelsware***
- Werkstoff

Pflanze des Löwen

Crocus sativus ist eine attraktive Knollenpflanze, die zuerst eine vollkommen symmetrische Blüte entfaltet und dann speerförmige grüne Blätter emporschießen lässt. Sie spielt bei einer Reihe menschlicher Betätigungen eine besondere Rolle: von der Traditionellen Chinesischen Medizin bis zum Färben von Geweben, Kuchen oder Reis. Ihr für die Menschen wichtigster Teil ist winzig, wie es Nicholas Culpeper 1653 in *Complete Herbal* prägnant formulierte: »Die Blüten bestehen aus sechs langen, aber rundlichen, spitz zulaufenden purpurnen Blütenblättern, die in ihrer Mitte drei Narbenäste von feurig gelber bis roter Farbe umschließen. Wenn man diese sammelt, behutsam in einem Darrofen trocknet und zu kleinen Riegeln bäckt, hat man den im Laden erhältlichen Safran.«

Das kostbarste Gewürz der Welt wird in Handarbeit gewonnen. Im Herbst, wenn ein lilafarbenes Meer aus *Crocus sativa* die Anbaugebiete überzieht, versammeln sich frühmorgens Hunderte Arbeiter und ernten die Blüten. Sie müssen schnell zu Werke gehen, denn im Laufe des Tages verlieren die wertvollen roten Fäden rasch an Qualität und Geschmack. Unmittelbar nach der Ernte werden die roten Narbenschenkel von der restlichen Blüte getrennt. Dabei ist darauf zu achten, den hellgelben Griffel, der mit den Narbenästen verbunden ist, möglichst vollständig zu entfernen, denn selbst kleine Bestandteile des Griffels im Gewürz beeinträchtigen dessen Qualität. Da jede Blüte nur drei Narben enthält, braucht man große Mengen davon: 150 000 Blüten ergeben ein Kilo Safran.

Culpeper empfahl, nicht mehr als zehn Gran (0,5 Gramm) auf einmal einzunehmen. Manche Ärzte, verriet er, verschrieben gefährlich hohe Dosen von »bis zu anderthalb Skrupel« (1,3 Gramm) und riskier-

Er ist eine Pflanze der Sonne und des Löwen, und es ist keine Frage, warum er das Herz so besonders stärkt.

Nicholas Culpeper, *Complete Herbal*, 1653

ten damit »übermäßige, krampfartige Lachanfälle, die im Tod endeten«.

Vernünftig dosiert, konnte Safran die Verdauung fördern, hohen Blutdruck senken und die Menstruation sowie den Kreislauf anregen. Er half auch gegen gefährliche Krankheiten, wie Pest, Pocken, Masern und Gelbsucht. Safran kommt in Nationalgerichten wie der spanischen Paella und Zarzuela, dem italienischen Risotto und der französischen Bouillabaisse vor und würzt Kuchen und alkoholische Getränke.

Safranernte
Diese Wandmalerei aus der Zeit um 1600 v. Chr. zeigt die Ernte der Krokusnarben. Die Malerei wurde in der Ruine von Akrotiri freigelegt, einer Siedlung aus der Bronzezeit auf der griechischen Insel Santorin.

Ein Katastrophenkraut

Wo immer der Safran auftauchte, schien er schnellen Reichtum zu bescheren, aber bald folgten Katastrophen. Alexander der Große nahm Safranbäder, um seine Wunden zu heilen – dann erkrankte er an Malaria und starb. Den Bewohnern der griechischen Insel Thera (Santorin) bot Safran eine einträgliche Ernte – bis zu jenem fürchterlichen Vulkanausbruch 1630 v. Chr. Die Bürger von Basel profitierten im 12. Jahrhundert vom Safran – dann gab es Missernten. Ähnliches widerfuhr den Krokusgärtnern in Nürnberg, in Ostengland und Pennsylvania. Letztere exportierten Safran munter zu einem Preis, der dem von Gold entsprach. Mit der britischen Blockade im Krieg von 1812 war Schluss damit. »Er wächst reichlich zwischen Cambridge und Saffron Walden«, berichtete Culpeper und vergaß zu erwähnen, dass der Ort in Essex dieses Gewürzes wegen seinen Namen geändert hatte. Auch hier war dem Geschäft kein langes Leben beschert, und die Bauern verlegten sich auf andere Erntefrüchte wie Mais und Kartoffeln.

Etwa 3500 Jahre, nachdem Safran erstmals angebaut wurde, wächst das teuerste Gewürz heute in Spanien, Iran, Kaschmir und Afghanistan, wo er den Bauern eine wirtschaftlich tragfähige Alternative zum Anbau von Schlafmohn (siehe Seite 148) für den Rauschgifthandel bieten soll.

Volksheilmittel

✦

Hermodactyl, eine im 17. Jahrhundert populäre Arznei, war laut Culpeper »nichts anderes als die getrocknete Wurzel von Safran«. Etliche Leute, die es verabreichten, wurden verfolgt, darunter 1619 der »puritanische und religiöse Fanatiker« William Blancke. Vor Gericht soll sich der »aus Holland stammende Barbier, Heiler und Arzt ... auf Jesus Christus berufen« und »zur Verabreichung von Hermodactyl-Pillen bekannt haben«, was das Kollegium als »absurd« bezeichnete. Blancke entgegnete, er kenne »noch viel absurdere Verordnungen des Kollegiums«, gab aber zu, »die Ursachen von Wassersucht und Wechselfieber nicht zu kennen«.

Papyrus

Cyperus papyrus

Ursprungsgebiet: Ägypten, Äthiopien und tropisches Afrika

Typus: Feuchtgebiets-Riedgras

Höhe: meist 2 bis 3 m, aber auch bis 4,50 m

Papyrus diente als Trägerstoff der Geschichtsschreibung, seit er um 3000 v. Chr. aus den schlammigen Ufern des Nils geholt wurde. Er schenkte uns das Papier. Obwohl seit tausend Jahren nicht mehr hierfür verwendet, könnte der antiken Pflanze im 21. Jahrhundert eine Zukunft beschert sein.

- Nahrung
- Heilmittel
- Handelsware
- ***Werkstoff***

Unterbrechen Sie Ihre Lektüre! Achten Sie nicht auf Wörter, Schriftart und Abbildungen – lassen Sie Ihre Fingerspitzen einfach über die Buchseite gleiten. Spüren Sie das Papier! Was Sie fühlen, sind Bäume – Bäume die rund um die Erde verschifft, zerkleinert, zu Holzfaserbrei verarbeitet, gebleicht, schichtweise getrocknet und an die Druckerei geliefert wurden. Diese schönen, glatten Blätter stehen für 5000 Jahre einer Entwicklung, seit man aus *Cyperus papyrus* erstmals Papier machte.

Die Papyruspflanze stammte aus den Flussbecken Äthiopiens und wuchs im Nildelta, bis dieses im 11. Jahrhundert von einer Dürre heimgesucht wurde. Die Ägypter begannen vor etwa 5000 Jahren auf Papyrus zu schreiben – es war der Übergang von der Vorgeschichte zur schriftlich überlieferten Geschichte.

Praktische Nutzung
Bis vor einiger Zeit war *Cyperus papyrus* noch reichlich im Nildelta vorhanden, wo man viele Dinge für den praktischen Gebrauch daraus fertigte, wie Boote, Sandalen und Körbe.

Der breite Pfad des Papiers

Obwohl der Papyrus vom Pergament – getrockneten, flach gepressten Tierhäuten – als Beschreibstoff verdrängt wurde, waren seine Leichtigkeit und Flexibilität stets geschätzt. Ab etwa 800 n. Chr. aber wurden nur noch päpstliche Bullen im Vatikan auf Papyrus geschrieben. Die Technik der Papierherstellung war mittlerweile in China entstanden. Cai Lun soll das Papierschöpfen um 105 n. Chr. erfunden haben, bei dem feinmaschig bespannte Bambusrahmen in nassen Papierbrei getaucht und

Wir müssen die besonderen Merkmale und die allgemeine Natur der Pflanzen aus der Sicht ihrer Morphologie, ihres Verhaltens unter den äußeren Bedingungen, der Art ihrer Fortpflanzung und ihres gesamten Lebensverlaufs betrachten.

Theophrast, um 371–287 v. Chr

herausgehoben wurden, so dass die Masse gepresst und getrocknet werden konnte. Um 750 kam diese Technik in der arabischen Welt an, von wo sie, als die Araber Spanien eroberten, nach Europa gelangte.

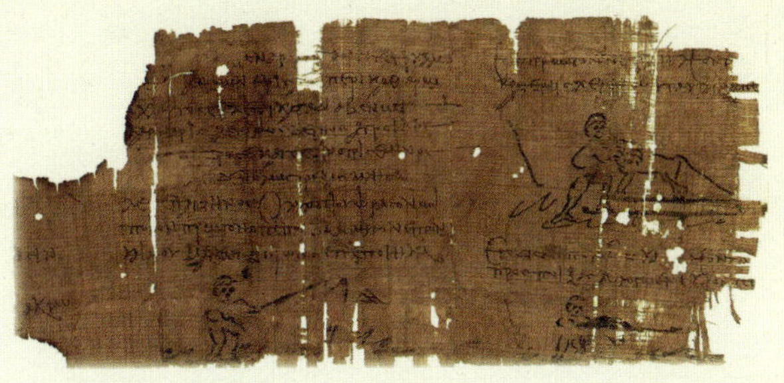

Papyrusherstellung
Zur Herstellung des Papyrus-»Papiers« wurde das Mark der Stängel in Streifen geschnitten, gewässert und kreuz und quer übereinandergelegt. Danach presste man die Schichten zu einem Blatt fest zusammen und glättete dessen Oberfläche.

1492, im selben Jahr, in dem die Araber endgültig aus Europa vertrieben wurden, brach Kolumbus nach Amerika auf, wo die Azteken und Tolteken bereits Papier aus Baumrinde herstellten. Wie beim Papyrus war Zellulose Hauptbestandteil ihres nassen Papierbreis. Zellulose, die Gerüstsubstanz pflanzlicher Zellwände, verleiht Pflanzen Festigkeit und Biegsamkeit und quillt in Wasser auf, ohne sich aufzulösen. Cai Luns Erfindung mag durch die Beobachtung von Wespen angeregt worden sein, die für den Bau ihrer papierartigen Nester Pflanzenzellulose zerkauen. 1843 entwickelte der Sachse Friedrich Gottlob Keller ein solches Verfahren zur Aufbereitung von Holzschliff; zwölf Jahre später ließ sich Mellier Watt den chemischen Papierbrei patentieren.

Bis in die 1960er Jahre brachten Autoren ihre Texte zum Druck, indem sie auf mechanischen Schreibmaschinen Hunderte von Seiten herunterhämmerten. Dann wurden ihre klugen Worte in Bleilettern gegossen, dem Satzspiegel gemäß in einen Rahmen gefasst, in die Druckerpresse gehoben und auf Bögen oder Rollen von Papier gedruckt. Heute führen das Internet, Datendownloads und E-Books das Druckgewerbe, dem wir Zeitungen, Zeitschriften und auch das Buch in Ihren Händen verdanken, einer ungewissen Zukunft entgegen.

Der Siegeszug der papierlosen E-Mails hat mancherorts zu einer Steigerung des Papierverbrauchs um bis zu 40 Prozent geführt. Ein Amerikaner druckt jährlich so viele Mails aus, dass dafür neun ausgewachsene Kiefern verbraucht werden. In Indonesien, dem Land mit der zweitgrößten Artenvielfalt der Erde, sind 75 Prozent der Waldflächen für die Papierherstellung abgeholzt worden. Zwei Lösungen für das Problem bieten sich an: erstens, das Papierrecycling verbessern; zweitens, auf heimische Ressourcen zurückgreifen. Recyceltes Papier mit holzfreiem Material zu vermischen könnte nachhaltig die Papierversorgung sichern und die Schäden an den Wäldern verringern. Fast jede faserhaltige Pflanze kann zur Papierherstellung genutzt werden, von Bambus über Hanf und Bagasse (Pressrückstand aus Rohrzucker) bis zu Reisstroh – und vielleicht auch: Papyrus.

Schule des Denkens

✦

Theophrast (um 371–287 v. Chr.) lebte in Eresos auf der griechischen Insel Lesbos. Nur wenige der etwa 200 Werke (über Logik, Dialektik, Metaphysik und »Charaktere«) des Philosophen und Aristotelesschülers sind erhalten. Seine pflanzenkundlichen Schriften *(Naturgeschichte der Gewächse)* brachten ihm den Ruf »Vater der Botanik« ein. Er schrieb: »Wir sterben, wenn wir gerade erst zu leben beginnen.«

Roter Fingerhut

Digitalis purpurea

Ursprungsgebiet: Mitteleuropa

Typus: zweijährige Pflanze mit purpurnen oder weißen Blüten

Höhe: bis 2 m

- ✦ Nahrung
- ✦ ***Heilmittel***
- ✦ Handelsware
- ✦ Werkstoff

Im 18. Jahrhundert entdeckte ein Arzt den Fingerhut als wichtige Heilpflanze und schenkte damit der Welt eines der wertvollsten Herzmedikamente. Die Heilwirkung dieser Giftpflanze war schon seit Jahrhunderten volkstümliches Geheimwissen, aber in Zeiten des Hexenglaubens behielt man es besser für sich.

Fingerhut und Wassersucht

In einer Kirche im englischen Birmingham hängt eine ganz besondere Gedenktafel. Sie vermerkt das Ableben des Arztes Will Withering im Alter von 58 Jahren und ist mit einer in Stein gemeißelten Pflanze verziert: dem Fingerhut. Withering, 1741 geboren, hatte fast 40 Jahre lang gegen zwei Krankheiten gekämpft: Wassersucht und Tuberkulose. Erstere hatte er durch die »Entdeckung« des Fingerhuts besiegt; der anderen erlag er im Jahr 1799. Natürlich entdeckte Will Withering nicht wirklich den Fingerhut, aber er schloss die Lücke zwischen Medizin und Volksglauben, als er einem Patienten begegnete, der mit einer Mixtur eines Kräuterheilkundigen von der Wassersucht geheilt worden war. Als er die Mixtur untersuchte, stieß er auf den Fingerhut. Zehn Jahre lang führte er klinische Versuche mit dem maßgeblichen Wirkstoff – Digitalisglykosid – durch und wies dessen Wirksamkeit gegen Wassersucht nach.

Withering war von Erasmus Darwin, dem Großvater Charles Darwins, ans Birmingham General Hospital berufen worden, als sich die Wassersucht – also das Ödem – wie eine Seuche verbreitete. Flüssigkeitsstauungen ließen den Körper so stark anschwellen, dass die Patienten buchstäblich in ihren eigenen Körperflüssigkeiten ertranken. Die Ärzte versuchten, die Betroffenen zu entwässern, indem sie ihnen Flüssigkeit entzogen. Manchmal hatten sie Erfolg. Vom Earl of Oxford hieß es, er sei »zwei oder drei Male purgieret worden« und habe eine Diät von »Kanarienvögeln und Wasser, verrührt mit dem Dotter eines frisch gelegten Eies« zu sich nehmen müssen, »dazu reichlich Knoblauch und Meerrettich«, eine Behandlung, die »mit vollem Erfolg gesegnet« war. Ebenso oft starben die Leidenden auch.

Der Fingerhut ist bitter, schmeckt scharf und trocken und hat damit eine Art reinigende Eigenschaft; er ist jedoch von keinerlei Nutzen und hat auch nichts unter den Heilmitteln verloren.

John Gerard, *The Herball*, 1597

Hexenblume

Vor Will Withering hätte es kein rechtschaffener Arzt in Betracht gezogen, den wildwachsenden Roten Fingerhut als Heilmittel zu nutzen. Der Kräuterheilkundler John Gerard hatte verurteilt, »was manche auf Französisch *gantes nostre dame* nennen« (also »Unserer Lieben Frau Handschuh«). Die vielen Kräuterheilkundler im Lande wären ihm wohl in die Parade gefahren, hätten sie nicht befürchten müssen, der Hexerei bezichtigt zu werden. Während die Ärzte die Leiden ihrer Patienten ganzheitlich angingen und frische Luft, Gymnastik, Ruhe und ein Minimum starker Gefühlsbewegungen wie Freude oder Angst empfahlen, verließen sich die Landfrauen bei der Krankenpflege auf die alten Hausrezepte. Sie kannten ihre Kräutlein und behandelten Würmer mit Wurmmitteln wie Beifuß oder Wermut oder verordneten bei bestimmten Leiden Salate, Gemüsesuppen und Kräutertees. Bis ins 15. Jahrhundert konnten sie ihre Kenntnisse nur durch Hörensagen erweitern, denn die Sprache der Medizin war das Lateinische, und ihr Geschlecht war zum Analphabetentum verurteilt.

Will Withering
Der Stich nach einem Gemälde von Carl Frederik von Breda zeigt den englischen Botaniker und Arzt. Withering lernte die Verwendung von *Digitalis* von einem Kräuterheilkundigen in Shropshire, England, kennen.

Als später die lateinischen Texte übersetzt wurden und Raubdrucke in Umlauf kamen, erfuhren sie zum Beispiel, dass eine Abkochung wilder Pastinaken die Darmtätigkeit anregt und den Harn treibt. In Thomas Hills *Gardener's Labyrinth* (1577) entdeckten sie noch größeren Nutzen: »Die Pastinake zügelt den Geschlechtsakt, fördert den Urin und lindert Koliken, bringt die Periode der Frauen zum Fließen; sie hilft bei Melancholie, vermehrt gutes Blut, erleichtert das Wasserlassen, bringt Besserung bei Seitenstechen, Bissen giftiger Tiere oder zehrenden Geschwüren; auch ist es nützlich, die Wurzel mit sich zu tragen.« Trotz Gerards Warnung wussten die Hausfrauen, dass »Doktor Fingerhut« eine hochwirksame Pflanze ist, die Patienten töten wie auch heilen kann. Kleine Dosen *Digitalis* verbesserten den Zustand des Kranken; litt er jedoch an Niereninsuffizienz, konnte der Körper die Droge nicht ausscheiden, sondern baute eine tödliche Konzentration auf.

Maude Grieve beschrieb 1931 in *Modern Herbal* den Fingerhut als hilfreich bei Herz- und Nierenleiden sowie inneren Blutungen, Entzündungen, Delirium tremens, Epilepsie, Wahnattacken und anderen Erkrankungen. Sie hätte ein paar nützliche Tipps für den Gärtner anfügen können: Der Fingerhut schützt benachbarte Pflanzen vor Krankheiten, verbessert die Haltbarkeit von Kartoffeln und Tomaten und verlängert als Schnittblume das Leben anderer Blüten in der Vase.

Blütenfinger

✦

Digitalis purpurea hat vielerlei fantasievolle volkstümliche Namen. Im Englischen heißt die Pflanze *foxglove* (Fuchshandschuh), wobei sich *fox* wegen der volksheilkundlichen Verwendung auch von *folks* herleiten kann. John Gerard sprach vom französischen *gant de Notre-Dame* (Handschuh Unserer Lieben Frau). Es gibt Bezeichnungen nach dem glockenartigen norwegischen Instrument *gliew*, und auch der deutsche Fingerhut leitet sich von der Blütenform ab. Der botanische Name kommt vom lateinischen Wort für Finger: *digitus*.

Yams

Dioscorea spp.

Ursprungsgebiet: Südostasien, Pazifikinseln, Afrika und Südamerika

Typus: ganzjährige tropische Kletterpflanze

Gewicht: *D. elephantipes* kann bis zu 300 Kilo wiegen

- ✦ ***Nahrung***
- ✦ ***Heilmittel***
- ✦ ***Handelsware***
- ✦ Werkstoff

Etwa 600 verschiedene Arten von Yams wachsen auf den Inseln des Pazifiks, in Afrika, Asien und Amerika. Die essbare Wurzel ist seit langem ein Grundnahrungsmittel in vielen Teilen der Erde. Ihre wachsende Beliebtheit als Nahrungsquelle dürfte vor allem in Afrika zur Vernachlässigung von Anbau und Verbrauch anderer heimischer Lebensmittel geführt haben. Einige Arten von Yams sind so giftig, dass sie für Pfeilspitzengift verwendet werden. Aber auch Afrikas traditioneller essbarer Yams, *Dioscorea sativa*, verdient einen Warnhinweis.

Kein reiner Segen

Die Yamswurzel ist für mehr als 100 Millionen Menschen in den humiden und subhumiden Tropengebieten ein Grundnahrungsmittel. Sie schmeckt mild und nach Stärke, ist reich an Kohlenhydraten, Mineralstoffen und Vitaminen, enthält jedoch wenig Protein. Außerdem enthält sie das giftige Alkaloid Dioscorin, das jedoch beim Kochen, Backen, Braten oder Grillen zerstört wird. In Westafrika wird die Wurzel geschält, gekocht und zu einem nahrhaften Teig namens *foo foo* verarbeitet. Auf den Philippinen werden Süßigkeiten daraus gemacht, und in Guyana braut man ein *kala* genanntes Bier daraus. Sogar die toxischen Varianten *D. hispida* und *D. dumertorum* werden bei Nahrungsknappheit verzehrt. Manche Wurzeln verarbeitet man zu Insektenvernichtungsmitteln, und *D. piscatorum* wird in Malaysia seit langem als giftiger Fischköder und für Giftpfeile verwendet. Dank ihrer Heilwirkungen wurden die Pflanzen nach Dioskurides benannt, der im ersten nachchristlichen Jahrhundert die Arzneimittellehre *De materia medica* schrieb, ein für mehr als anderthalb Jahrtausende maßgebendes Lehrbuch. Heute gewinnt man aus Yams Saponine und Steroide; einzelne Arten werden für die Herstellung von Antibabypillen, Kortison und zur Behandlung von Asthma und Arthritis verwendet.

Yams allein hat den Gang der Geschichte in Regionen wie Afrika nicht verändert, aber zusammen mit der Einführung verarbeiteter Lebensmittel und der Verbreitung proteinhaltiger Nahrung wie Mais und Sojabohnen ergab sich ein Problem, das man erst jetzt wirklich erkennt: Mangelernährung. Die Menschen in den »Entwicklungsländern« leiden nicht nur vielfach Hunger, sondern werden auch gezwungen, sich falsch zu ernähren. Teilweise liegt das daran, dass die »entwickelte Welt« Anbauflächen in diesen Ländern als eigene Gemüse- und Blumengärten benutzt. Aber was auf Plantagen geerntet wird, um nach Amerika, Europa und Asien geliefert zu werden, laugt die Böden aus, verursacht Umweltbelastungen und bedroht die Wasservorräte. Die Arbeitskraft und der Landverbrauch für die Exportfrüchte hindern Familien daran, heimische Nahrungsmittel anzubauen und zu verzehren – beispielsweise die vielseitige Langbohne, Flaschenkürbisee und Malabarspinat. Obwohl solche Nahrung vielfach als »Armeleuteessen« verspottet wird, bietet sie eine schmackhafte, gehaltvolle Ernährung, die reich an Mikronährstoffen ist.

SCHWERGEWICHT
Die Yamsart *Dioscorea elephantipes* erhielt den Namen »Elefantenfuß«, weil die Rinde ihres Stamms der Haut eines Elefanten nicht unähnlich ist.

Es gibt etwa 7000 Arten essbarer Pflanzen auf der Erde, doch viele afrikanische Familien können sich nur von zweien ernähren: einem Getreide wie Hirse und einem Wurzelgemüse wie Yams. Beide sollten mit einem Warnhinweis versehen werden. Während die durchschnittliche Lebenserwartung eines Schweizers 2007 bei 80 Jahren lag (mit steigender Tendenz), war sie laut UNICEF in Nigeria mit 47 Jahren niedriger als vor einem halben Jahrhundert. Viele andere Faktoren spielen mit – politische Instabilität, Korruption und Bürgerkriege –, aber der Verlust traditionellen Saatguts und des Wissens um Anbau und Zubereitung alter Speisen hat Schaden angerichtet. Die neue, kohlenhydratreiche, proteinarme Ernährung führte zur Zunahme von Krankheiten wie Arthritis und Diabetes und zum Verlust natürlicher Abwehrkräfte beispielsweise gegen die verheerenden Auswirkungen des Parasiten *Giardia lamblia* mit ruhrartigen Durchfällen und Fieber.

Zu verschiedenen Zeiten hat die Menschheit mindestens 3000 Pflanzenarten als Nahrung genutzt. Heute ernährt sich der Großteil der Menschheit nur noch von etwa 20 Arten.

Tony Winch, *Growing Food: A Guide to Food Production*, 2006

NAMENSVERWIRRUNG

✦

In Hindi bezeichnet *aloo* (nach dem Sanskrit-Wort *âlu*) alle essbaren und nahrhaften Wurzeln. Doch es war das europäische Wort *yam*, das um die Welt ging. Warum? Eine Erklärung lautet so: Afrikanische Sklaven in Spanien gruben Knollen für ihre Abendmahlzeit aus. Sie wurden gefragt, was sie denn da äßen, aber sie verstanden nicht und antworteten einfach, dass sie äßen: Dabei verwendeten sie das guineische Wort *nyami* für »essen«. Durch Verballhornung wurde über das Spanische *(ñame)*, Portugiesische *(inhame)* und Französische *(igname)* daraus »Yams«, ein Allerweltswort für alle Wurzeln und Knollen, die »Eingeborene« ausgruben und aßen. Um die Verwirrung komplett zu machen, heißt in Amerika auch die Süßkartoffel *(Ipomoea batatas) yam*.

Kardamom

Elettaria cardamomum

Ursprungsgebiet: Indien

Typus: schilfrohrähnliche ausdauernde krautige Pflanze mit lanzettlichen Blättern

Höhe: 2–3 m

✦ ***Nahrung***
✦ ***Heilmittel***
✦ Handelsware
✦ Werkstoff

So unverzichtbar er in der indischen Küche ist – in Europa führt er ein Schattendasein im Gewürzregal. Dabei ist Kardamom eine der aromatischsten Gewürzpflanzen und galt einst als »Königin der Gewürze«, im Gegensatz zum schwarzen Pfeffer, dem »König der Gewürze«.

Für Sinne, Gaumen und Gesundheit

In seinem auf der Folgeseite zitierten Lied spielte der Bischof von Kalkutta in viktorianischer Zeit auf ein Paradies an, das durch die Zivilisation verdorben worden sei. Tatsächlich wetterte er mit seiner Moralpredigt gegen die Götzenverehrung der Einheimischen: »Vergebens in üppiger Güte / sind Gottes Gaben verteilt. / Der Heide jedoch ist so blöde / verbeugt sich vor Holz und Stein.« Trotzdem wusste der gute Bischof eines der großen indischen und ceylonesischen Gewürze zu schätzen: den Kardamom. Diese gebräuchliche Zutat in indischen Pickles, Currys und Desserts fand ihren Weg bis in das finnische Pulla-Gebäck, den orientalischen Kaffee (den Kardamom angeblich entgiftet) und in Parfüms, die sich Griechen und Römer mischten. Das ist zwar kein großer Stoff der Geschichte, aber immerhin wurde Kardamom in Indien, dem Land seiner Herkunft, zum König der Gewürze gekrönt. Hier wuchs er wild in den »Kardamombergen«, den Monsunwäldern der Westghats von Kerala, und war für diesen Teil Südindiens ein wichtiger Wirtschaftsfaktor. Der kleine oder »echte« Kardamom heißt dort *chhota elaichi* (im Gegensatz zum größeren *bara elaichi*).

Mit großer Sorgfalt pflückte man die Früchte dieser Pflanze, die übrigens zur selben Familie gehört wie der Ingwer. Die Pflanzen wurden aus Samen gezogen oder

Paradieskörner

✦

Elettaria cardamomum, auch Malabar-Kardamom genannt, gilt als beste Kardamomsorte. Ein naher Verwandter ist *Aframomum melegueta* (Paradieskörner, Guineapfeffer). Er wächst an der westafrikanischen Küste; die Farbe der scharf schmeckenden Samen variiert von rot bis orange. Vom 13. Jahrhundert an wurde in Afrika und Europa damit Handel getrieben. Die Paradieskörner machten Bier kräftiger und Wein würziger.

Wiewohl Gewürzesdüfte leicht über die Insel Ceylon wehen und jedes Bild das Aug' erfreut – als Übel ist der Mensch zu sehen.

Reginald Herber, Bischof von Kalkutta, »Greenland's Icy Mountains«, 1819

durch Teilung einer Mutterpflanze vermehrt, und im zweiten oder dritten Jahr trugen sie kleine Kapseln mit den Saatkörnern darin. Da sich das Aroma des Kardamoms umso besser hielt, je länger die Samen in den Kapseln blieben, schnitt man diese vorsichtig ab, bevor sie reiften, und ließ sie langsam trocknen. Das Beste der Ernte wurde an den Hof der Fürsten geliefert. Dort war es üblich, Kardamom in winzigen, handgearbeiteten Silber- oder Golddöschen den Gästen auf der offenen Hand als Geschenk zu überreichen, und diese nahmen die kostbare Gabe mit spitzen Fingern entgegen. Kardamom war ein wichtiges Heilmittel der alten ayurvedischen Medizintradition Indiens; man behandelte damit Bronchialerkrankungen und auch durch Milchunverträglichkeit bedingte Verdauungsstörungen. Als der Kardamom das Mittelmeer erreichte, nutzten ihn Griechen und Römer zur Verbesserung ihres Atems, ihrer Duftstoffe und ihres Liebeslebens (man sagte ihm aphrodisische Wirkung nach).

In der chinesischen Medizin wird erstmals vor 1300 Jahren über Kardamom berichtet. Um 1000 n. Chr. kam das Gewürz dann mit arabischen Kaufleuten auf dem Landweg aus Indien nach Europa, später, im 16. Jahrhundert, auf dem Seeweg. Der portugiesische Reisende Duarte Barbosa, Schwager des Entdeckers Ferdinand Magellan, dem die erste Erdumsegelung gelang, beschrieb die Pflanze 1524. Die Europäer schätzten ihre wohltuend beruhigenden Eigenschaften, und mit ihrem Hauch von Eukalyptus galt sie als Mittel der Wahl für Apotheker, die etwas gegen Verdauungsprobleme oder Babykoliken ausrichten wollten. Kardamom war im Mittelalter also eine wichtige Arznei.

Bis ins 19. Jahrhundert, als britische Farmer Kardamom zusätzlich zum Kaffee auf ihren überseeischen Plantagen anzupflanzen begannen, waren Indien und Ceylon die einzigen Bezugsquellen für das Gewürz. Westliche Wissenschaftler, die seine Vorteile erkannten, bemühten sich um seine Klassifizierung. Zeitweilig trug es den lateinischen Namen *Matonia*, so benannt von Sir James Smith, dem Gründer der Londoner Linné-Gesellschaft, zu Ehren von William Maton, der die Pflanze so gewissenhaft untersucht hatte. Doch 1811 wurde sie als *Elettaria cardamomum* neu eingestuft.

Naturarznei
Kardamomkapseln werden in Südostasien zur Behandlung einer Reihe von Krankheiten angewendet, darunter Atemwegsinfektionen und Verdauungsstörungen.

Kardamomfrüchte
Die gelbgrüne Frucht von *Elettaria cardamomum* kann bis zu 2,5 cm lang werden und enthält schwarze Samenkörner.

Kokastrauch

Erythroxylum coca

Ursprungsgebiet: Andenregion

Typus: Strauch, der im Halbschatten wächst

Höhe: bis 1,80 m im Anbau

Die Blätter von *Erythroxylum coca* wurden über Jahrtausende in Südamerika ohne Schaden und Probleme verwendet – bis man sie zur Versklavung der Ureinwohner einsetzte. Als die Welt begann, Kokain aus den Blättern zu gewinnen, war nichts mehr wie zuvor – für die Schönen, Reichen und Berühmten, für weltberühmte Psychologen und für den größten Getränkeproduzenten der Welt.

- ✦ ***Nahrung***
- ✦ ***Heilmittel***
- ✦ ***Handelsware***
- ✦ Werkstoff

Wohlfühlfaktor

Die hellgrünen Blätter des Kokastrauchs, der in den Anden wächst, werden seit mindestens 2000 Jahren mit großer Sorgfalt gepflückt. Denn anders als die Blätter benachbarter Bäume und Sträucher gehören jene von *Erythroxylum coca* zu den wertvollsten Geldquellen. Was man aus ihnen herstellt, ist in der westlichen Welt weitgehend verboten, doch sichert die Pflanze den Menschen, die dort leben, wo sie wächst, einen bescheidenen Lebensunterhalt.

E.-coca-Blätter üben auf Menschen, die sie kauen, eine ganz außerordentliche Wirkung aus. Nach etwa zehn Minuten fühlen sie sich einfach gut: energiegeladen, beschwingt, entschlossen und fähig, praktisch alles schaffen zu können. Ein Wohlgefühl breitet sich in ihnen aus, und alle Hemmungen fallen von ihnen ab. Die Euphorie hat reale Ursachen, denn die Blätter von *E. coca* enthalten Alkaloide, die die Dopaminkonzentration im Gehirn steigern (siehe Kasten links). Diese Wirkung wurde zuerst im 16. Jahrhundert von den spanischen Konquistadoren beobachtet, als sie südamerikanischen Indianern begegneten, die dieses Blatt hoch schätzten. Auch der Wiener Arzt Sigmund Freud bemerkte ebendiese Wirkung – und nahm erst vom Kokagenuss Abstand, als ein Kollege aufgrund einer Überdosis im Zustand der Depression ums Leben kam. Sklavenhalter gaben ihren Arbeitern die Blätter, um die Produktivität zu steigern, und der adipöse Nazigeneral Hermann Göring versuchte erfolglos, damit sein Übergewicht abzubauen. Der Mann, der ein Getränk herausbrachte, das er Coca-Cola

Selektive Sucht

✦

Drogen wie Kokain und Heroin lösen einen Rauschzustand aus, weil sie im Gehirn Dopamin freisetzen. Das »Glückshormon« Dopamin, das auch beim Essen oder beim Sex ausgeschüttet wird, erzeugt kurzfristig hohes Wohlgefühl. Schon die Erwartung, eine Droge wie Kokain einzunehmen, produziert Dopamin, wodurch Abhängige ein so starkes Verlangen verspüren, dass sie jedes Risiko eingehen, um an neuen »Stoff« zu gelangen. Diese Dopamintheorie der Drogensucht erklärt allerdings nicht, warum manche Menschen abhängig werden und andere nicht.

Kokafarben
Getrocknete Blätter des Kokastrauchs sind auf der Oberseite dunkelgrün, auf der Unterseite dunkelgrau.

Chaskis

✦

Damit ein Staat funktioniert, ist gute Kommunikation unerlässlich. Im Inkareich besorgten dies die *chaskis*, Kuriere, die eilige Nachrichten schnell und zuverlässig von einem Ort zum anderen brachten. Die *chaskis* der Inka verließen sich dabei so auf ihre Kokablätter, dass Entfernungen in den Anden nicht in Meilen, sondern in *cocadas* gemessen wurden: der Menge der für eine Strecke benötigten Kokablätter. Diese ermöglichten es Männern, Lasten bis zum eigenen Körpergewicht mehr als 30 Kilometer weit im steilen Andengelände zu tragen, ohne mehr als eine Schüssel Haferbrei zu essen.

nannte, benutzte tatsächlich Koka für sein erstes Rezept. Und bei Untersuchungen von Mordopfern in New York Anfang der 1990er Jahre fand man heraus, dass jedes dritte Spuren von Kokain im Körper hatte.

Was hat es mit diesen seltsamen Blättern auf sich? Für die Inka waren Kokablätter die Superdroge ihrer Zeit. Das Volk lebte rund um Cuzco, eine Stadt, die auf 3400 Meter Meereshöhe liegt. Hier hatte das Kauen von Kokablättern eine ähnliche Aufgabe wie die Verwendung von Sauerstoffgeräten im Hochgebirge: Sie versetzten die *chaskis* (siehe Kasten links), die stets einen Beutel voll Kokablätter bei sich trugen, in die Lage, in großen Höhen zu arbeiten. Meist war der Konsum von Kokablättern jedoch religiösen Zeremonien oder medizinischen Zwecken (etwa als starkes Anästhetikum) vorbehalten – bis die spanischen Invasoren und Missionare auf den Plan traten. Im späteren 16. Jahrhundert hatte die katholische Kirche in fast jeder der versklavten Andensiedlungen einen Gemeindepriester eingesetzt, und in ihrem Bekehrungseifer trieben diese ihren Schäfchen die teuflische Kokasucht aus. Doch ihr Erfolg wurde von einer anderen Gruppe von Spaniern zunichtegemacht: den Sklavenhaltern. Lateinamerika war im 17. Jahrhundert die einzige nennenswerte Quelle für ungemünztes Silber; die Spanier beuteten die einheimischen Indianer rücksichtslos aus und ließen sie in Silberminen wie der in Potosí in Bolivien schuften. Die Arbeitsbedingungen hätten sogar die Sklavereigegner des 19. Jahrhunderts fassungslos gemacht, die es immerhin für noch akzeptabel hielten, kleine Kinder in verstopfte enge Kamine steigen zu lassen. Männer, Frauen und Kinder arbeiteten sich in den Minen zu Tode, weil die Spanier sie mit Kokablättern fütterten. Sie hatten – anders als die *chaskis* – kaum je zuvor Koka genossen, jetzt wurden sie von ihnen abhängig gemacht. Bis in die 1620er Jahre sollen über eine halbe Million Arbeiter in den Minen gestorben sein, aber die Produktivität stieg, in manchen Jahren um bis zu 50 Prozent.

Inkabote
Die *chaskis* durchquerten das nordwestliche Südamerika und beförderten Botschaften ihrer Inkaherrscher. In einem Rucksack trugen sie die Kokablätter für ihre Reise bei sich.

Abhängigkeit

Natürliches Rauschgift
Kokaplantagen wie diese in Bolivien versorgen nicht nur Kokainsüchtige. Die Blätter von *Erythroxylum coca* werden auch für die Zubereitung des beliebten *Mate de coca* verwendet, eines Teeaufgusses, der in ganz Südamerika getrunken wird.

Es überrascht nicht, dass im 19. Jahrhundert auch die Sklavenhalter in den amerikanischen Südstaaten Kokablätter unter die kargen Essensrationen ihrer Arbeiter mischten. Unterdessen fand das Kokablatt neue Wege ins Alltagsleben, vor allem bei Ärzten und Quacksalbern. Kokablätter wurden und werden in der Medizin verwendet. Die Forschungen zweier Wissenschaftler führten zu ihrer Verwendung als Betäubungsmittel bei Operationen: Der deutsche Apotheker Friedrich Gaedcke isolierte 1855 erstmals den Wirkstoff, ein Tropanalkaloid. Drei Jahre später veröffentlichte Albert Niemann aus Goslar ein verbessertes Herstellungsverfahren für das, was er – und fortan die Welt – »Kokain« nannte. Bald stellte sich heraus, welch außerordentliche Wirkung es auf alle hatte, die es konsumierten.

Im 20. Jahrhundert wurde Kokain (nun auch »Koks« oder »Schnee« genannt) zur Freizeit-, Party- und Entspannungsdroge Hunderttausender hektisch lebender, wohlhabender »Kokser«. Einer der berühmtesten war ein junger Wiener Neurologe: Sigmund Freud. Als er von einem Experiment beim bayerischen Militär erfuhr – die Soldaten, die Kokain erhielten, benötigten weniger Essen und erfüllten ihre Aufgaben ohne Einschränkung –, nahm auch er drei Jahre lang regelmäßig die Droge und verordnete sie auch manchen Patienten. Möglicherweise regten seine Experimente die Entwicklung zahlreicher Medikamente an, deren Hauptwirkstoff Kokain war.

Anfang des 20. Jahrhunderts fanden bestimmte »Wundermittel« zur Behandlung von Katarrhen – von denen manche auch als Aphrodisiaka angepriesen wurden – in den Apotheken plötzlich reißenden Absatz. Diese »Spezialarzneien« hatten es wahrhaft in sich, denn sie enthielten eine Mischung aus Chinin (siehe Seite 42) und Kokain. Es war um diese Zeit, dass John Pemberton, ein Apotheker in Atlanta, das außerordentlich beliebte Getränk Vin Mariani, das einen Auszug aus Kokablättern enthielt, zu imitieren versuchte. Das von dem Korsen Angelo Mariani erfundene Gebräu entstand, indem man Kokablätter sechs Monate lang in gutem Rotwein ziehen ließ. Es war so beliebt, dass Pemberton sich angeregt sah, eine eigene »Französische Rotwein-Kola« herauszubringen. Als die Stadt Atlanta ein Alkoholverbot erließ, reagierte Pemberton mit einem nichtalkoholischen Ersatz auf der Grundlage von mehreren Zutaten, darunter einem Extrakt aus Kokablättern und Koffein aus der Kolanuss (siehe Kasten S. 75).

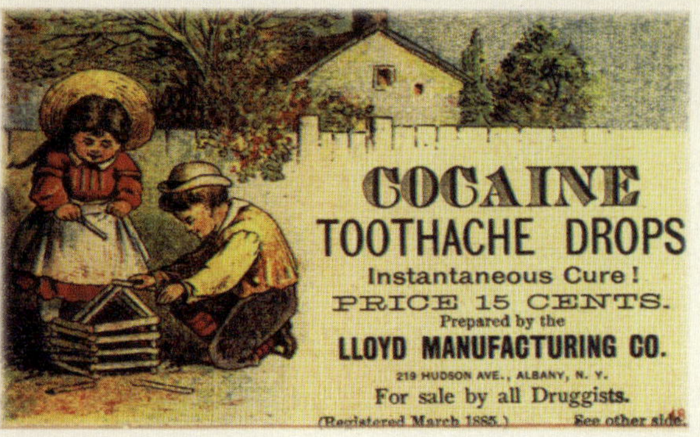

Linderungsdroge
Die schmerzlindernden Eigenschaften des Kokablattes führten zu seiner Verwendung in frei verkäuflichen Arzneimitteln wie in diesem Medikament gegen Zahnschmerzen.

Sein Rezept für ein Getränk, das er Coca-Cola nannte, war erfolgreicher als seine Marketingstrategie, und so blieb es einem anderen Geschäftsmann, Asa Candler, vorbehalten, den Namen und das Rezept zu übernehmen und das weltgrößte Getränkeunternehmen aufzubauen – und einen der bekanntesten Markennamen dazu. Candler verkaufte später die Firma und starb 1929 als reicher Mann. Das alkoholfreie Erfrischungsgetränk, das erste, das auch im Weltraum getrunken wurde, wird heute in mehr als 200 Ländern verkauft – ohne die Droge, die ihm einst zum Erfolg verhalf. Aber es enthält eine Zutat, die sich als noch unwiderstehlicher erwies: Zucker (siehe Seite 166).

Kriegsräusche

Viele aus Pflanzen gewonnene Drogen führen unweigerlich zu sozialen Problemen, sei es Tabak, Heroin oder Alkohol. Im frühen 20. Jahrhundert wurde Kokain von immer mehr Menschen »gesnieft« und geschnupft, nachdem die Preise im Straßenhandel deutlich gesunken waren. Die Behörden setzten irrtümlich Kokain mit Heroin gleich, wobei Ersteres erwiesenermaßen nicht zu gleich hoher Abhängigkeit wie Heroin führt (siehe Seite 148), und stellten den Konsum unter Strafe. Deshalb neigten die regelmäßigen Konsumenten des Pulvers bis zum Zweiten Weltkrieg zur Verschwiegenheit. Das traf vor allem auf Berlin zu, wo in der Vorkriegszeit der Kokainkonsum und die Nachtclubszene untrennbar verbunden waren. Während des Krieges, als das Naziregime hart gegen solcherlei Dekadenz vorging, hielten kokainabhängige »große Tiere« wie Hermann Göring ihre Leichen gut im Keller versteckt. Amphetamine (Weckamine), die als Aufputschmittel in Kriegszeiten frei verfügbar waren, trugen jedoch dazu bei, den Kokainmarkt abzuwürgen.

Das mangelnde Angebot an Amphetaminen nach dem Krieg, soziale Umbrüche und vor allem der zunehmende Luftreiseverkehr, der den Schmuggel erleichterte, gaben dem Kokainmarkt erneuten Aufschwung. Bald begannen sich Verbrecherkartelle rund um Produktion und Vertrieb zu organisieren. Die Grenze zwischen den USA und Mexiko erwies sich als besonders anfällig. Bis dahin pflegte man die Droge als Pulver durch die Nase zu schnupfen: von einer gestreuten »line«, durch einen Strohhalm oder

Wir müssen die Verwirrung, Enttäuschung und Verzweiflung besser zu verstehen versuchen, die insbesondere junge Menschen dazu bringen, Rauschgift und gefährliche Drogen zu nehmen.

US-Präsident Richard Nixon, Rede gegen Drogenmissbrauch, 1971

eine zusammengerollte Banknote – bis Anfang der 1980er Jahre kristallines Kokain auf den Markt kam, das man rauchen konnte. Damit vergrößerte sich der Kreis der Abhängigen auch über jene hinaus, die gerade ihren letzten Schein für etwas Koks ausgegeben hatten. Mit Crack begann ein neues und noch unheilvolleres Kapitel in der Geschichte des Kokains. Bei Crack (wegen des knackenden Geräuschs, wenn die Kristalle in der Pfeife zerplatzen), das aus mit Wasser und Backpulver verbackenem Kokain besteht, tritt die Wirkung innerhalb von Sekunden ein. Sein Suchtpotenzial ist so hoch, dass die meisten Erstverbraucher zu Dauerkonsumenten werden. Crack war billig und leicht zu bekommen und erlangte den zweifelhaften Ruhm, nach Cannabis die meistkonsumierte Droge in ganz Amerika zu sein.

Die Lösung des Problems erschien einfach: den Drogenmissbrauch zu Hause bekämpfen und die Quellen im Ausland zerstören. Die Südamerikaner, die Jahrhunderte zuvor für die Gier der Spanier nach Silber hatten bluten müssen, gerieten also abermals in die Schusslinie. Der Preis für das im Drogenhandel grammweise verkaufte reine Kokain schwankte. 1985 schätze Henry Hobhouse in seinem Buch *Seeds of Change*, dass ein Hektar Kokasträucher etwa 15 Kilogramm reines Kokain mit einem Schwarzmarktwert von 2,5 Millionen Dollar ergaben. All die Peruaner, die sich dem mühevollen Turnus des jährlich dreimaligen Pflückens unterzogen, durften für ihre Schufterei nicht mal einen Bruchteil solcher Erträge erwarten; aber Koka lieferte ihnen wenigstens einen Lebensunterhalt, und das Kauen von Koka ließ sie auch bei karger Ernährung arbeiten.

Ein Becher »Kola«

✦

Die afrikanische Kolanuss wird seit Jahrhunderten in ganz Westafrika gekaut und war bei den Yoruba Nigerias Teil religiöser Zeremonien. Von der aus Afrika stammenden Pflanze werden besonders zwei Arten – *Cola acuminata* und *C. nitida* – weltweit in Tropenregionen gewerbsmäßig angebaut. Warum? Weil die Kolanuss etwa drei Prozent Koffein und andere Alkaloide enthält, darunter Theobromin und das Herzstimulans Colanin. Einst hatte die Cola beste Chancen, als anregendes, nichtalkoholisches Getränk Kaffee und Tee den Rang abzulaufen.

Als man Anfang des 21. Jahrhunderts illegale Anbauflächen von Koka und Schlafmohn in der kolumbianischen Region Putumayo mit Glyphosat und anderen Herbiziden besprühte, wurden schnell Proteste laut. Herbizide über dem Regenwald zu versprühen sei so unverantwortlich wie die Anwendung des Entlaubungsmittels Agent Orange im Vietnamkrieg. Wegen der möglichen Schäden am Regenwald erschien den Gegnern diese Maßnahme so schlimm, als würde man »das Taj Mahal in die Luft sprengen«, und – schlimmer noch – die »Begasung« der Wälder würde auch legale Ernten vernichten und die Artenvielfalt des Amazonasgebiets obendrein. Schäden für die Umwelt wurden zwar nie festgestellt, aber die Probleme mit den kleinen Blättern von *E. coca* scheinen kein Ende zu nehmen.

Eukalyptus

Eucalyptus spp.

Ursprungsgebiet: hauptsächlich Australien

Typus: niedriger Strauch bis hoher Baum

Höhe: 10 bis 60 m

✦ Nahrung
✦ ***Heilmittel***
✦ ***Handelsware***
✦ ***Werkstoff***

Im 19. Jahrhundert war der Eukalyptus bei Eisenbahnern und Hobbygärtnern gleichermaßen beliebt. Weil er in Pflanzungen an den Bahndämmen gedieh, lieferte er billiges Brennholz für Dampfloks, und als Ziergehölz war er Gesprächsthema der Gärtner – besonders in Kalifornien. Es hieß sogar, er könne Sumpffieber heilen. Kein Wunder, dass dieser Baum das weltweit am häufigsten angepflanzte Hartholz wurde. Aber warum hackten dann ein Jahrhundert später Protestierer in Thailand, Indien oder Spanien ganze Eukalyptuspflanzungen nieder?

Ein Wunderbaum

Als die ersten Siedler Australien erreichten, wuchsen entlang seiner Gestade über 900 verschiedene Arten endemischer Eukalyptus- oder »Gummibäume« (nicht zu verwechseln mit Ficus oder Kautschukbaum). Etwa ein Jahrhundert lang mühten sich die Neuankömmlinge damit ab, so viele von ihnen wie möglich zu fällen und niederzubrennen, um Weidegrund für ihre Schafe und Rinder zu gewinnen. Joseph Banks hingegen, einer der Pflanzensammler an Bord von Cooks *Endeavour*, war vom Eukalyptus begeistert. Während der Captain die australische Ostküste kartographierte, ging er 1770 mit dem schwedischen Botaniker Daniel Solander, einem Linné-Schüler, in einer Bucht an Land, die Cook später Botany Bay nannte.

Banks ging an Land und schaute voller Bewunderung an den hohen, eleganten Bäumen mit ihrer seltsam abblätternden silbrigen Rinde und den lanzettförmigen Blättern empor, die im Seewind flüsterten. Doch es war der Franzose Charles Louis L'Héritier (1746–1800) und nicht Linné, der der Pflanzenart *Eucalyptus obliqua* den Namen gab. *Eucalyptus* bedeutet »gut bedeckt« und verweist darauf, dass die Blütenkelche zum Schutz haubenartig umschlossen sind.

Wir ruderten über das Wasser so blau,
Trieben federleicht dahin
Im Kanu aus einem Eukalyptusbaum ...

Australisches Volkslied

Banks, Solander und L'Héritier waren gleichermaßen von dem Baum beeindruckt. Er war ein Exot, wuchs schneller und höher als alle Bäume, die sie kannten, und wenn man die Blätter verrieb, strömten sie einen eigenartigen, heilsamen Duft aus. Die Botaniker wären nicht erstaunt gewesen, hätten sie erfahren, dass sich die wenigen jungen Bäume, die sie von Australien mitnahmen, binnen zweier Jahrhunderte so verbreiteten, dass sie weltweit fast 40 Prozent aller Tropenholzanpflanzungen ausmachten und 42 Millionen Hektar bedeckten.

Herr der Pflanzen
Nicht nur den Eukalyptus soll Joseph Banks (1743–1820) nach Europa gebracht haben, sondern auch die Akazie, die Mimose und die Gattung der Banksien.

Grünes Gold

Eukalyptusbäume zählen zu den höchsten Laubbäumen der Erde; der sogenannte Riesen-Eukalyptus *(E. regnans)* Südostaustraliens und Tasmaniens ist der höchste Laubbaum überhaupt. Wenige dieser bis zu 140 Meter hohen Riesen sind noch übrig, denn die meisten wurden im 19. Jahrhundert abgeholzt. »Korkeiche, Tanne, Zeder und andere Bäume werden auf Geheiß der Regierung anstelle der gefällten Bäume angepflanzt, von denen viele für die Verwendung im Handel oder beim Bau wertlos sind«, erklärte *Cassell's Family Magazine* in den 1890er Jahren – blanker Unsinn, denn der Eukalyptus erwies sich rasch als ungemein nützlich.

Das Harz der Rinde enthält Tannin, das in Mundwasser, Hustensaft und Halsbonbons Verwendung findet, während das Öl der Blätter für Antiseptika, Balsame, Harn- und Desinfektionsmittel genutzt wird. Die ätherischen Öle werden Vitaminergänzungspräparaten beigefügt, weil sie die Vitamin-C-Aufnahme des Körpers fördern, und sie verleihen Parfums einen würzigen Zitrusduft. Die Blüten sind wohlriechende Bienenweiden, denen wir den Eukalyptushonig verdanken, und ihre Öle finden den Weg in Mentholzigaretten. Als man entdeckte, wie sich Eukalyptuszellulose gewinnen lässt – indem man das Holz zerkleinert und mit Chemikalien zu einem Brei verkocht, um die Holzfasern herauszulösen –, fand der Eukalyptus für nahezu alles

Feuerbaum

✦

Australiens beliebtestes Wildtier, der Koala, ernährt sich von Eukalyptusblättern, von denen er jede Nacht ein Kilo verzehrt. Das Bärchen hat es gelernt, mit der unsicheren Nahrungsquelle zu leben, denn die Bäume fallen oft Buschbränden zum Opfer. Allerdings erholen sie sich mit Hilfe von »Ernteameisen« rasch wieder: Während eines Brandes gibt der Baum vermehrt Samenkörner ab, die die Ameisen in unterirdische Nahrungslager tragen, wo sie in der frischen, aschehaltigen Erde austreiben. Andere Eukalyptusarten, wie die Mallee-Sträucher, überleben Buschbrände dank unterirdischer Wurzelgeflechte, die nach dem Brand neue Triebe sprießen lassen.

Verwendung: von Unterhosen über feuerbeständige Uniformen und Toilettenpapier bis zu Pappe. Am 27. Mai 1956 wurde sogar die brasilianische Zeitung *O Estado de São Paulo* zur Gänze auf Eukalyptuspapier gedruckt.

Der Fürst der Eukalyptusbäume

Dem Botaniker Ferdinand Jacob Heinrich Freiherr von Mueller zufolge (er erhielt den Adelstitel für seine Studien über den Eukalyptus) ist der Blaugummibaum *(E. globulus)* der wertvollste Eukalyptus. Seine vielseitige Nutzbarkeit und die Qualität seiner Öle seien unübertroffen, erklärte von Mueller 1884 in seinem Werk *Eucalyptographia*. Er war Leiter der Royal Botanic Gardens in Melbourne, machte den Eukalyptus in aller Welt bekannt und förderte seine Verbreitung in Südeuropa, Afrika, Kalifornien und Südamerika. Ein halbes Jahrhundert, nachdem Arthur Phillip, der erste Gouverneur Australiens, eine Flasche mit ätherischem Eukalyptusöl an Joseph Banks geschickt hatte, propagierte von Mueller die Vorzüge des Eukalyptusbaums. Er überredete den Engländer Joseph Bosisto, sein Verfahren zur Gewinnung von Öl aus Eukalyptus zu patentieren. Bosisto vermarktete es in ganz Europa und Amerika und schuf sich damit einen Namen.

Mueller versandte Eukalyptussamen um die ganze Welt – nach Frankreich ebenso wie an den Botaniker William Saunders in die USA. Dass er 1869 dem Erzbischof von Melbourne, J. A. Gould, Eukalyptussamen zum Geschenk machte, hatte erstaunliche Folgen – so schien es jedenfalls. Man glaubte, Eukalyptus könne Malaria »heilen«. Gould schickte die Samen nach Rom an die Mönche im Kloster Tre Fontane, die gegen die Malaria – oder das »Sumpffieber« (siehe Seite 42) – kämpften. Beharrlich versuchten die Mönche, den Eukalyptus einzubürgern, sie rodeten Strauchwerk und entwässerten Sümpfe, um die Sämlinge anwachsen zu lassen. Als es ihnen schließlich gelang und der Eukalyptus gedieh, war das abscheuliche Fieber gebannt. Später kam man darauf, dass es das Verschwinden der Sümpfe und nicht das Erscheinen der Eukalyptusbäume war, das die Krankheit besiegt hatte. Doch die Mönche wussten den Baum anderweitig zu nutzen und stellten den

Sultansbaum

✦

Sultan Tipu, der Herrscher von Mysore im südindischen Karnataka, war ein Gartenliebhaber. Als er 1790 von dem wundersamen Eukalyptusbaum hörte, ließ er Samen beschaffen und in seinen Palastgärten in den Nandibergen bei Bangalore aussäen. Doch bevor sie sprießen konnten, wurde der Sultan 1799 im Kampf gegen die Briten getötet. Nun lag es an den neuen Herrschern, die Eukalyptuspflanzungen zu betreuen. Nachdem die Briten mit dem Blaugummibaum *(E. globulus)* in den Nilgiribergen bei Udagamandalam experimentiert hatten, pflanzten sie diesen Baum weiterhin an, nicht als Zierde, sondern um den schwindenden Brennholzbestand der örtlichen Wälder zu ersetzen.

Likör »Eucalittino« her. Mittlerweile wurden den australischen Bäumen vielerlei Vorzüge und nützliche Eigenschaften zugeschrieben. Das Holz konnte für den Bau von Häusern, Wagen und Brücken verwendet werden. Es hieß auch, Eukalyptus könne Patienten, die mit Wundbrand oder Geschlechtskrankheiten im Sterben lagen, vorübergehend Linderung verschaffen. Und er würde verunreinigte Luft säubern ...

Diese Behauptungen, von denen einige mehr und andere weniger zutrafen, führten dazu, dass sich in Teilen Amerikas die Baumlandschaft durch den australischen Baum veränderte. Investoren, die sich schnelle Gewinne versprachen, pflanzten Tausende von aus Samen gezogenen Eukalyptusbäumen an. In Südamerika, vor allem in Brasilien, wuchsen immer mehr Eukalyptusbäume. Dank der Bemühungen des Landwirts Edmundo Navarro de Andrade waren große Eukalyptusfarmen entlang der Bahnstrecken angepflanzt worden. Und zur Mitte des 20. Jahrhunderts, als Brasilien 5,5 Millionen Hektar wiederaufforstete, waren die gepflanzten Bäume zur Hälfte Eukalypten. Auch in Indien (siehe Kasten links), das etwa gleich weit entfernt vom Äquator liegt wie Brasilien, breiteten sich Eukalyptusplantagen aus – zum Schaden einheimischer Bäume. Dies löste zunehmendes Unbehagen am unerbittlichen Vormarsch des Eukalyptus aus. Die sterilen Plantagen, sagten die Kritiker, böten im Gegensatz zu heimischen Wäldern den Wildtieren kaum Schutz. Der Eukalyptus wurde für die gefährliche Bodenerosion verantwortlich gemacht, und man beschuldigte ihn, die örtlichen Wasservorkommen mit dem Durst seiner Blätter zu erschöpfen. Der Verlust der Artenvielfalt und das Vordringen der »cash economy« in den Eukalyptusplantagen, die den traditionellen Tauschhandel schwächte, setzten das Unbehagen in direkte Aktionen um. In den 1990er Jahren protestierten Bauern in so weit voneinander entfernt liegenden Ländern wie Thailand, Indien und Spanien gegen diese Monokulturen, indem sie Eukalyptuspflänzlinge ausrissen oder umhackten.

Gemälde der Natur Die Rinde des Regenbogen-Eukalyptus *(E. deglupta)* löst sich das ganze Jahr über in Fetzen ab. Dabei wird die hellgrüne Oberfläche des Stammes sichtbar. Wenn die frische Rindenhaut heranreift, wandelt sich ihre Farbe über Blau- und Orangetöne in dunkles Kastanienbraun.

Ist der Eukalyptus damit am Ende? Nein, der Baum dürfte auch in der Zukunft eine Rolle spielen. Haiti wurde zu einem der ärmsten Länder, als es sein Baumkleid verlor. Die Wirtschaft Äthiopiens litt schwer darunter, dass mehr als 95 Prozent seiner ursprünglichen Waldflächen verloren gingen, und Thailand, wo in den letzten 20 Jahren die Hälfte aller Bäume gefällt wurde, hat erhebliche Umweltprobleme. Für eine schnelle Aufforstung in solchen Ländern könnte der Eukalyptus äußerst hilfreich sein.

Farne

Stamm: Filicinophyta

Ursprungsgebiet: der nicht mehr existierende Urkontinent Pangäa

Typus: Farne

Höhe: bis 9 m

Sie gehören zu den ältesten Pflanzen der Erde, und ihre Reste verwandelten sich in eine Energiequelle, ohne die es die industrielle Revolution in Europa und Amerika ebenso wenig gegeben hätte wie den Wirtschaftsboom in der derzeit größten Nation der Erde – in China. Ebendiese Energiequelle ist aber auch eine der Hauptursachen für die vermutlich größte Katastrophe, mit der wir es jemals zu tun hatten: den Klimawandel.

✦ Nahrung
✦ Heilmittel
✦ ***Handelsware***
✦ Werkstoff

Die Superpflanzen

Die Herkunft des Menschen lässt sich etwa vier Millionen Jahre weit zurückverfolgen, bis zu der Zeit, als sich die Evolution unserer Vorfahren von der anderer Primaten abzweigte. Die Entwicklungsgeschichte der Farne auf der Erde ist unvergleichbar länger. Sie entstanden vor 335 Millionen Jahren im Karbonzeitalter, das dem Kambrium, Ordovizium, Silur und Devon folgte und 60 Millionen Jahre dauerte.

Lange bevor Dinosaurier über unseren Planeten streiften, bestand die Landmasse auf der Erde aus dem riesigen Urkontinent Pangäa. Der Äquator verlief durch das heutige Grönland, Neufundland und Nordengland. Pangäa war flach, sumpfig und gigantischen Überflutungen unterworfen, wenn die Gletscher der südlichen Hemisphäre schmolzen. Gegen Ende dieses Erdzeitalters herrschte Riesenwuchs, und die Sümpfe waren von Amphibien bevölkert, die ihre bis zu fünf Meter hohen Körper durch den Schlamm schleppten. Die Spuren ihrer Bäuche und ihre Fußabdrücke sind noch heute sichtbar. Riesenhafte Libellen schwebten mit ihren enormen Flügeln über die Köpfe von bis zu zwei Meter großen Tausendfüßlern, die unter gewaltigen Bäumen wie *Lepidodendron*, *Sigillaria* und den 18 Meter hohen Vorfahren der Schachtelhalme *(Equisetum)* herumkrochen. Die einzigen Pflanzen, die auch wir auf den ersten Blick erkannt hätten, waren die Farne, auch wenn sie bis zu neun Meter hoch wuchsen.

Ihre federartigen Wedel nahmen das Sonnenlicht auf und speicherten seine Energie, bevor sie verendeten oder gegessen wurden. Immer mehr von ihnen versanken in den Sümpfen und wurden im schlammigen Sediment begraben. Zuerst entstand schwammiger Torf, der im Verlauf von Jahrmillionen zu einer kohlenstoffreichen Schicht voll angestauter schwarzer Energie zusammengepresst wurde: Kohle.

Als die Menschen auftauchten, brauchten sie eine Weile, bis sie die Energie, die Farne und andere Pflanzen in der Erde gespeichert hatten, zu nutzen wussten. Sie beuteten die Oberfläche des Planeten aus, statt darunter herumzuwühlen. Auch wenn es in der Bronzezeit ein Stamm in Wales verstand, Bestattungsfeuer mit Kohle zu speisen, gab es bis zur Römerzeit keinen ernsthaften Bergbau.

Schmutziger Brennstoff
Nachdem die Welt zu begreifen beginnt, dass der Klimawandel eine Realität ist, werden Forderungen laut, Kohlekraftwerke gänzlich stillzulegen.

Nachdem sich die Römer im nördlichen Europa festgesetzt hatten, nutzten sie Kohle unter anderem, um ihre Bäder und Bodenheizungen zu befeuern. Nach dem Fall des Römischen Reiches dauerte es elf Jahrhunderte, bis im späten Mittelalter Klöster im Nordosten Englands mit Kohle zu handeln begannen. Erst im 18. Jahrhundert wurde das »Schwarze Gold« zum großen Geschäft.

1724 veröffentlichte Daniel Defoe den ersten Band seiner Reisebeschreibung Großbritanniens und staunte in Newcastle über »die gewaltigen Haufen, ich möchte sagen Berge von Kohle, die aus jeder Grube gefördert werden, und über die Vielzahl dieser Gruben hier«. Infolge der Ausweitung der Kohleindustrie in Großbritannien, Deutschland, Polen und Belgien holte man Leute vom Lande zur Arbeit in die Bergwerke. In Schottland wurden im 17. und frühen 18. Jahrhundert ganze Familien in der Bergwerksarbeit regelrecht versklavt. Die Bergarbeiterfamilien waren es gewohnt, mit der Todesgefahr durch Feuer, Überflutung und Ersticken in den Schächten zu leben und als Außenseiter der Gesellschaft behandelt zu werden. Sie entwickelten sich zu einem eigenen Menschenschlag; Unverwüstlichkeit

Einzelmassnahmen

✦

Während die Weltmächte Klimakonferenzen abhalten, um politische Lösungen auszuarbeiten, versuchten einzelne Länder und Regionen, dem Klimawandel auf eigene Faust entgegenzuwirken. So wurden in Freiburg im Breisgau mehr Photovoltaikanlagen auf den Dächern montiert als in ganz Großbritannien und Nordirland zusammen. China hat unterdessen mehr Energiesparsysteme installiert als jedes andere Land der Erde, baut aber weiterhin die meisten Kohlekraftwerke.

VERDIENSTE UM DIE GESUNDHEIT
Nachdem er gegen Ende des Amerikanischen Unabhängigkeitskriegs nach London gekommen war, kämpfte Graf Rumford (Benjamin Thompson, 1753–1814) gegen die Luftverschmutzung durch die offenen Kamine in den Häusern.

und Stolz angesichts der entsetzlichen Arbeitsbedingungen schweißten sie zusammen. Grubenunglücke ereigneten sich so regelmäßig, dass die Tageszeitung *Newcastle Journal* gar nicht mehr darüber berichtete. »Man hat uns ersucht, solchen Dingen keine weitere Beachtung zu schenken«, schrieb ein Korrespondent der Zeitung – gewiss zur Zufriedenheit der Bergwerksbesitzer.

MIT VOLLDAMPF VORAUS

Ab der Mitte des zweiten nachchristlichen Jahrtausends begannen die Überreste der Farne manche Leute reich und berühmt zu machen. Dazu gehörten James Watt, der in den 1780er Jahren die Dampfmaschine verbesserte, und George Stephenson, der die ersten Dampflokomotiven konstruierte. Die Kohle brachte manche Berühmtheit hervor, darunter den bemerkenswerten Grafen Rumford. Benjamin Thompson, wie er anfangs hieß, wurde 1753 in Woburn, Massachusetts, geboren; seine Eltern waren der britischen Krone treue Loyalisten. Mit 19 heiratete er eine 20 Jahre ältere wohlhabende Frau, die er vier Jahre später zurückließ, als er in der Folge der Unabhängigkeitserklärung nach England floh. Es hieß, er habe sich als britischer Spion betätigt. In England wurde er für seine wissenschaftlichen Arbeiten zur Wärmelehre geadelt. Dann ging er nach Bayern, wo er das Militär reformierte, Armenhäuser einrichtete, die Kartoffel einführte, den Englischen Garten in München anlegte und in den Reichsgrafenstand erhoben wurde. Den Namen Rumford entlehnte er dem Städtchen Rumford in New Hampshire, wo er mit seiner Frau gelebt hatte. Sodann kehrte er nach London zurück und widmete sich einer neuen Aufgabe: die Welt von den rauchenden Kaminen zu befreien.

VERHÜLLTES LONDON
Claude Monets *Die Sonne durchdringt den Nebel* (1904) vermittelt eine bedrückende Vorstellung von der Luftverschmutzung in London.

»Die Plage des rauchenden Kamins ist sprichwörtlich«, schrieb er und warnte: »Dieser kalte, frösteln machende Luftzug an der einen Seite des Körpers, während die andere vom Kaminfeuer versengt wird – das kann der Gesundheit nur abträglich sein. Ich habe keinen Zweifel daran, dass jedes Jahr in diesem Land allein aufgrund dieser Ursache Tausende an Schwindsucht sterben.« Graf Rumford entwickelte einen besonderen, rauchfreien Kamin, der sich auch nach seinem Tod mehr als ein Jahrhundert lang auf dem Markt hielt. Auch wenn ihn US-Präsident

Franklin D. Roosevelt als einen der bedeutendsten Köpfe Amerikas pries, blieben die Verdienste des Grafen Rumford um die Verbesserung der allgemeinen Wohnbedingungen weitgehend unbekannt.

Eine Londoner Spezialität

London war im Viktorianischen Zeitalter vollkommen von der Kohle abhängig. Im Winter lag die Stadt unter einer dicken, schwefligen Rauchwolke, die Charles Dickens in seinem Roman *Bleak House* (1852) als »eine Londoner Spezialität« bezeichnete. London und andere Metropolen wie Paris oder New York sorgten schließlich mit Verordnungen für reine Luft, aber damit war die Sache nicht erledigt. In den späten 1950er Jahren entdeckte man, dass die Kohlendioxidkonzentration in der Atmosphäre unseres Planeten ansteigt, was ohne Zweifel zu einer Erwärmung des Erdklimas führen würde. Heute ist man sich unter Wissenschaftlern einig, dass die Verbrennung fossilen Materials und die Freisetzung von Methangas zu einem erheblichen Teil dafür verantwortlich sind. Allein im Jahr 2000 wurden fossilisierte Farne und Bäume aus zwei Millionen Jahren Erdgeschichte verbraucht. Der Umweltschützer Herbert Girardet beschrieb dies als »eine Orgie des Konsumerismus, die unseren Planeten ruiniert«. Menschen, die ein Jahrhundert zuvor auf die Barrikaden gestiegen wären, um eine Kohleheizung für ihre Wohnung zu bekommen, stimmen jetzt in den Protest gegen die Vernichtung fossiler Farne ein. Wir alle sind aufgerufen, die »lineare« Ausbeutung des Planeten zu beenden: Anstatt der Natur Kohle zu entnehmen, diese zu verbrennen und die Rückstände in die Luft zu blasen, sollten wir zum Kreislauf der Natur selbst zurückkehren und jeglichen Ausstoß in eine Energiezufuhr für künftige Generationen umwandeln (siehe Kasten).

Sieben Generationen

✦

Nachhaltige Entwicklung ist dem UN-Brundtland-Report (1987) zufolge »eine Entwicklung, die die Bedürfnisse der gegenwärtigen Generation befriedigt, ohne künftigen Generationen die Möglichkeit zu nehmen, ihrem eigenen Lebensbedarf gerecht zu werden«. Aber welchen künftigen Generation? Unseren Enkeln? Den Enkeln unserer Enkel? Die von Herbert Girardet (siehe links) vorgeschlagene Zahl – mit Blick auf ähnliche Überlegungen früherer Kulturen – lautet: sieben Generationen.

Kohle ist transportables Klima. Sie bringt die Hitze der Tropen nach Labrador und zum Polarkreis; sie vermag sich selbst dorthin zu befördern, wo sie benötigt wird. Watt und Stephenson verrieten der Menschheit ihr Geheimnis, dass ein paar Gramm Kohle zwei Tonnen eine Meile weit ziehen können. Kohle befördert Kohle, auf der Schiene und zu Wasser, damit Kanada so warm wird wie Kalkutta, und mit den Annehmlichkeiten bringt sie industrielle Kraft.

Ralph Waldo Emerson, *The Conduct of Life*, 1860

Sojabohne

Glycine max

Ursprungsgebiet: Südostasien, zuerst in China angebaut

Typus: einjährige buschige Nutzpflanze (Ölsaat)

Höhe: 80 cm bis 2 m

Um von einem dörflichen Gemüse im alten China und Japan zur Haupteiweißquelle für alle Vegetarier und zu einer der wichtigsten Erntefrüchte überhaupt zu werden, brauchte die Sojabohne etwa drei Jahrtausende. In Argentinien, dem zweitgrößten Land Südamerikas, versprach die genetisch veränderte Varietät, als Wunderpflanze die Wirtschaft zu retten. Doch die alte Bohne dürfte uns immer noch den einen oder anderen Denkzettel verpassen.

✦ ***Nahrung***
✦ Heilmittel
✦ ***Handelsware***
✦ Werkstoff

Heilige Frucht

»Kind des weißen Kranichs«, »Großes Juwel« und »Blumige Augenbraue« – so poetisch klingen die Namen der in China heimischen Sojabohne. Ein anderer, nicht weniger poetischer Name, »Weißer Geist des Windes«, entlarvt die Sojabohne auch als Urheberin heftiger Darmwinde. Trotzdem wird die eiweiß- und kalziumreiche Sojabohne in China und Japan seit der Westlichen Zhou-Dynastie 770 v. Chr. angebaut; ihre Ursprünge reichen gar mehr als 3000 Jahre zurück. Die Sojabohne, die mit Reis, Weizen, Gerste und Hirse zu den fünf heiligen Feldfrüchten Ostasiens zählt, dient den Menschen seither als wertvoller Ersatz für Fleisch und Milch (siehe Kasten rechts).

Die Pflanzen, die bis zu zwei Meter hoch werden können, bringen Büschel von Schoten hervor, die ebenso wie die Blätter und Stängel von feinen Härchen bedeckt sind. Die Bohnen selbst haben je nach Unterart (es gibt über tausend Varietäten) viele Färbungen – von weiß, gelb, grau bis zu braun, schwarz und rot.

Für die chinesischen, japanischen, koreanischen und malaysischen Köche erwies sich die Bohne als eines der wichtigsten Lebensmittel. Sie ließ sich frisch, keimend, fermentiert oder getrocknet verarbeiten. Man konnte sie als Ganzes – mit den Schoten und allem – essen, wie in dem japanischen Gericht *edamame*. Zerdrückte und verrührte man sie in kalkfreiem Wasser, entstand eine »molkereiunabhängige« Sojamilch. Durch Rösten, Braten und anschließendes Mahlen von Bohnen, denen man die Außenhaut abgezogen hatte, erhielt man ein Backmehl und Bindemittel etwa für Eiscreme. Keimende Bohnen wurden zwar von der Aristokratie als »Kulinahrung« abgelehnt, andere genossen die Sojakeimlinge jedoch als gesunden, vitaminreichen Salat.

Bohnen wie das »Große Juwel« und die »Blumige Augenbraue« ölten die Räder der Industrie, lange bevor Pflanzenzüchter sie eher als Ölfrucht, denn als Hülsenfrucht klassifizierten. Sojaöl hat eine Fülle nützlicher Anwendungen gefunden, bis hin zu Farben, Kunststoffen und Kosmetika. Buddhisten schufen mit dem Sojaquark schon vor über tausend Jahren eine Alternative zum Fleisch. Die Japaner schließlich brauten aus ihr Sojasauce *(shoyu)* und erfanden milchfreien Käse (*daizu* oder *tofu*) und *miso*, jene Paste, die eine der Säulen der japanischen Küche darstellt.

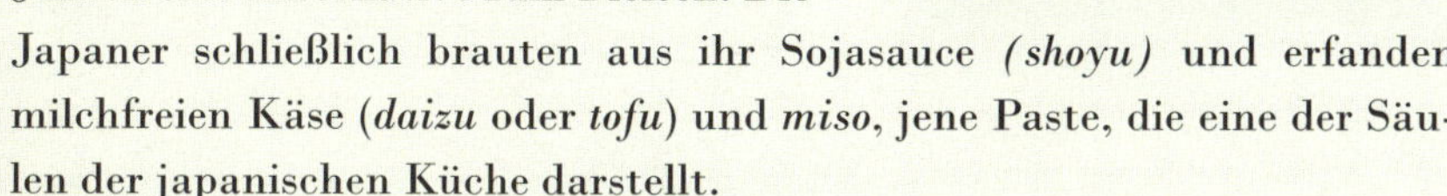

Geisterbohne
Dieser japanische Druck aus dem 18. Jahrhundert zeigt das Werfen von Sojabohnen zur Abwehr böser Geister. Der Brauch gehörte in Japan zum alljährlichen Fest des Bohnenwerfens.

Missionarisches Missverständnis

Als holländische Missionare im 18. Jahrhundert nach Japan kamen, entdeckten auch sie die Vorzüge von *shoyu*, hielten jedoch die Bezeichnung der Sauce für den Namen der Bohne selbst. Sie schickten Proben nach Europa und beschrieben sie als »soya«. So wurde der Name Soja im Westen bekannt, und hier entfaltete sich die Bohne zu einem kleinen Wunder. In der Landwirtschaft Nordeuropas konnte die Sojabohne, die keinen Frost verträgt, nicht viel bewirken, aber in Amerika gedieh sie vortrefflich. Sojabohnen enthalten rund 20 Prozent Öl und 40 Prozent Eiweiß, und von den 1920er Jahren an hielt ein Strom von Soja Einzug in jede nur denkbare Form der Nahrungsmittelverarbeitung, von Brot und Hamburgern über Hundefutter bis zu Babynahrung. Mehr noch: Soja machte aus dem Vieh der Farmer Fleischmaschinen. Der unstillbare Fleischhunger der Industrienationen wurde weitgehend durch den Anbau von Sojabohnen für Rinder und Batteriehühner gestillt.

In den 1950er Jahren begannen Agrarwissenschaftler, den genetischen Code verschiedener Pflanzen zu knacken. Jede Pflanzenzelle enthält Gene, die über Wachstum und Ertrag entscheiden. Gelingt es Forschern, diesen genetischen Code zu beherrschen, können sie die Veranlagungen der Pflanze manipulieren

Bohnen, die lohnen

✦

Bohnen sind nahrhaft wie Weizen und gehören zu den wichtigsten Erntefrüchten der Erde. Die Bohnen der mediterranen Karrube (Johannisbrotbaum) fanden in spanischer Schokolade und als ursprüngliches »Karat«-Gewicht der Goldschmiede Verwendung. Dann gibt es die amerikanische Jackbohne *(Canavalia)*, die tropische Helmbohne *(Lablab)*, die uralte Saubohne sowie die Feuerbohne, die Stangenbohne und die Gartenbohne – alle ursprünglich aus Südamerika. Um Bohnen ranken sich allerhand Brauchtum und viele Sagen, so das Bohnenfest für die Landarbeiter zu Dreikönig. Wer die einzelne Bohne im Dreikönigskuchen fand, wurde zum Bohnenkönig gekrönt.

Was soll ich von den Bohnen lernen oder sie von mir? Ich pflege sie, ich hacke sie, früh und spät beschäftigen sie mich. Das ist mein Tagewerk.

Henry David Thoreau, *Walden*, 1854

und Eigenschaften von einer Pflanze auf eine andere übertragen. Genmanipulierte Pflanzen werden seit den 1980er Jahren gezüchtet und versprechen eine Lösung der Welthungerproblems, zumindest aus der Sicht der Genetiker. Ihre Widersacher hingegen verteufeln genmanipulierte Nahrung als »Frankensteins Fraß« und nennen das Verfahren »durchgeknallte Agrochemie«. Trotzdem erntete man 1994 Tomaten als erste kommerziell genmanipulierte Frucht. 2005 wurden in 21 Ländern rund um den Globus, vor allem aber in den USA, Kanada, Brasilien und Argentinien, genmanipulierte Pflanzen wie Mais, Baumwolle, Raps, Speisekürbis, Papaya und Sojabohnen angebaut.

Umwelteinfluss
Die wachsende Anzahl von Sojapflanzungen in Südamerika erregt die Besorgnis der Umweltforscher, besonders hinsichtlich der negativen Auswirkungen dieser Plantagen auf die Regenwälder Amazoniens.

Die Genbohne

Argentinien sorgte 1982 für Schlagzeilen, als es mit militärischer Gewalt die Falklands (Malvinen) besetzte, um seinen Anspruch auf die kleine Inselgruppe zu bekräftigen. Der unselige Überfall, der 649 Argentiniern das Leben kostete, war indes nicht die einzige Fehlentscheidung in der Geschichte des Landes. Nördlich der Schafweiden Patagoniens dehnt sich eine weite Grasebene aus, die Pampas (so das Quechua-Wort für Ebene), eine der fruchtbarsten Agrarregionen der Erde. Im 19. Jahrhundert veränderte der zunehmende Hunger der Welt nach Rindfleisch und Getreide die Pampas für alle Zeiten. Wanderarbeiter strömten herbei, und Eisenbahnschienen wurden quer durch die Region verlegt, auf denen man riesige Kühlbehälter mit argentinischem Rindfleisch für den Export beförderte. Die Bevölkerung Argentiniens wuchs von knapp über einer Million Mitte des 19. Jahrhunderts auf acht Millionen im Jahr 1914 an. In der Weltwirtschaftskrise brachen die Fleischexporte ein. Den Militärs, die die Macht an sich rissen, folgte 1946 der »Volkspräsident« Juan Domingo Perón (»Evitas« Gatte), aber den wirtschaftlichen Niedergang infolge der Fleischkrise konnte auch er nicht aufhalten. Ende des 20. Jahrhunderts war das Land fast bankrott und kämpfte mit einer dramatischen Geldentwertung.

Genmanipulierte Sojapflanzen als »cash crops« versprachen die Rettung. Von 1997 an wurde fast die Hälfte der Pampas – elf Millionen Hektar – für den Anbau genmanipulierter Sojabohnen genutzt. Ein Vorteil war die Vermeidung der durch das Pflügen verursachten Bodenerosion, denn die Bohnen konnten einfach in den Boden gesteckt werden. Doch mit wachsender Produktivität (75 Prozent Steigerung innerhalb von fünf Jahren) kamen die Probleme. Die Arbeitslosigkeit auf dem Land stieg, weil Kleinbauern vom Agrobusiness verdrängt wurden. Die Sojapflanzen waren genetisch so programmiert, dass sie den Herbiziden, die gegen Unkräuter versprüht wurden, standhielten. Doch es entwickelten sich Riesenunkräuter, die gegen herkömmliche Unkrautvertilgungsmittel resistent waren, sowie missgebildete Sojapflanzen. Diese mussten wiederum mit anderen Herbiziden besprüht werden. Im Nachbarland Brasilien, wo vorwiegend herkömmliche Sojabohnen angebaut wurden, wehrten sich die Bauern gegen die »Genbohne«, konnten sich aber nicht durchsetzen. Da die weltweite Nachfrage nach Soja nicht nachlässt, machen sich Umweltschützer Sorgen wegen der Ausbreitung der »Genbohne« in den Regenwäldern im Inneren Brasiliens.

GENMANIPULIERTE ERNTE
In den USA werden 85 Prozent der Jahresernte an Sojabohnen aus genetisch verändertem Saatgut gewonnen. Mittlerweile wurde das Genom der Pflanze so weitgehend verändert, dass sie auch einen höheren Nährwert bietet.

Unterdessen schaut man zurück in den Osten, in die Heimat der Sojabohne und auf das Lebenswerk des japanischen Kleinbauern Masanobu Fukuoka. Als Mikrobiologe hatte er sein halbes Leben lang Pilze unter Laborbedingungen erforscht und die Erkenntnis gewonnen, dass Landwirte, die sich um die Erde sorgen, besser für die Böden sorgen sollten. Die einzige Weg bestehe darin, dem Boden zu helfen, sich selbst zu regenerieren – ihn also nicht zu bearbeiten: kein Kompost und kein Kunstdünger, keine Unkrautbekämpfung mit Hacke oder Herbiziden, keine Abhängigkeit von Chemikalien. Fukuoka setzte seine Theorie in die Praxis um, als er in die kleine Landwirtschaft seiner Familie auf der Insel Shikoku zurückkehrte – überzeugt, dass mit seinem strengen Programm die Sojabohne eines Tages wieder ihren Rang als eine der fünf heiligen Früchte erlangen werde.

FRESSWAHN

✦

Eine weltweite Nahrungskrise zeichnet sich ab. Steigende Einkommen in Asien führen zu höherer Nachfrage an Fleisch. Um ein Kilo Rindfleisch zu erzeugen, werden sieben Kilo Getreide gebraucht, ein Kilo Geflügel erfordert drei Kilo Getreide. Und das für den Getreideanbau benötigte Land wird knapp. Es besteht Uneinigkeit darüber, wie die Nahrungskrise abzuwenden ist. Die einen fordern riesige Farmen und genmanipulierte Nutzpflanzen wie Soja; die anderen sehen die Lösung in Kleinbetrieben, größerer Artenvielfalt und den Lehren von Leuten wie Fukuoka.

Baumwolle

Gossypium hirsutum

Ursprungsgebiet: China, Indien, Pakistan, Afrika, Nordamerika

Typus: kurzstämmige einjährige Pflanze

Höhe: bis 1,20 m

- Nahrung
- Heilmittel
- ***Handelsware***
- ***Werkstoff***

Die Pfade zu entwirren, auf denen die Baumwolle Geschichte machte, kommt dem Versuch gleich, Bluejeans in alle Bestandteile zu zerlegen. Hat man Farbe, Faden, Faser, Samen und Kapsel getrennt, entpuppt sich die Baumwolle als Hauptstütze des Sklavenhandels, als erster Dominostein, der im Amerikanischen Bürgerkrieg fiel, und als Katalysator der industriellen Revolution.

Kaugummi und Dynamit

Im Vergleich zu Wolle und Leinen ist Baumwolle cool, elegant und schick. Sie war und ist das Material der Wahl, auch nach der Erfindung des Nylons. Aber die Baumwollernte fordert einen höheren Preis an menschlichem Elend als ihre Konkurrenten. Innenausstatter mögen über glatt oder gestreift, antik oder modern, Farbe oder Tapete streiten, aber in einem Punkt sind sie sich einig: Nur Baumwollgewebe vermittelt jenes ausgeprägt zeitgenössische Gefühl. Umso erstaunlicher ist es, dass dieses Material schon vor 3000 Jahren das Licht des Webstuhls erblickte. In der Wildform wächst Baumwolle als mehrjährige hohe Pflanze, für den kommerziellen Anbau wurde eine kurzstämmige einjährige Form gezüchtet. Es gibt 39 verschiedene Baumwollarten der Gattung *Gossypium*; die Hochlandbaumwolle *G. hirsutum* beherrscht mit 90 Prozent aller Erträge die Welt der Baumwollindustrie.

Baumwolle ist eines der wichtigsten nicht zur Ernährung bestimmten Erntegüter der Welt. Ihre Fäden finden sich in praktisch jedem textilen Produkt, Baumwollsamen werden zu Seife, Margarine und Speiseöl verarbeitet. Fasern, die zum Verspinnen zu kurz sind, gelangen in Kosmetika, Wursthäute, und Plastik. Eiscreme, die Treibladung mancher Feuerwerkskörper und Kaugummi – sie alle enthalten Zellulose aus der Baumwollpflanze. Lange bevor die Baumwollmagnaten die industrielle Nutzung entdeckten, bedeutete Baumwolle aber nur eines: Stoff.

Spring runter, dreh dich um, die Baumwolle pflück!
Spring runter, dreh dich um, 'nen Ballen täglich pflück!

Traditionelles Sklavenlied

Aufbereitung

Die Verarbeitung von Pflanzen zu Gewebe setzt voraus, dass sie lange, dünne Teile enthalten, die sich verflechten oder verweben lassen. Vom Bau eines Daches aus Bambusblättern bis zum Weben eines Teppichs aus Sisal – stets gilt dasselbe Prinzip. Für die Seide (siehe Seite 130) wurde der Kokon des Seidenspinners aufgebrochen und seine Fadenschicht abgehaspelt. Flachs (Echter Lein) wurde ausgerissen, getrocknet und geschlagen oder in Wasser getaucht, bis die Pflanze verrottete und die Faser freilag – ein übelriechender Vorgang. Nachdem die Fasern geschieden, gekämmt, gedreht und in der Sonne gebleicht waren, wurde der Flachs befeuchtet und versponnen oder trocken gesponnen, damit ein strapazierfähiges Garn entstand. Wolle hingegen ließ sich leichter zu einem webfähigen Faden verarbeiten: Das Schaf wurde geschoren, das Vlies gewaschen, die Wolle gekämmt und das Vorgarn beim Spinnen als Wollfaden auf eine Haspel gewickelt. Ganz ähnlich war es bei der Baumwollspinnerei, nur dauerte es doppelt so lang.

Handelsbaumwolle
Gossypium hirsutum wird in etlichen Unterarten angebaut. Die Varietäten mit den längeren Fasern werden für die kommerzielle Verarbeitung bevorzugt.

Die Baumwollpflanze mit ihren gelben, cremefarbenen oder rosaroten Blüten ist als Malvengewächs nah mit Hibiskus oder Stockrose verwandt. Trotzdem fällt es schwer, den Anblick sanft fallender Baumwollvorhänge mit der brutalen Realität der Baumwollherstellung in Einklang zu bringen. Ein in der Hitze brütendes Feld voller Baumwollkapseln in einen Ballen Baumwollstoff zu verwandeln, das war und ist Knochenarbeit.

Am Anfang steht die reife, geöffnete Baumwollkapsel – diese weiße, flockige Nachfolgerin des Blütenköpfchens, bereit, den Samen auszustreuen. Die Kapseln mussten von der Pflanze gepflückt und in Schultertaschen gesammelt werden. Der amerikanische Maler Winslow Homer stellte dies 1876 in seinem Gemälde *Die Baumwollpflücker* dar: Zwei schöne Sklavinnen waten durch ein Meer aus Baumwolle und füllen Tasche und Korb mit den weißen Bällchen. Letztere wurden anschließend über ein Nagelbrett

Preisstürze

✦

Während des Zweiten Weltkriegs gehörten Seidenstrümpfe für Damen zu den begehrtesten Schwarzmarktwaren in Europa. Nach dem Krieg wollte man unbedingt die neuen Nylons haben. Binnen 20 Jahren fiel der Preis für Nylonstrümpfe wie auch für all die anderen Kleidungsstücke aus Kunstfasern auf einen Bruchteil des ursprünglichen Betrags. Nur einmal zuvor gab es in der Geschichte einen solchen Preisverfall: für Baumwolle im 19. Jahrhundert.

gezogen, um die Haare, die den Flaum und schließlich den Faden ergaben, von den Samen zu trennen. Waren alle Verunreinigungen entfernt, kämmte man den Flausch, um die Fasern für das Spinnen des Garns zu glätten. Daraus ließ sich dann Tuch weben.

Als das alte Europa auf die Neue Welt stieß und portugiesische und spanische Seeleute vor den Küsten Amerikas ankerten, begann ein Austausch von Pflanzen, der auf vielfache Weise den Gang der Geschichte veränderte. Baumwolle war aber schon vorher beiderseits des Atlantiks zu Gewebe verarbeitet worden. An so weit voneinander entfernten Orten wie dem heutigen Peru und Pakistan hatte man Baumwolle von wildwachsenden Pflanzen gewonnen. Vermutlich breitete sich die Verarbeitung ostwärts von Pakistan nach China, Japan und Korea und westwärts nach Europa aus, wo sie Ende des ersten nachchristlichen Jahrtausends Spanien erreichte. Als sechs Jahrhunderte später der Spanier Hernán Cortés in Mexiko landete, sah er, dass die Azteken längst ihre eigene Baumwollherstellung hatten. Die Indios von Yucatán schenkten Cortés ein mit Gold überzogenes zeremonielles Baumwollgewand; bald darauf wurden sie von dessen Soldaten ermordet.

Industriekapitän
Dies ist die Patentschrift für die Baumwollentkörnungsmaschine des amerikanischen Unternehmers Eli Whitney jr. von 1794. Dank dieser Idee gehört er zu den wichtigsten Erfindern in der industriellen Revolution.

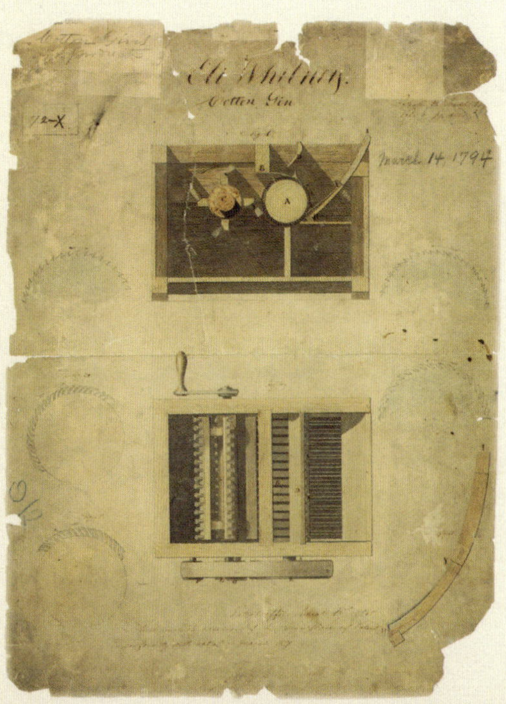

Teuflische Baumwollspinnereien

In den folgenden beiden Jahrhunderten blieb Baumwolle relativ teuer. Im 18. Jahrhundert wünschten sich vornehme Damen in Europa die traumhaft leichten Baumwollgewänder, die auf kostspieligen Wegen aus Indien kamen. Doch binnen eines Jahrhunderts brachen die Preise ein, und die Produktion von Baumwollerzeugnissen gewann an Fahrt, als die Weberei – bisher in Heimarbeit – industrialisiert wurde. In den »dunklen, teuflischen Spinnereien«, wie William Blake sie nannte, begann die Massenproduktion, Großbritannien wurde zum führenden Hersteller von Baumwollgewebe. Abertausende von Ballen des aus Indien und Niederländisch-Guayana importierten weißen Materials fanden den Weg in die Fabriken. Die Industrialisierung wurde nicht von allen begrüßt. Richard Arkwright, ein streitbarer Industrieller, der im Ruf stand, anderer Leute Ideen zu klauen, baute etliche Spinnereien und feierte jede als technischen Sieg. Jede neue Spinnerei nahm jedoch den Webern die Heimarbeit weg und trieb sie in die Fabriken – oder in die Armut. Ned Ludd, ein Lehrling aus Notting-

Baumwollland
Dieses Aquarell von 1913 zeigt die Baumwollspinnerei McConnel & Company in Manchester. Die nordenglische Stadt wurde wegen ihrer vielen Spinnereien auch »Cottonopolis« genannt.

ham, organisierte in England Revolten gegen Leute wie Arkwright. Spinnereien und Webereien wurden angezündet, und die »Luddites«, wie man die Rebellen nach Ludd nannte, ließen den ein oder anderen Holzklotz in die laufenden Maschinen fallen, was zu erheblichen Schäden führte.

Aber es nützte nichts. 1764 erfand James Hargreaves die »Spinning Jenny«, einen raffinierten Apparat, der sieben von acht Spinnern arbeitslos machte. In kurzen Abständen folgten weitere verbesserte Spinnmaschinen: 1769 Arkwrights legendäre »Waterframe«, zehn Jahre später die »Spinning Mule« von Samuel Crompton, die tausend Fäden gleichzeitig spinnen konnte. Unterdessen ließ sich in Amerika Eli Whitney eine Baumwollmaschine patentieren, die das manuelle Entfernen der Baumwollsamen erübrigte. Die immensen Gewinne aus dem Baumwollanbau befeuerten die industrielle Revolution und führten zur Gründung der Londoner Börse.

Inzwischen waren Baumwollfelder in Jamestown, Virginia, entstanden, ebenso auf Barbados und den Bahamas. Mit steigender Nachfrage und immer leistungsfähigeren Maschinen, die Baumwolle und Samen trennten, breiteten sich die Baumwollfelder weiter aus. 1784 waren die ersten Baumwollballen aus den kurz zuvor gegründeten Vereinigten Staaten in Liverpool an Land gebracht worden. Sie moderten im Regen am Mersey dahin, weil die Hafenbehörden die Einfuhrberechtigung infrage stellten. 1861 exportierte Amerika mehr als vier Millionen Ballen pro Jahr. Unterdessen machte die Baumwolle die Böden kaputt. Nachdem die Ackerkrume in Georgia durch den Intensivanbau

Baumwolllieder

✦

Roll die Spule auf,
Roll die Spule auf;
Zieh, zieh,
Klapp, klapp, klapp.

Solche Klatschreime singt man noch heute mit Kindern. Sie erinnern an die fernen Tage der Industrialisierung Englands. Lieder von der anderen Seite des Atlantiks hatten mehr Einfluss auf die Unterhaltungsmusik des 20. Jahrhunderts. Jazz und Blues wurden gleichsam auf den Bauwollfeldern geboren. Der Blues entstand aus den Nöten der Baumwollpflücker, die als Sklaven unter schrecklichen Bedingungen arbeiteten.

Kurzfristiger Profit
Die Sklaverei bildete die Grundlage für die Hochkonjunktur des Baumwollgeschäfts. Mit ihrer Abschaffung schrumpften auch die Baumwollerträge.

schwer geschädigt war, zogen die Baumwollfarmer westwärts nach Louisiana, Arkansas, Texas und in den 1880er Jahren nordwärts den Mississippi hinauf. Das Land gehörte den amerikanischen Ureinwohnern, aber sie konnten ihren Besitz nicht gegen die Baumwolle verteidigen. Sie wurden enteignet, vertrieben oder umgebracht und zu weiteren tragischen Zahlen in der Geschichte des Baumwollanbaus.

Aufstieg und Fall der Sklaverei

So wie die Baumwolle zum bedeutendsten Exportgut Amerikas wurde, stieg die Sklavenhaltung sprunghaft an. 1855 war fast jeder zweite Mensch in den Südstaaten ein schwarzafrikanischer Sklave; etwa 3,2 Millionen von ihnen arbeiteten im Baumwoll-, Tabak- und Zuckerrohranbau. Sie bildeten die Unterschicht am Boden einer instabilen wirtschaftlichen Pyramide. Über ihnen standen die Plantagenverwalter und -besitzer, darüber die Investoren und Aktionäre in den nordamerikanischen und britischen Banken, die Geld zum Kauf von noch mehr Land und noch mehr Sklaven verliehen. Als das System zusammenbrach, kamen nur die an der Spitze der Pyramide ungeschoren davon.

Die öffentliche Meinung wurde durch die aufkommenden Massenmedien angeheizt, die mehrheitlich gegen die Sklaverei Stellung bezogen und den Zusammenbruch beschleunigten. 1855 packte »der Süden« fast 900 000 Tonnen Baumwolle in Ballen, 50 Jahre zuvor waren es noch 47 000 Tonnen gewesen. Der industrielle Norden verarbeitete immer mehr davon im Lande, anstatt es nach Großbritannien zu verschiffen. Die Grenze zwischen Nord und Süd wurde zur Grenze zwischen der industriellen Verarbeitung des Materials und seines Anbaus mit Hilfe der Sklaven. »Die Baumwolle ist König«, verkündete James Henry Hammond, Senator von South Carolina, mit Blick auf die Wirtschaft. Doch die Untertanen dieses »Königs«, die Sklaven, wurden bis zur Erschöpfung ausgebeutet.

Schickt man einen neuen Arbeiter, der schon pflücken kann, zum ersten Mal aufs Feld, wird er zunächst ordentlich ausgepeitscht, damit er an diesem Tag so schnell pflückt, wie er überhaupt kann. Nicht einen Moment darf er trödeln, bis es dunkel ist.

Solomon Northup, *Twelve Years a Slave*, 1853

Im April 1861 schossen Soldaten der Südstaatenkonföderation auf Streitkräfte der Nordstaatenunion. Auslöser war die Wahl des Sklavereigegners Abraham Lincoln zum Präsidenten. Damit begann der Amerikanische Bürgerkrieg. Lincoln, der vier Jahre danach von einem mit dem Süden sympathisierenden Schauspieler ermordet werden sollte, warb Freiwillige an. Als sich vier weitere Staaten des Südens der Konföderation anschlossen, waren die Voraussetzungen für einen blutigen Bürgerkrieg perfekt. Amerikas Geschichte ist seit seiner Gründung so systematisch dokumentiert worden wie die keiner anderen Nation, und als es zum Bürgerkrieg kam, hielt Amerikas Presse das Schicksal der 600 000 Menschen, die in den Schlachten starben, detailliert fest.

Trotz anfänglicher Siege von Südstaatlern wie »Stonewall« Jackson hatte der industrialisierte Norden die überlegene Feuerkraft. Nach einer Blockade der südlichen Häfen, die den Baumwollhandel abwürgte, ging der Norden als Sieger hervor. Als der Oberbefehlshaber der Konföderierten, General Robert E. Lee, im April 1865 kapitulierte, dauerte es nicht mehr lange, bis der Kongress die Sklaverei abschaffte. Aber es war insofern nur ein Teilsieg, als sich die Baumwollproduktion in andere Weltgegenden verlagerte, vornehmlich nach China und Westafrika. Die Wirtschaft des amerikanischen Südens lag am Boden, und auch wenn die früheren Sklaven ein Stück Land erhielten und bewirtschaften durften, fehlten ihnen doch die grundlegenden finanziellen Mittel dafür. Die Mechanisierung, die die Sklavenarbeit ersetzte, und chemische Schädlingsbekämpfungsmittel retteten Amerikas Baumwollindustrie schließlich vor dem Ruin, aber die Auswirkungen der Sklaverei werden nie ganz verschwinden.

Baumwollkäfer

✦

Baumwolle ist ein Naturmaterial, doch werden mehr Chemikalien darauf versprüht als auf jede andere Nutzpflanze. Sie wird auf weniger als drei Prozent der Anbaufläche der Erde produziert, verschlingt aber 25 Prozent der Pestizide weltweit. Hauptschädling ist der Baumwollkapselkäfer *(Anthonomus grandis)*, der in den 1890er Jahren von Mexiko auf die Baumwollfelder Alabamas gelangte. Binnen 30 Jahren breitete er sich epidemisch aus und verursachte jährliche Kosten von 300 Millionen Dollar – vor allem für aggressive Pestizide.

Sonnenblume

Helianthus annuus

Ursprungsgebiet: Südwesten der USA und Mittelamerika

Typus: einjährige Pflanze

Höhe: über 4 m

Zuerst wurde sie von den nordamerikanischen Ureinwohnern angebaut, dann nach Europa gebracht und in Russland gekreuzt. In den Saatgutsäcken mennonitischer Bauern, die vor Sowjetpogromen flohen, gelangte sie zurück in die USA. Während die Sonnenblume zu einer der wichtigsten Quellen cholesterinfreien Öls wurde, schuf ein psychisch kranker Künstler im südfranzösischen Arles eine Reihe von Sonnenblumenbildern, die die Welt der Kunst für immer veränderten.

- ***Nahrung***
- Heilmittel
- ***Handelsware***
- ***Werkstoff***

Stalins goldene Gabe

Wir sollten den Ureinwohnen Amerikas dankbar sein, denn sie kultivierten die Sonnenblume als Erste. Deren Kerne waren eine lebenswichtige Nahrung der Indianer im amerikanischen Westen. Schon vor zwei- oder dreitausend Jahren mahlten sie Mehl daraus und nutzten den fleischigen Kopf der Pflanze, der die Samen trägt, als Gemüse. Die Hopi, deren leuchtend bunte Körperbemalungen, Webstoffe und Töpfereien berühmt sind, verstanden es, aus Sonnenblumenkernen blaue, schwarze, purpurne und rote Farbstoffe zu gewinnen. Aus den faserigen Teilen der Blätter und Stängel webten sie Textilien und flochten Körbe, und ihre Heilkundigen stellten aus den Kernen Salben für Schnitte, Wunden, Schlangenbisse und Insektenstiche her. Kein Wunder, dass die Sonnenblume bei den Azteken hoch verehrt wurde.

1510 gelangten amerikanische Sonnenblumenkerne nach Spanien und Ende des 17. Jahrhunderts nach Russland. Zar Peter der Große (1672–1725), Architekt des russischen Großreichs, besuchte im Alter von 25 Jahren Deutschland, Holland, England und Wien, um Kenntnisse und Anregungen für alles – vom Schiffbau bis zur Landwirtschaft – zu sammeln. Im Zuge dieser Reise sollen auch Sonnenblumenkerne nach Moskau gelangt sein, doch es dauerte noch 80 Jahre, bis die russischen Bauern den ganzen wirtschaftlichen Wert des kleinen goldenen Geschenks erkannten. Erst im 19. Jahrhundert tauchten die ersten sonnengelben Flecken in den unendlichen Weiten der russischen Weizenmonokulturen auf.

Von den 1930er Jahren an förderte der Sowjetdiktator Stalin massiv die Forschung zur Weiterentwicklung der Pflanze, und innerhalb von 20 Jahren hatten die Russen riesige Blüten mit über 30 Zentimeter Durchmesser gezüchtet, deren Samen zu 50 Prozent Sonnenblumenöl enthielten. Auch wenn sie Ende des 20. Jahrhunderts von Argentinien überholt wurden, beherrschten die ehemaligen Sowjetstaaten zusammen mit China und Amerika die Weltproduktion.

Der Blütenkorb der Sonnenblume setzt sich aus zweierlei Einzelblüten zusammen: dem Außenkranz gelber (manchmal roter), strahlenförmig stehender Blütenblätter und den dicht gepackten winzigen Einzelblüten der schwarzen inneren Scheibe, die sich zu einem Nadelkissen mit den an ungesättigten Fettsäuren reichen Samen entwickelt. Wegen dieser kleinen Blüten gehören die etwa 50 *Helianthus*-Arten – zu denen auch die Gänseblümchen gehören – in die Familie der Korbblütler *(Asteraceae, Compositae)*, von der es zwischen 23 000 und 32 000 Arten gibt. Der stabartige Stängel und die eiförmigen Blätter finden zwar auch Verwendung (von Vogelfutter bis zu Backzutaten), aber es ist die Blüte, die die Sonne speichert und das Öl liefert. Aus Sonnenblumenöl kann man Margarine, Speiseöl, aber auch Seife und Firnis herstellen.

Verborgener Schatz
Der große Blütenkopf der Sonnenblume ist dicht mit Tausenden von Einzelblüten bepackt. Darunter sitzen die samentragenden Blütenkörbchen.

Der nach dem Pressen verbleibende Ölkuchen sowie die Blätter und Stängel der Pflanze ergeben Fettfutter für die Nutztierhaltung, und aus den Faserbestandteilen lässt sich Papier machen. Ein rühriger Erfinder, der feststellte, dass das Mark des Stängels leichter ist als Kork, verwendete es für die Herstellung von Rettungsringen und Schwimmgürteln. Die wenigen Glücklichen, die 1912 den Untergang der *Titanic* überlebten, verdankten dies nicht nur dem Schicksal, sondern auch der Sonnenblume.

Heliotropische Verwirrung

✦

Der italienische Name der Sonnenblume, *girasole* (*giro* = Drehung, *sole* = Sonne), bezieht sich auf das heliotropische (lichtwendige) Verhalten der Pflanze: Sie wendet ihre Knospen und Blätter (nicht jedoch den Blütenkopf) stets so, dass sie »en face« im Sonnenlicht baden. Der Name *girasole* mag zu einem Irrtum bei einer anderen Pflanze geführt haben, dem Jerusalem-Artischocke genannten Topinambur *(Helianthus tuberosus)*. Dieser stammt weder aus Israel noch ist er eine Artischocke. »Jerusalem« dürfte eine Verballhornung von *girasole* sein.

Genie und Wahnsinn

Gut 20 Jahre vor dem *Titanic*-Desaster betrachtete ein Künstler, der mit einer lebenslangen Leidensgeschichte durch Depressionen zu kämpfen hatte, eine Vase mit Sonnenblumen. Er schrieb an seinen Bruder Theo: »Ich

Moderne Kunst
Van Goghs *Fünfzehn Sonnenblumen in einer Vase* (1888) war Ende der 1980er Jahre das teuerste Gemälde der Welt.

Du weißt vielleicht, dass die Pfingstrose Jeannin gehört und die Stockrose Quost, aber die Sonnenblume ist mein.
Vincent van Gogh, in einem Brief von 1889

arbeite intensiv daran und male mit der Begeisterung eines Marseillers, der Bouillabaisse isst, was Dich nicht überraschen dürfte, wenn Du erfährst, dass es Sonnenblumen sind, die ich male.« Er plante, ein Dutzend Bilder in Blau und Gelb zu malen, und wollte sie in das Gelbe Haus in Arles in Südfrankreich hängen, wo sein Freund Paul Gauguin wohnte. Vincent van Gogh trug die Farbe mit dicken Pinselstrichen im Impasto-Stil auf, wodurch die Blüten eine fast dreidimensionale Struktur erhielten: Sie schienen förmlich aus der Leinwand hervorzutreten. »Ich arbeite jeden Morgen von Sonnenaufgang an, denn die Blumen welken so schnell«, klagte er, während er sich mit der Bilderserie abmühte, die heute zu den berühmtesten Gemälden der Welt zählen. Van Gogh litt lange unter Depressionen. Kurz bevor er sich umbrachte, hatte er sich mit seinem Freund Gauguin zerstritten und ihn mit einem Rasiermesser angegriffen. Gauguin wehrte ihn ab, van Gogh rannte davon und schnitt sich in seiner Verzweiflung ein Ohr teilweise ab.

Van Gogh war 1853 in Groot-Zundert in Holland als Sohn eines Pastors der holländischen Reformierten Kirche geboren worden. Vincent bemühte sich, ein guter Protestant zu sein. Zeitweise war er auf Wanderschaft und arbeitete in den Filialen eines Kunsthandelshauses in Den Haag, London und Paris. 1876 verlor er diese Arbeit, danach weitere Stellen als Hilfslehrer in England und als Sekretär in Dordrecht. Erst als er sich ab 1885/86 im Kreis von Pariser Künstlern wie Henri Toulouse-Lautrec und anderen Impressionisten bewegte, erkannte er seine Bestimmung und widmete sich der Malerei. Auch farbige japanische Holzschnitte begeisterten und regten ihn – ähnlich wie Monet (siehe Seite 18) – an, seine Arbeiten neu zu beurteilen und all jene »Brauntöne ... Teer und Holzruß« aufzugeben, wie er es in einem der vielen Brief an seinen Bruder Theo ausdrückte.

Drei Jahre später ging er nach Arles in Südfrankreich. »Was mein weiteres Verweilen im Süden betrifft, auch wenn es teurer kommt, bedenke bitte: Wir mögen die japanische Malerei, wir haben ihren Einfluss gespürt, allen Impressionisten ist das gemein. Warum also nicht nach

Japan gehen, will sagen, seiner Entsprechung, also in den Süden?«, fragte er Theo, der ihn finanziell unterstützt hatte. Der Umzug in den sonnigen Süden hellte seine Depression in diesen letzten Sommern seines Lebens etwas auf, und er arbeitete wie besessen, als er das Wesentliche seiner geliebten Sonnenblumen zu erfassen suchte. »Ich bin jetzt beim vierten Sonnenblumenbild. Das vierte ist ein Strauß mit 14 Blüten – eine einzigartige Wirkung!« Aber im Winter schien alles wieder schlimmer zu werden. »Immer habe ich den Eindruck, ein Reisender nach irgendwohin zu sein. Und am Ende meines Weges ist alles verkehrt: Dann finde ich, dass nicht nur die schönen Künste, sondern auch der ganze Rest nichts als Träume waren«, schrieb er in einem seiner letzten Briefe an Theo.

Am 27. Juli 1890 schoss sich van Gogh in die Brust. Er kroch zurück in seine Unterkunft, wo er zwei Tage später neben einem Stapel seiner Sonnenblumengemälde starb. Ein knappes Jahrhundert später wurde *Fünfzehn Sonnenblumen in einer Vase* bei Sotheby's in London für die Rekordsumme von fast 40 Millionen Dollar versteigert und verwies jeden vorher für ein Werk eines modernen Künstlers gezahlten Betrag in die Bedeutungslosigkeit.

Sonnenblumen-aufstrich

✦

Supermarktregale quellen heutzutage über mit mehr oder weniger gesunden pflanzlichen Brotaufstrichen. Margarine wurde 1869 vom französischen Lebensmittelchemiker Hippolyte Mège-Mouriés erfunden, der sein Streichfett zunächst *beurre économique*, »preiswerte Butter«, nannte. Dem Sonnenblumenaufstrich folgten bald solche aus Soja, Palmöl, Raps, Kokosnuss, Erdnuss, Oliven, Mais und Baumwollsaat – alle werden sie als Pflanzenmargarine vermarktet. Ihre gelbliche Färbung erhalten sie oft durch andere Pflanzen wie Karotten, Ringelblumen oder Samen des brasilianischen Annattostrauchs *(Bixa orellana)*.

Kommerzieller Anbau
Sonnenblumenöl ist heute nach Soja-, Palm- und Rapsöl das weltweit beliebteste Pflanzenöl. Argentinien, Russland und die Ukraine sind die führenden Erzeugerländer.

Kautschuk

Hevea brasiliensis

Ursprungsgebiet: Südamerika

Typus: Regenwaldbaum

Höhe: über 40 m

- Nahrung
- Heilmittel
- ***Handelsware***
- ***Werkstoff***

In den 1970er Jahren verbreiteten sich die ersten Nachrichten über eine entsetzliche Krankheit. Zwischen 1981 und 2003 forderte Aids in Schwarzafrika etwa 20 Millionen Menschenleben und machte zwölf Millionen Kinder zu Waisen. 2008 waren es 1,4 Millionen Opfer. Im Kampf gegen Aids greifen Gesundheitsexperten auf ein Material zurück, das schon von den Maya und Azteken verwendet wurde: *cahuchu*. Der weltweite Gebrauch von Kondomen zum Gesundheitsschutz und zur Empfängnisverhütung stieg in den folgenden Jahren sprunghaft an.

Ballspiele

In den alten Kulturen Südamerikas gab es keine Kondome, aber das »tränende Holz« wurde vielseitig genutzt. Die Indios bestrichen ihre Fußsohlen mit der klebrigen Flüssigkeit, um sie vor Nässe und Pilzinfektionen zu schützen. Die Maya fingen den milchigen Saft auf, formten daraus Kugeln und entwickelten ein Spiel, bei dem diese Kugeln durch einen Steinring geschlagen oder geköpft werden mussten. Niemand weiß, wann die amerikanischen Ureinwohner *cahuchu* entdeckten, aber als im 16. Jahrhundert die Spanier kamen, pflegte man bereits die Rinde der

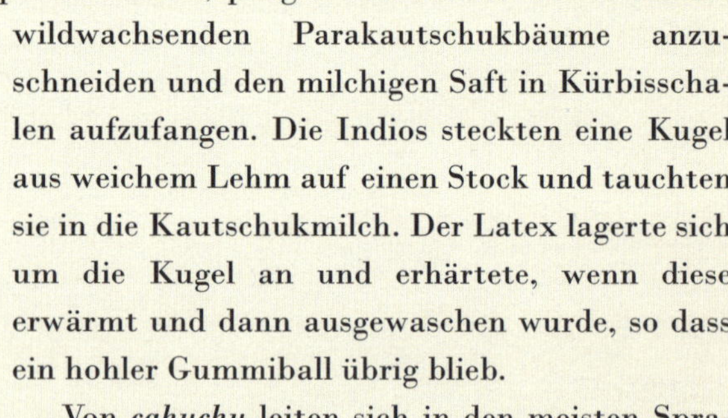

wildwachsenden Parakautschukbäume anzuschneiden und den milchigen Saft in Kürbisschalen aufzufangen. Die Indios steckten eine Kugel aus weichem Lehm auf einen Stock und tauchten sie in die Kautschukmilch. Der Latex lagerte sich um die Kugel an und erhärtete, wenn diese erwärmt und dann ausgewaschen wurde, so dass ein hohler Gummiball übrig blieb.

Von *cahuchu* leiten sich in den meisten Sprachen die Bezeichnungen für Latex ab, im Deutschen also Kautschuk. Gummi kommt vom lateinischen *cummis*, einer früheren Bezeichnung für Harz. Der Gelehrte Joseph Priestley entdeckte, wie nützlich kleine Latexbälle waren,

Ich habe ein Material kennengelernt,
das sich hervorragend dafür eignet,
Bleistiftstriche vom Papier zu löschen.

Joseph Priestley (1733–1804)

wenn man Bleistiftnotizen ausradieren wollte: Die Graphitstriche verschwanden im Nu, wenn man mit dem Gummi leicht über sie rieb. Von etwa 1770 an wurden kleine »India-rubber«-Würfel als Radiergummis verkauft. Bald darauf kamen Gummitücher als wasserdichter Stoff auf den Markt, sie wurden jedoch in der Wärme weich und klebrig. Sie waren als Schutz für Kutscher und Postillione unbrauchbar, bis der schottische Chemiker Charles Macintosh einen mit Kautschuk beschichteten zweilagigen Baumwollstoff erfand. Macintosh starb 1843 – er hatte sein Verfahren patentieren lassen, dem wasserdichten Regenmantel seinen Namen gegeben und sich den Dank einer Generation trockener Droschkenfahrer gesichert.

Kew Gardens

✦

1759 wurde in Kew, einem königlichen Park südlich von London, unter der Leitung William Altons ein kleiner botanischer Garten angelegt. In den 1770er Jahren kam Joseph Banks als Berater nach Kew, zu einer Zeit, als das Pflanzensammeln in fremden Ländern hoch im Kurs stand. Nach einer kurzen Phase des Niedergangs wurde Kew erneut führend im Sammeln und Erforschen von Pflanzen, als 1841 William Hooker die Leitung übernahm. Unter ihm und seinem Sohn Joseph wurde Kew zu einem der führenden botanischen Gärten der Erde.

Mr. Merrimans Gummianzug

Die Geschichte des Parakautschukbaums *Hevea brasiliensis* ist reich an ungewöhnlichen Gestalten wie Macintosh, zum Beispiel den Franzosen Charles Marie de la Condamine, der die erste wissenschaftliche Arbeit über Gummi schrieb. Condamine hatte sich während einer Expedition in Peru mit seinen Begleitern zerstritten und danach als erster Wissenschaftler das Amazonasgebiet bereist. Bei den Indios lernte er den Gebrauch von Chinarinde zur Bekämpfung von Malaria, das Fischen mit Giftpfeilen und die Gewinnung und Nutzbarmachung von Kautschuk kennen. 1745 kehrte er mit seinem neuen Wissen nach Frankreich zurück.

Die beiden Amerikaner Thomas Hancock und Charles Goodyear kamen auf die Idee, Rohkautschuk mit Schwefel, Bleioxid und Hitze zu behandeln. Wie jedes pflanzliche Material altert Kautschuk mit der Zeit, aber Goodyear und Hancock entdeckten, wie sie Gummi biegsamer und haltbarer machen konnten. Das Verfahren wurde nach dem römischen Gott des Feuers »Vulkanisierung« genannt. Damit eröffneten sich der Verwendung von Gummi schlagartig neue Möglichkeiten. Labors und Hinterhofwerkstätten schossen aus dem Boden, weil viele Unternehmer mit Gummi ein Vermögen zu machen hofften. *Cassell's Family Magazine*, das 1874 erstmals erschien, berichtete beispielsweise über den von einem Mr. Merriman in Amerika erfundenen, vollständig aufblasbaren Gummianzug. Diese »Lebensrettungshilfe für alle, die zur See fahren ... ist fast gänzlich aus Gummi gefertigt ...«, so der Werbetext, und wurde mit einem kleinen Paddel und einer Provianttasche ausgeliefert. Des Weiteren mit einer Axt, »mit der man sich gegen zudringliche Seeungeheuer wehren

Vulkanisierung Charles Goodyear (und Thomas Hancock) entwickelte ein Verfahren, mit dem Naturkautschuk elastischer und haltbarer gemacht wurde.

Kautschuk zapfen
Der Milchsaft des Kautschukbaums wird »gezapft«, indem man die obere dünne Rindenschicht entlang einer abwärts verlaufenden Spirallinie einschneidet.

kann. Wir hoffen nicht, irgendwo Schiffbruch zu erleiden ..., aber im schlimmsten Fall dürften wir uns in Mr. Merrimans Gummianzug in Sicherheit bringen können.« Allerdings war es nicht der Bedarf an aufblasbaren Rettungsanzügen, der die Nachfrage nach Gummi anheizte, sondern das Automobil. Gegen Ende des 19. Jahrhunderts gelang Édouard Michelin die Weiterentwicklung des luftgefüllten, von John Boyd Dunlop erfundenen Gummireifens, und 1896 fuhren rund 300 Pariser Taxis mit Michelin-Reifen.

Der Wettlauf um das »Weiße Gold« hatte begonnen. Manaus, ein unbedeutender Ort in Brasilien am Unterlauf des Rio Negro, wurde über Nacht zur Kautschukmetropole der Welt und einige seiner Bewohner steinreich. Das Teatro Amazonas von 1896, ein Prachtbau aus importiertem italienischem Marmor, ist beredter Zeuge dieser kurzen Blütezeit. Kautschukmagnaten herrschten wie Despoten über ihre Güter und profitierten von einem unregulierten Markt. Indios wurden versklavt, vertrieben, ermordet, Frauen zur Prostitution gezwungen und Männer reihenweise kastriert, damit sie keine Kinder mehr zeugten. Als Gerüchte über die Zustände auf den Gütern nach Europa durchsickerten, wurde die Suche nach alternativen Quellen für Latex auch zu einer humanitären Frage.

Fahrbereit

✦

Vollgummireifen rollten erstmals 1867 auf einer öffentlichen Straße. 1888 meldete der schottische Tierarzt John Dunlop den luftgefüllten Fahrradreifen zum Patent an – seither geht die Geschichte von Gummi und Reifen einen gemeinsamen Weg. Gummi besitzt einzigartige Qualitäten – er ist unglaublich fest, höhen- und kältebeständig. Flugzeugreifen können bis zu acht Mal runderneuert werden. Die französischen Brüder André und Édouard Michelin entwickelten Luftreifen, die sogar auf Schienenfahrzeuge montiert werden konnten.

Gummi kolonisiert die Welt

Mindestens 2000 verschiedene Pflanzen erzeugen kautschukähnlichen Latex. In der Sowjetunion war der Milchsaft des Löwenzahns eine Quelle für Gummi, bis Wissenschaftler mit dem synthetischen Kautschuk Chloropren (Neopren®) einen Ersatz entwickelten. Eine andere Quelle war der malaiische Gummibaum *Ficus elastica*, der seit Anfang des 19. Jahrhunderts genutzt wurde, aber schwer anzuzapfen war.

Mit wachsendem Bedarf an Gummi fällten Latexsammler immer mehr Bäume. So schrumpfte der natürliche Nachschub, und erst in letzter Minute bemühte man sich, den Parakautschukbaum zu retten – oder ihn wenigstens einzubürgern und zu nutzen. Sir Joseph Hooker, Direktor der Royal Botanic Gardens in Kew, wurde von Clements Markham gebeten, jemanden nach Brasilien zu schicken, um Samen des Kautschukbaums zu beschaffen. Aber mehrere Sendungen gingen unterwegs ein, oder die Samen keimten nicht. Henry Wickham, ein englischer Pflanzer, der in Manaus lebte, schaffte es 1876 schließlich. Er behauptete, die Kautschukeigner getäuscht und die Samen in einer Geheimoperation aus Brasilien herausgeschmuggelt zu haben. Da er aber immerhin 70 000 Samen außer Landes brachte und ein Schiff mit dem Transport beauftragte, dürfte die Aktion in Wirklichkeit weniger spektakulär abgelaufen sein. Obwohl weniger als fünf Prozent dieser Samen keimten, gelang es, 3000 *Hevea*-Sämlinge hervorzubringen – die ersten, die in der Fremde gediehen. Der Kautschuk hatte seine Heimat verlassen.

GESCHMUGGELTE SAMEN
Mit aus Brasilien geschmuggelten Kautschuksamen, die in den Royal Botanic Gardens in Kew bei London zum Keimen gebracht wurden, zog man junge Bäume, die die ersten Pflanzungen von *Hevea* in Asien begründeten.

2000 Sämlinge aus Kew wurden in Wardschen Kästen (siehe Seite 15) an die Royal Botanic Gardens von Peradeniya im heutigen Sri Lanka verschifft, weitere an den Hortus Botanicus Borgoriensis auf Java in Indonesien und an den Botanischen Garten von Singapur. Hier in Singapur brachte einer von Hookers Leuten aus Kew, Henry James Murton, das gärtnerische Kunststück der Auslese und Züchtung ohne Rückgriff auf die Samen fertig. Sein Nachfolger, Henry Nicholas Ridley, entwickelte eine neue Methode des Anzapfens, die die Bäume weniger schädigte.

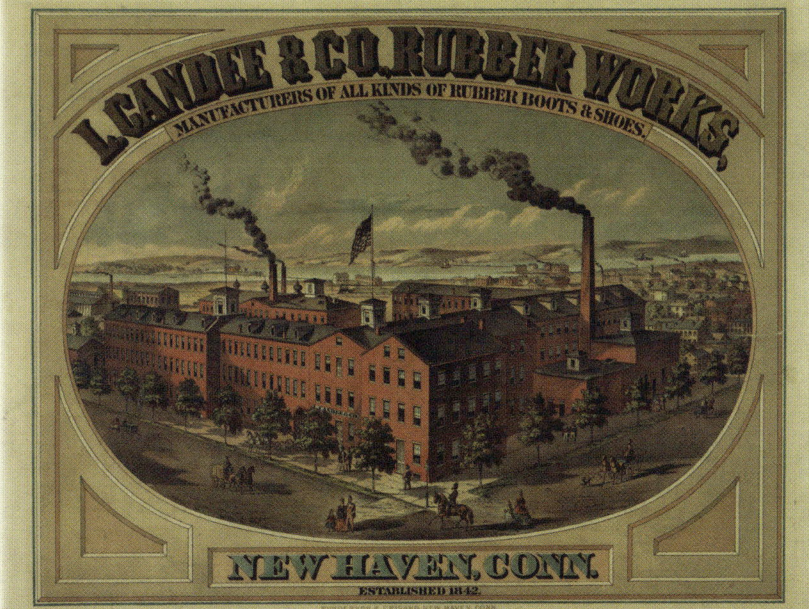

GUMMIFABRIKEN
Mit zunehmendem Bedarf an Gummi (1910 rollten bereits 2,5 Millionen Gummireifen auf den Straßen) wurde die industrielle Gummiproduktion immer wichtiger.

Altgummi
Während des Zweiten Weltkriegs gab es in allen kriegführenden Staaten Programme, die die Bürger aufriefen, zur Unterstützung der Kriegsanstrengungen Altgummi zu sammeln.

Unterdessen verteilte Henry Thwaites, der Botaniker in Peradeniya, *Hevea*-Sämlinge in der Region. Nachdem Thwaites die Bäume beschafft und Ridley das Anzapfproblem gelöst hatte, traten die Pflanzer auf den Plan.

Zu jener Zeit mochte sich noch kein Pflanzer, der auf seiner Kaffeeplantage unterwegs war, vorstellen, dass ein Fahrzeug auf Gummireifen das Pferd unter ihm ersetzen könnte. Aber 1910 rollten bereits 2,5 Millionen Autoreifen auf den Straßen. 80 Jahre später wurden drei Viertel der Gummiproduktion der Welt für die Reifenherstellung verbraucht, und es gab 860 Millionen Autoreifen. Gummi wurde in Überschallflugzeugen verarbeitet, für funkenfreien Fußbodenbelag in Feuerwerkfabriken und diente zur Empfängnisverhütung. Er erwies sich als elastisch und luftdicht, hatte einen hohen elektrischen Widerstand und einen ebenfalls hohen Reibungswiderstand auf feuchten Oberflächen. In beiden Weltkriegen war er so wichtig, dass Länder, die nicht genügend Kautschuk bekommen konnten, erhebliche Mittel in die Entwicklung von Ersatzstoffen aus Kohleteer und Erdöl investierten. Während Deutschland im Zweiten Weltkrieg den Synthesekautschuk »Buna« hervorbrachte, wurden die US-Bürger aufgefordert, Gummi für Kriegszwecke abzugeben. »Amerika braucht Ihren Gummiabfall«, forderte ein Plakat und erklärte, dass für eine Gasmaske 500 Gramm Gummi benötigt würden und für einen schweren Bomber 800 Kilo.

Doch kehren wir zum Ende des 19. Jahrhunderts zurück, als in British Malaya und Ceylon die Kaffeesträucher von einer tückischen Pilzerkrankung heimgesucht wurden. Henry Nicholas Ridley versuchte vergebens, die weißen Plantagenbesitzer davon zu überzeugen, ihr Land in Kautschukpflanzungen umzuwandeln. Tan Chay Yan, ein chinesischer Pflanzer, war 1896 schließlich bereit, 40 Morgen Land bei Bukit Lintang nahe der Stadt Malakka (im heutigen Malaysia) dafür abzutreten. Um den Preis des Verlusts der heimischen Wälder und Artenvielfalt begründeten die neuen Pflanzungen die Kautschukindustrie Malaysias.

Carsharing
Nicht erst heute eine Idee von Umweltbewussten: Dieses Plakat aus dem Zweiten Weltkrieg fordert Pendler wegen Gummiknappheit zur gemeinsamen Autobenutzung auf.

Tan Chay Yans Beispiel überzeugte andere Pflanzer, ihm zu folgen, und schließlich verlagerte sich die Kautschukproduktion der Welt fast vollständig von Brasilien nach Südostasien.

Und es gab noch eine überraschende Wendung in der ohnehin seltsamen Geschichte des Kautschuks. Als brasilianische Pflanzer vom Anbau von *H. brasiliensis* auf Plantagen Wind bekamen, versuchten auch sie, eigene Pflanzungen anzulegen. Ohne Erfolg. Die Bäumchen wurden stets von einer Pilzkrankheit befallen, die nur in Brasilien auftrat, sich aber unter wildwachsenden Bäumen nie so epidemisch ausbreitete wie auf den künstlichen Pflanzungen.

Für Kautschuk sterben

✦

1988 wurde ein 44-jähriger brasilianischer Kautschukzapfer in seinem Haus in Xapuri erschossen. Die Tat erregte Aufsehen, denn das Opfer war der international bekannte Politaktivist Chico Mendes. Mendes hatte darum gekämpft, die heimischen Wälder vor der Abholzung zu retten. In den 1960er Jahren geriet der Kautschukmarkt unter Druck, und die Pflanzer verkauften ihr Land an Rinderzüchter, für deren Tiere und Futterpflanzen die Landschaft entwaldet wurde. Mendes' Umweltkampagnen in Brasilien und Indien führten zur Einrichtung von mindestens 20 Schutzgebieten – und zu seiner Ermordung.

Fordlândia

Reiche Unternehmer legen oft Siedlungen zum Wohle ihrer Arbeiter – und ihrer Gewinne – an. Die Händlerfamilie Fugger in Augsburg war im 16. Jahrhundert Vorreiter dieser Idee; ihre Fuggerei ist die älteste bestehende Sozialsiedlung der Welt. Ihrem Beispiel folgten Industrielle wie der Quäker und Schokoladenhersteller John Cadbury mit Bournville (siehe Seite 184) oder Titus Salt, der Tuchfabrikant aus Nordengland, der ein Dorf für seine Arbeiter anlegen ließ, das fortan seinen Namen – Saltville – trug.

Fordlândia hingegen entstand weniger aus der Absicht, den Gummiarbeitern das Leben zu erleichtern, als dem Wunsch, die Briten mit den eigenen Waffen zu schlagen. Als man in den USA feststellte, dass fast drei Viertel des Gummis importiert wurden und die Europäer, die den Handel mit dem Fernen Osten beherrschten, die Preise diktieren konnten, investierte der Autokönig Henry Ford in eine Kautschukplantage in Boa Vista im Flusstal des Tapajós in Brasilien. Er erwarb eine Million Hektar Land, nannte das Gebiet Fordlândia und errichtete mitten im Wald eine Stadt im US-Stil und mit so vielen Kautschukbäumen, dass der Bedarf für die Produktion von zwei Millionen Autos pro Jahr gedeckt werden konnte. Zwischen 1928 und 1945 investierte die Ford Motor Company 20 Millionen Dollar in Fordlândia und Belterra, ein ähnliches Projekt 130 Kilometer flussabwärts. Die 7000 Einwohner Fordlândias, darunter 2000 Arbeiter, lehnten den ihnen aufgenötigten amerikanischen Lebensstil ab. Was Fords Vision aber letztlich zunichtemachte, waren der Pilzbefall und die Entwicklung des synthetischen Kautschuks. Fordlândia ist heute eine Geisterstadt.

Gerste

Hordeum vulgare

Ursprungsgebiet: weltweit

Typus: Getreide

Höhe: 1 m

- ***Nahrung***
- ***Heilmittel***
- ***Handelsware***
- Werkstoff

Gerste wird seit Jahrtausenden kultiviert. Als eine der wichtigsten Nahrungs- und Futterpflanzen für Mensch und Tier spielt das Getreide eine Schlüsselrolle. Und die Gerste ist der Grundstoff zweier anregender Getränke, ohne die die Welt nicht wäre, was sie ist: Bier und Whisk(e)y.

Vom Aufstieg der Gerste

Der Beginn des Ackerbaus war eine Revolution sondergleichen – dramatischer als Neil Armstrongs erster Schritt auf dem Mond und eine größere Veränderung als jeder technische Fortschritt seit der Erfindung des Rades. Erste Ackerbauern gab es in einem Gebiet, das sich von der heutigen Türkei entlang der östlichen Mittelmeerküste über Mesopotamien bis zum heutigen Iran und Irak erstreckt.

Niemand weiß, wer diese ersten Ackerbauern waren und wie sie darauf kamen, Gräser wie Gerste als Feldfrüchte anzubauen. Was immer sie dazu brachte, die nomadische Lebensweise aufzugeben, wildwachsendes Getreide zu ernten und später in bearbeitete Böden zu säen – es ermöglichte das Sesshaftwerden in Ansiedlungen, festen Dörfern und gedeihenden Städten, darunter der jungsteinzeitliche Wohnhügel von Çatal Hüyük in der heutigen Türkei und Jericho, das gemeinhin als älteste Stadt der Welt gilt. Ihre mächtigen äußeren Befestigungsanlagen lassen darauf schließen, dass sie schon früh umkämpft waren. Von Anfang an mussten sie sich gegen durchziehende Nomaden verteidigen, weil sie sich entscheidende Vorteile verschafft hatten: Die Verwurzelung in der Landwirtschaft, die durch das Ernten, Mahlen und Einlagern des Getreides für das nächste Jahr erst möglich wurde.

Reste von Gerstenkörnern aus der Zeit um 7000 v. Chr. sind bei Jarmo im Nordirak und an fast jeder anderen

Sei's ein Whisky-Schluck oder 'n kleines Bier
Oder auch mal 'n stärkerer Stoff,
Drauf ist Verlass – nur trink nicht zu viel! –,
Das bringt frischen Wind in 'n Kopf.

Robert Burns, »The Holy Fair«, 1785

Gerstenernte
Szenen wie diese haben sich im Lauf von 9000 Jahren, seit die Gerste erstmals angebaut wurde, kaum geändert. Vom Nahen Osten breitete sich der Anbau dieses Getreides weltweit aus.

archäologischen Stätte früher Landwirtschaft aufgetaucht; die Gerste war ein lebenswichtiges Getreide für die Töpfe der Menschen und das hungrige Vieh. Die Kunst des Gersteanbaus verbreitete sich wellenartig über Europa, Asien und Nordafrika. Gerste und Weizen verlängerten die durchschnittliche Lebenserwartung der Menschen auf über 40 Jahre. Griechen und Römer schätzten Gerstenmehl fürs Brotbacken höher als Weizenmehl, deshalb trägt die römische Göttin Ceres einen aus Gersten-, nicht aus Weizenähren geflochtenen Kranz auf dem Haupt. Doch wegen ihres niedrigen Glutengehalts konnte man aus Gerste keine großen Laibe backen, weshalb sie vom Weizen verdrängt wurde. Man entdeckte aber auch ihre Heilkräfte: Ein Lokalanästhetikum der Zahnmedizin ist eine synthetische Form des Alkaloids der Gerste.

Besondere Bedeutung erlangte die Gerste jedoch für den Berufsstand der Mälzer. Der Vorgang des Mälzens beginnt mit dem Keimen des Korns in Wasser, dann werden die Sämlinge getrocknet. Das daraus entstandene Malz wird mit Wasser vermischt und mit Hefe in Fässern zu Bier gebraut. Oder es wird Whisky daraus gebrannt. »Die schottischen Highlanders erfreuen sich des Whiskys, eines Malzbranntweins, der so stark wie Genever ist, und sie trinken große Mengen davon, ohne jedes Anzeichen von Trunkenheit«, behauptete der schottische Schriftsteller Tobias Smollett in seinem Roman *Humphrey Clinker*. Und Whisky sei »ein aus-

Der älteste Beruf

✦

Das älteste Gebäude auf der Erde war entweder ein Tempel oder ein Bauernhaus. Der Bedarf an Nahrung, Schutz und Wärme dürfte vorrangig gewesen sein, deshalb kam das Bauernhaus wohl an erster Stelle. Auch wenn Bauern nicht offiziell den Titel des »ältesten Gewerbes« tragen, könnten sie mit Fug und Recht Anspruch darauf erheben. Seit 5000 Jahren ernten sie Feldfrüchte und prägen damit die Landschaft. In den alten germanischen Wurzeln des Wortes Bauer fließen die Bedeutungen (in einer Dorfgemeinschaft) »wohnen« und (ein Feld) »bebauen« zusammen.

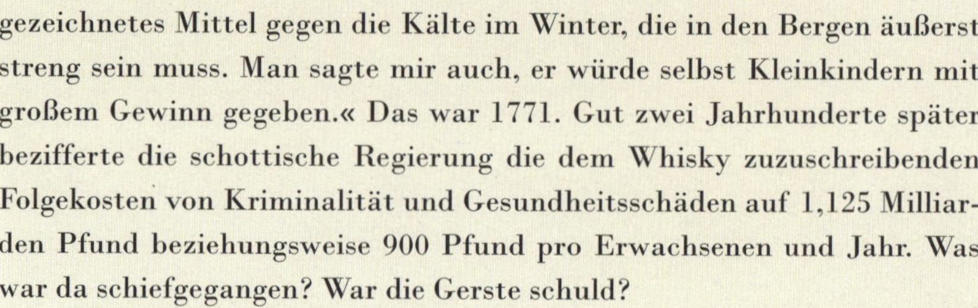

gezeichnetes Mittel gegen die Kälte im Winter, die in den Bergen äußerst streng sein muss. Man sagte mir auch, er würde selbst Kleinkindern mit großem Gewinn gegeben.« Das war 1771. Gut zwei Jahrhunderte später bezifferte die schottische Regierung die dem Whisky zuzuschreibenden Folgekosten von Kriminalität und Gesundheitsschäden auf 1,125 Milliarden Pfund beziehungsweise 900 Pfund pro Erwachsenen und Jahr. Was war da schiefgegangen? War die Gerste schuld?

Von den fünf hochprozentigen Bränden – Weinbrand, Rum, Wodka, Gin und Whisky – ist Letztgenannter enger mit seinem Herkunftsland verknüpft als die anderen. Der Scotch, der schottische Whisky, wird seit dem 15. Jahrhundert mit einem Tropfendestillator aus Gerstenmalz gebrannt. Zuerst nur eine Arznei, bürgerte er sich als Getränk im Norden der Britischen Inseln ein, während man im Süden dem Gin (oder: »Mutters Verderben« – der Trost der Kriegerwitwen) den Vorzug gab. Das Destillieren hatten die Muslime entwickelt, nicht zur Herstellung alkoholischer Getränke, die ihnen der Prophet ja vorenthält, sondern von Düften und Essenzen. Diese Technik gelangte nach Europa, nördlich nach Schottland und westlich nach Irland, wo bald *uisge beatha* (»Wasser des Lebens«) zu fließen begann. Als dem gälischen *uisge* wurde Whisky, aber der schottische Hang zum Brauen und Brennen stieß bei den englischen Eindringlingen auf wenig Gegenliebe. Hausbrennereien wurden verboten, zerstört oder in übereifriger Selbstgerechtigkeit von Steuereintreibern zugrunde gerichtet, denen es mehr um das Kassieren von Abgaben als um die Rettung armer Trinkerseelen zu tun war.

Whiskyprotest
Schottischer Whisky wurde zum Symbol des politischen Kampfes zwischen den Schotten und der Regierung in London. Der Dichter Robert Burns brachte die heftige Empörung über die Steuern und Abgaben auf Whisky zu Papier.

Elende Blutsauger von Fiskus und Steuer,
Was macht ihr den Whisky für uns so teuer?
Die Hände hoch, ihr Teufel, ihr Stinker!
Los, packt sie, die Kerle – und dann kneten
Und backen wir sie in Brunstane-Pasteten
Für uns arme verdammte Trinker,
Für uns arme verdammte Trinker.

»Scotch Drink«, 1785

Das schrieb Schottlands Nationaldichter Robert Burns, der den Steuereintreibern ebenso wenig zugetan war wie die Whiskybrenner selbst, die sich – wenn's brenzlig wurde – in die Berge verdrückten.

In den 1830er Jahren gab es in Schottland rund 700 Verhaftungen wegen illegalen Whiskybrennens; 40 Jahre später war es nur noch ein halbes Dutzend. Gleichzeitig kam eine

neue Methode des Destillierens auf den Markt, das kontinuierliche Brennen. Beim traditionellen Pot-Still-Verfahren einzelner Chargen in Kupfer-Brennblasen hatte man einen unverwechselbaren Whisky mit Aroma und Charakter erzeugt. Das kontinuierliche Brennen war automatisierte Massenproduktion, mit der man in einem ununterbrochenen Prozess Alkohol aus Getreide destillierte. Nur wenn das so gewonnene Destillat mit traditionellem Malzwhisky verschnitten wurde, galt es als richtiger Whisky. 1909 legte eine königliche Kommission die Bestimmungen für echten Whisky fest: Zuoberst auf die Liste kam der besonders hochwertige Single Malt, der ausschließlich aus gemälzter Gerste gebrannt, zweifach destilliert und von einer einzigen Brennerei hergestellt wurde. Trotzdem brannte jeder – ob mit oder ohne Lizenz – einen kräftigen Whisky mit 40 Prozent Alkoholgehalt aus allen verfügbaren Getreidesorten.

Amerikanischer Whiskey
Nach Kentucky wurde auch bald im benachbarten Tennessee Whiskey gebrannt, obwohl dort der Verkauf von Alkohol verboten war. Spirituosen-Großhändler, wie dieser im Staat Washington, machten mit den Destillaten aus dem Süden gute Geschäfte.

In Amerika wurde traditionell dunkler Rum aus Melasse gebrannt, bis britische und irische Einwanderer begannen, Whisky aus Gersten- und Roggenmalz zu destillieren und zu verkaufen. Später stellten Brenner im Bourbon County, Kentucky, reine Maiswhiskys her. Dies schätzten vor allem verärgerte Pennsylvanier, die vor den Alkoholsteuern in ihrem Staat nach Kentucky abwanderten.

Roggenwhisky wurde zwar weiterhin gebrannt, aber das Rennen machte der Kentucky-Bourbon, der in neuen Fässern aus amerikanischer Eiche lagerte, die innen angekohlt waren, um das Aroma zu verbessern (schottische Brenner bevorzugten Fässer, in denen zuvor andere Alkoholika gelagert hatten). Im benachbarten Tennessee stellte man Sour-Mash-Whiskey (Sour Mash bedeutet, dass der Maische ein Teil der Destillationsrückstände wieder zugesetzt wird) her, den man erst in Bottichen filterte, bevor er in Fässern reifen konnte.

Hafer und Roggen

✦

Zwar wurden Hafer *(Avena sativa)* und Roggen *(Secale cereale)* erst später angebaut als Weizen und Gerste, trotzdem spielen sie eine wichtige Rolle in der Kulturgeschichte. Wie die meisten kultivierten Pflanzen sind Hafer und Roggen Gräser, die der Mensch heranzog und anbaute. Abgesehen davon, dass der Hafer für kältere, feuchtere Regionen ein wichtiges Getreide war, weil er in kurzen, nassen Sommern reifte, nährte er zwei Arten Haustiere, die die Entwicklung der Landwirtschaft vorantrieben: das Pferd und den Ochsen. Roggen ist jünger und wurde vor weniger als 2500 Jahren kultiviert und ist ein wichtiges Brotgetreide.

Grund zur Besorgnis
Eine Anzeige der Belle of Nelson Distillery Co., Louisville, Kentucky, aus der Zeit um 1883. Wachsende Bedenken wegen des verderblichen Einflusses von Whisky führten 1920 zur Prohibition in den USA.

In anderen Ländern, wie Kanada, Irland oder Japan, hielt man an der Gerste als Grundlage für Whisky fest. Japan eröffnete 1923 seine erste Brennerei und nahm sich den traditionellen Single Malt aus gemälzter Gerste zum Vorbild, die in mit Torf beheizten Darröfen getrocknet wurde, wodurch sie das typische rauchige Aroma erhielt. Kanadas Whiskybrenner, die Anfang des 20. Jahrhunderts in Ontario die reichen Getreideernten nutzten, griffen ebenfalls auf Gerste zurück, gaben der Maische aber Roggen und Mais bei.

Irischer Whiskey ist mindestens so alt wie schottischer Whisky, ja sogar noch älter, versichern die Iren. Ihrer Ansicht nach stammt die Kunst des Destillierens überhaupt aus Irland und wurde von hier mit den irischen Missionaren im Mittelalter in andere Länder exportiert. Die alten bäuerlichen Brennereien destillierten ihre einheimischen Brände nicht nur aus Gerste, sondern aus allem, was in der Nähe wuchs. Man lagerte sie nach der Herbsternte ehrfürchtig ein und reichte sie feierlich und in Maßen, wenn die Dämmerung hereinbrach. So war das auch mit dem traditionellen irischen *poteen*, einem hochprozentigen Schnaps aus Gerste oder Kartoffeln. Es gab zwar schnell und schlecht gebrannten *poteen* – von mobilen Brennereien, die den Steuereinteibern entkommen wollten –, aber die meisten Brenner waren Meister ihres Handwerks und stolz auf ihr Produkt. Wie andere regionale Destillate – Frankreichs *eau de vie*, Aquavit, die Obstbrände Süddeutschlands, Österreichs oder Südtirols oder eben Whisky und Whiskey – wurde *poteen* wegen seines verderblichen Einflusses verurteilt. Ähnlich wie bei den drastischen Maßnahmen gegen kleine, unabhängige schottische Brennereien im 19. Jahrhundert hatte das Verbot aber mehr mit der Zerstörung örtlicher Kleinunternehmen und dem Kassieren von Steuern zu tun.

Die Prohibition

Noch verwerflicher war die Methode, Indigenen billigen Schnaps zu verabreichen. In Nordamerika und Australien wurden Ureinwohner mit »Feuerwasser« förmlich vergiftet. Minderwertiger französischer Branntwein wurde von nordamerikanischen Pelztierjägern an die Indianer verkauft, die hochprozentige Getränke nicht kannten. Dagegen wetterte die Kirche, und die Regierungen der USA und Kanadas versuchten dem per Gesetz entgegenzuwirken. Aber erst die Prohibitionisten machten Anfang des 20. Jahrhunderts wirklich ernst mit ihrem Kampf für ein trockenes

Amerika. Whisky verdirbt unsere Jungs, vergeudet kostbare Gerste, die man besser den Hungernden geben sollte, und wird – schlimmer noch! – von deutschen Einwanderern gebrannt, behauptete eine Allianz aus ländlichen religiösen Eiferern, mächtigen Frauenverbänden und der amerikanischen Ärzteschaft. Sie zwangen 1920 den Kongress, Alkohol zu verbieten.

Das soziale Experiment der Prohibition, das Amerika überrollte, scheiterte kläglich. Ihre Aufhebung 1933 bewies, was man aus dem Lied von John Barleycorn, der schottischen Personifizierung des Whiskys, längst wusste: dass Barleycorn der stärkste Ritter war:

Der kleine Sir John, goldbraun im Glas –
Der stärkste von allen Rittern war das.
Denn kein Jäger kann zum Schuss gelangen,
Ja, nicht einmal laut genug blasen sein Horn;
Kein Kesselflicker lötet Töpfe und Kannen –
Ohne den kleinen Sir John Gerstenkorn.

Ein glühender Verfechter des Malzwhiskys war der britische Premier Winston Churchill. Seinem Ernährungsministerium gab er strikte Anweisungen: »Keinesfalls darf die Menge der Gerste für Whisky verringert werden. Dieser braucht Jahre, um zu reifen, und ist ein unschätzbarer Exportartikel und Dollarbringer.«

Ein Glas Whisky und ein Augenblick des Nachdenkens beeinflussten auch die Geschichte des Zweiten Weltkriegs, als Premier Churchill und US-Präsident Franklin D. Roosevelt die Landung der Alliierten auf dem europäischen Festland vorbereiteten. Es hatte Spannungen und mangelnde Abstimmung zwischen den beiden Männern gegeben, als 1944 die Invasion des von Nazideutschland besetzten Frankreichs über den Ärmelkanal unmittelbar bevorstand. Sahen die Deutschen den Angriff voraus? Würde schlechtes Wetter die Aktion gefährden und eine Verschiebung erzwingen? Kurz vor zwölf einigten sich die beiden Männer über das Vorgehen – nachdenklich und bei einem Glas Whisky ... oder zweien. Die Landung in der Normandie am »D-Day« war trotz aller Opfer ein Erfolg, eine Schicksalsstunde der Geschichte.

Unsichtbare Helfer

✦

Hefe besteht aus mikroskopisch kleinen einzelligen Hefepilzen, die seit Beginn der Winzerei, des Brauens und des Brennens die alkoholische Gärung bewirken. Wilde Hefen aus Rückständen vorheriger Gärungsvorgänge wurden gezielt der Maische zugesetzt. Schon bei den alten Römern wurde Hefe auch für kosmetische Zwecke und zur Behandlung von Hauterkrankungen genutzt. Obwohl man seit über 2000 Jahren Hefe verwendet, entdeckten französische und deutsche Chemiker erst in den 1830er Jahren, dass es lebende Mikroorganismen sind, die Zucker in Alkohol umwandeln. Louis Pasteur stellte all dies 1876 in seinen *Études sur la Bière* dar.

Hopfen

Humulus lupulus

Ursprungsgebiet: Mitteleuropa und Naher Osten

Typus: mehrjährige Kletter- und Schlingpflanze

Höhe: 2 bis 7 m

✦ ***Nahrung***
✦ Heilmittel
✦ ***Handelsware***
✦ Werkstoff

Ländliche Brauer wussten schon immer Pflanzen zu nutzen, die am Wegesrand wuchsen. Mädesüß *(Filipendula ulmaria)* und Gagelstrauch *(Myrica gale)* verhalfen dem Bier zu Geschmack und Haltbarkeit, und die Früchte des wilden Speierlings *(Sorbus domestica)* sollen seit römischen Zeiten ein gutes Gebräu ergeben haben. Was aber dem Bier, wie wir es heute kennen, zu seinem weltweiten Siegeszug verhalf, war die Kenntnis des Hopfens und seiner Qualitäten.

Zusammengebraut

Jahrhundertelang ist Hopfen zum Färben, für die Papierherstellung, in der Seilerei und als Heilmittel verwendet worden. Heute dienen 98 Prozent der Hopfenernte dem Würzen und Haltbarmachen von Bier. *Humulus lupulus* ist eng mit dem Hanf verwandt und eine Kletterpflanze, die im Frühling aus dem Wurzelstock treibt und sich an allem emporrankt, woran sie Halt findet. Der Hopfen ist zweihäusig und bringt getrennte männliche und weibliche Pflanzen hervor. Die weiblichen tragen die nach Moschus duftenden, harzhaltigen kleinen Dolden, die geerntet und getrocknet werden, bevor man sie an die Bierbrauer liefert.

Wilder Hopfen klettert an Hecken hinauf oder erstickt Sträucher, um ans Licht zu gelangen. Beim Anbau in Hopfengärten – wie im größten Hopfenanbaugebiet der Welt, der Hallertau nördlich von München – werden die Stecklinge in Humushügel gesetzt und die Triebe um Drähte oder Schnüre als Kletterhilfe gelegt, die mit dem Gerüst der Hopfenstangen verbunden sind. Die großen Mastbäume – herkömmlich aus Kastanien gefertigt, weil sie natürliche Konservierungsstoffe enthalten – erwecken den Gesamteindruck riesiger Vogelkäfige. Der Hopfen wächst von Frühjahr bis Herbst auf eine Höhe von etwa sieben Metern und wird neuerdings maschinell geerntet. Früher waren Wander- und Saisonarbeiter als Hopfenpflücker tätig, oft ärmere Familien aus Arbeitervierteln der Städte. Diese Tagelöhner genossen

Jedoch mit seiner Bitterkeit hält [der Hopfen] gewisse Fäulnisse von Getränken fern, denen er beigegeben wird, so dass sie um so haltbarer sind.

Hildegard von Bingen, *Heilkraft der Natur – Physica*, um 1150

Hopfendarren
Nach der Ernte muss der Hopfen in Darren getrocknet werden. In manchen Gegenden – wie hier im Südosten Englands – haben diese Hopfendarren ein ganz unverwechselbares Aussehen.

den Ausflug aufs Land und wohnten auf Bauernhöfen, in Schuppen oder Wohnwägen. Die Männer gingen auf Stelzen, um oben die reifen Hopfenranken abzuschneiden, drunten pflückten die Familienmitglieder die Dolden in große Leinenbeutel oder Körbe. Dann wurde der Hopfen in Darren getrocknet, fest in Jutesäcke verpackt und zum Verkauf an die Brauereien oder zur Versteigerung gebracht. Der berauschende harzige Duft war zur Zeit des Hopfenverkaufs überall wahrzunehmen – so wie ein traditionell gebrautes, in Fässern gelagertes Bier schmeckt. William Cobbett schrieb 1821 in *Cottage Economy*: »Zwei Dinge sind am Hopfen wahrzunehmen: Er vermag das Bier haltbar zu machen und verleiht ihm einen angenehmen Geschmack.«

Auf dem Weg zum richtigen Bier

Das Hopfenaroma kommt zur Geltung, nachdem der Brauer am Ende des Brauvorgangs dem Bier den Hopfen beigibt. Hopfen wird aber auch am Beginn des Brauens verwendet, wenn die natürlichen Humulone zu Isohumulonen werden – Hopfenbittersäuren, die das Bier haltbar machen und ihm den charakteristischen bitteren Geschmack verleihen. Um diese Metamorphose auszulösen, muss der Hopfen anderthalb Stunden lang in der Sudpfanne gekocht werden. Welcher Brauer diese Entdeckung machte, wird man nie erfahren, aber er schuf den Übergang vom nicht gehopften Bier (wie dem englischen Ale) zum Bier, wie wir es heute kennen.

Bier ist nicht gleich Bier

✦

So wie bei den Briten erst im 21. Jahrhundert die strengen Grenzen zwischen Ale und Bier fielen, gibt es auch auf dem Kontinent historische Unterschiede: etwa im Sommer gebrautes obergäriges Bier (wie Weißbier) und das bei Wintertemperaturen gebraute untergärige Bier (wie Pils).

Konservierungspflanze
Wenn man die Dolden aus den weiblichen Blüten des Echten Hopfens *(Humulus lupulus)* dem Brauvorgang zuführt, verlängert sich die Haltbarkeit des Bieres.

»Ale« leitet sich vom angelsächsischen *ealu* ab – jenem Alltagsgetränk im nördlichen Europa, das aus Gerstenmalz gebraut wurde. Die keimenden Körner wurden getrocknet und mit Kräutern wie Mädesüß oder Gagelstrauch gewürzt. Gekocht und fermentiert, war Ale ein relativ bakterienfreies Getränk, sicherer als das aus dem Kuhhorn getrunkene Wasser vom Dorfbrunnen. Trotzdem war es nur begrenzt lagerfähig und wurde bei warmem Wetter schnell sauer.

»Bier« kommt von althochdeutsch *bior* und spätlateinisch *biber* (Trank) und bezeichnet das aus Gerstenmalz, Hopfen, Hefe und Wasser durch alkoholische Gärung hergestellte untergärige Bier, wie es heute getrunken wird. Es ist der Hopfen, der es haltbar macht – und der die Braukunst in Mitteleuropa revolutionierte. Zwar wussten schon die alten Ägypter um die konservierenden Eigenschaften des Hopfens, doch weder sie noch die Sumerer, die Griechen oder die Römer waren auf die Idee gekommen, Hopfen genau anderthalb Stunden lang in ihrem »Bier« zu kochen. Keiner von ihnen ließ sein Gebräu lange genug stehen, um zu entdecken, dass Hopfen das Leben des Bieres verlängerte.

Der namenlose Held des Bierbrauens mit Hopfen dürfte eine schlichte Kutte getragen und hinter Klostermauern gearbeitet haben – irgendwann im Mittelalter, irgendwo in Mitteleuropa. Die Mönche und Nonnen waren eifrige Bierbrauer. 736 wird erstmals die Verbindung von Hopfen und Bier in Aufzeichnungen der Benediktinerabtei Weihenstephan in Freising nahe München erwähnt. Drei Jahrhunderte später, als die ersten Universitäten in Paris und Oxford entstanden, schrieb die Äbtissin Hildegard von Bingen (um 1098 bis 1179) in ihrem naturwissenschaftlich-medizinischen Werk *Physica* über die vorteilhaften Auswirkungen des Hopfens auf das Bier (siehe Seite 110). Sie gab auch den nützlichen Hinweis, der Brauer könne, falls kein Hopfen zur Hand sei, auch Eschenblätter nehmen, um das Bier zu konservieren.

Starker Stoff
Bis Mitte des 16. Jahrhunderts wurde in England dunkles Starkbier (Stout) getrunken. Seine Beliebtheit schwand, als die Brauer leichtere, gehopfte Biere brauten. Auch in Mitteleuropa ist Starkbier eine Spezialität, und das helle Bier die Regel.

Hopfenernte
Aus den mittelalterlichen Anfängen in den Klöstern entwickelte sich der Hopfenanbau zu einem kommerziellen Unternehmen in großem Umfang, da gehopfte Biere immer beliebter wurden.

Zu Hildegards Zeit hatten die religiösen Orden die Braukunst zu einem ansehnlichen Geschäft entwickelt, eine Tradition, die bis ins 21. Jahrhundert fortdauert, denkt man nur an den Münchener Augustinerbräu, die dortige Paulaner-Brauerei, an Weihenstephan, die Klosterbrauereien Andechs und Weltenburg in Bayern oder an die legendären Trappisten-Biere in Belgien und den Niederlanden. In bäuerlichen Brauereien waltete die Hausfrau über die Bierherstellung, während Braumeister und Cellerar im Kloster den Verkauf großer Mengen anstrebten. Die Mönche kauften die Braugerste vom Getreidehändler, der das Korn der Bauern keimen und trocknen ließ und den Klöstern lieferte, und brauten im klösterlichen Maischezuber ihr *prima, secunda* und *tertia melior* (bestes, zweitbestes und drittbestes Bier). In Mitteleuropa überwog die Herstellung von gehopftem Bier bald jene von ungehopftem, und entsprechend wuchs die Nachfrage nach Hopfen. Zentrum des Hopfenanbaus wurde Deutschland.

Zufallsentdeckung

✦

Weltweit gibt es Hunderte Hopfensorten, von denen jede ihre Geschichte hat, wie etwa die englische Sorte »Fuggles«, die sich zufällig im Blumengarten eines Mr. Stace in Kent ausgesät hatte. Um 1875 empfahl sie der Fachmann Richard Fuggles fürs Bierbrauen, und heute sorgt »Fuggles« zu 90 Prozent für die Haltbarkeit britischen Bieres. In Deutschland dominieren Aromasorten wie »Hallertauer Mittelfrüher«, »Hersbrucker Spät«, »Hallertauer Tradition«, »Spalter Select«, »Saphir« oder »Smaragd« und Bittersorten wie »Northern Brewer«, »Nugget« oder »Hallertauer Magnum«. Aus Deutschland stammt rund ein Drittel der weltweiten Hopfenproduktion.

Runter mit dem Bier!

Das Netzwerk der mittelalterlichen Klöster war wie ein Vorläufer der Internet-Chatrooms. Neuigkeiten, Kenntnisse und Klatsch wurden von den Mönchen, die zwischen den Klöstern herumreisten, transportiert, und die Nachricht von dem neuen, mit Hopfen verbesserten Bier verbreitete sich rasch in die benachbarten Niederlande und ins nördliche Frankreich. Doch der Sprung über den Ärmelkanal fiel dem *bière*, wie es der englische König Heinrich VI. im 15. Jahrhundert nannte, nicht leicht: Der Kanal trennte biertrinkende Kontinentaleuropäer von aletrinkenden Briten. Auch wenn auf deren Insel wilder Hopfen wuchs, stand man dort der Vorstellung, gutes englisches Ale mit »fremdem« Hopfen zu verderben, höchst feindselig gegenüber. Aber gutes Bier lässt sich nicht unterdrücken. East Anglia und Englands südliche Grafschaften waren emsige Wollweberei-Regionen, in die viele holländische Weber eingewandert waren, die es nach ihrem heimischen Bier dürstete. So wurde es mit dem Schiff nach England gebracht – und bald auch auf den Britischen Inseln gebraut. Bereits im frühen 16. Jahrhundert wurde in Kent Brauereihopfen angebaut, aber noch in der Zeit William Shakespeares war gehopftes Bier nicht so beliebt wie ungehopftes. Konservative Brauer überredeten die Ratsherren zahlreicher Städte, darunter Coventry, die Verunreinigung von Ale durch Hopfen zu verbieten.

Bier, Mann, Bier ist von allen Getränken der Stoff für Typen, die schwerfällig denken.

A. E. Houseman, *A Shropshire Lad*, 1896

Hopfenland
Die Anzeige von 1882 wirbt für Bockbier, ein gehopftes Starkbier, das seinen Namen der niedersächsischen Hansestadt Einbeck verdankt. Dort wurde es seit dem 14. Jahrhundert gebraut. Als »Ainpöckisch Bier« bürgerte es sich bald auch in Bayern ein.

GUT VERSORGT
Das Bild des englischen Malers Charles Lucy (1814–1873) zeigt den Aufbruch der Pilgerväter im Hafen von Plymouth 1620. Ihr Schiff, die *Mayflower*, beförderte auch Hopfen, so dass die Siedler in Amerika ihr eigenes Bier brauen konnten.

Die Zeit arbeitete jedoch gegen sie – und für das Bier. Armeen marschierten, Flotten segelten – und nährten sich von Fleisch, Brot und Bier. An Bord eines Schiffes wurde Trinkwasser schnell ungenießbar, deshalb versorgten die Zahlmeister der Marine ihre Schiffe für die Reise mit Ale: ein halber Liter pro Mann und Tag. Aber die Besatzung eines Kriegsschiffes mit Fässern voll traditionellem Ale an Bord, das binnen Tagen sauer wurde, war selbst bald sauer. Deshalb segelten die Seeleute lieber – sofern sie die Wahl hatten – auf Kriegsschiffen, die länger haltbares, gehopftes Bier geladen hatten. Im 16. und 17. Jahrhundert waren die Briten ständig in Seekriege verwickelt, und die neuen ausländischen Bierbrauer zeigten sich mit Geschenken zugunsten des Waffenhandels ebenso großzügig wie die Steuereintreiber mit den Verbrauchszöllen. 1615 stellte Gervase Markham in seinem *English Housewife* fest, dass »es allgemein der Brauch ist, keinerlei Hopfen dem Ale hinzuzufügen, denn das ist der Unterschied zwischen diesem und dem Bier«. Trotzdem empfahl er der klugen Hausfrau, »in jedes Fass von bestem Ale ... ein halbes Pfund guten Hopfens« zu geben.

Als 1620 die Pilgerväter von Plymouth aus in die Neue Welt segelten, war ihr Schiff, die *Mayflower*, mit Bier und Hopfen gut versorgt. Schon 1635 brauten die Siedler ihr eigenes Bier.

Es gab kein Halten. Knapp 400 Jahre später trinken die Tschechen jährlich etwa 160 Liter Bier pro Kopf, mit rund 50 Liter Abstand folgen Iren, Deutsche, Australier und Österreicher. Bierland Nummer eins auf der Welt mit 410 Millionen Hektoliter Jahresproduktion ist heute China. Bier ist ein größeres Geschäft geworden, als Hildegard von Bingen es sich wohl je hätte träumen lassen.

AUGENWEIDE FÜR PUB-FANS
Das klassische britische Pint mit den Vertiefungen – bis zum Rand eingeschenkt – ist ein Lichtblick für jeden, der auf der Insel ein traditionelles Pub betritt.

Indigostrauch

Indigofera tinctoria

Ursprungsgebiet: südliches Asien

Typus: Strauch

Höhe: 2 m

✦ Nahrung
✦ Heilmittel
✦ ***Handelsware***
✦ ***Werkstoff***

Indigo und Färberwaid *(Isatis tinctoria)* waren die wichtigsten Lieferanten des Farbstoffs Blau, bis Armeen von Arbeitern in Bluejeans Alternativen erforderlich machten. Die Entdeckung einer synthetischen Ersatzfarbe führte zu Indiens Kampf um die Unabhängigkeit und leistete dem Ausbruch des Ersten Weltkriegs Vorschub.

Ein leuchtendes Blau

Der große venezianische Reisende Marco Polo (1254–1324) beobachtete 1298 im indischen Kerala ein seltsames, übel riechendes Gewerbe: die Herstellung von Indigo. Um den Naturfarbstoff zu gewinnen, der noch heute in Westafrika und Asien vielfach verwendet wird, weichte man die Blätter von *Indigofera tinctoria* ein; durch Fermentation entstand die leuchtend blaue Farbe, das Indigotin. Obwohl der Gestank der Indigofermentierung (auch unter Verwendung von Urin) die Färber gesellschaftlich ausgrenzte, ist die Farbe seit über 4000 Jahren beliebt.

Die Griechen nannten sie »blaue Farbe aus Indien« *(indikon)*, was einen Blick auf den Ost-West-Handel eröffnet, auf Packpferde, die mit Säcken voller Indigo beladen auf der Seidenstraße von Nordindien gezogen kamen. Warum nahm man die monatelange Mühe auf sich, trotz der Bedrohung durch Banditen und schlechtes Wetter Indigo nach Europa zu bringen? Weil Farben ihre eigene Sprache sprechen – vom Weiß bei Hochzeiten bis zum Schwarz bei Begräbnissen. Blau stand für Wohlstand, und so ist das noch bei den Nomaden der Tuareg in der Sahara, dem »blauen Volk« mit den indigoblauen Gewändern und Turbanen. Blau bedeutete Wahrheit, verwies auf die Sterblichkeit des Menschen, und wie die beruhigende Farbe von Himmel und Meer wird es bei ganzheitlichen Heilmethoden zur Senkung der Atemfrequenz und des Blutdrucks verwendet.

Blau war auch die Farbe der Arbeit (und von Militäruniformen, Kriege waren also gut für das Geschäft mit Indigo). Die Industrialisierung in Europa und Amerika im 19. Jahrhundert brachte eine Arbeiterklasse hervor, die feste Kleiderstoffe brauchte, um sich vor Funken, Mist, Gerstengrannen und Blut zu schützen – vor all dem eben, was dem durchschnittlichen Arbeiter tagtäglich zusetzte. Vom Schauermann, der im New Yorker Hafen Baumwollballen schleppte, bis zum Pariser Heizer, der auf dem Lyon-Express Kohle schaufelte, brauchten alle Arbeiter billige, strapazierfähige Kleidung. Der Bedarf an Overalls, Latzhosen und Jeans stieg sprunghaft an. Die Nachfrage nach Bluejeans drohte schon, alle natürlichen Farbstoffquellen zu überfordern, noch bevor dieses unverzichtbare Material 1901 zur Bordbekleidung der amerikanischen Marine wurde. Dies trieb die Suche der Chemiker nach einer synthetischen blauen Farbe entscheidend voran.

Obwohl er nicht ganz der Qualität von *I. tinctoria* entsprach, kam der Färberwaid, *Isatis tinctoria,* dem Indigo am nächsten. »Die Briten«, schrieb Britannien-Eroberer Julius Cäsar, »bemalen sich mit Gras, das eine blaue Farbe erzeugt« – ein Hinweis auf die Krieger der Pikten, die sich mit Färberwaid beschmierten, um ihre Feinde zu erschrecken. Französische Färber im »Schlaraffenland der Färberwaidkugel«, wie die Provinz Languedoc genannt wurde, beherrschten die Kunst, blaue Farbe für Arbeitskleidung aus Färberwaid zu gewinnen. Eine chemische Farbe aus Eisen- und Blutlaugensalz, das Preußischblau, war im frühen 18. Jahrhundert in Deutschland entwickelt worden, und 1856 entdeckte der junge Engländer William Henry Perkin zufällig die synthetische Farbe *mauvein* (siehe Seite 46). Gut 20 Jahre danach gelang dem deutschen Chemiker Adolf von Baeyer 1878 die Synthese des Indigofarbstoffs, wofür er 1905 den Nobelpreis für Chemie erhielt.

Synthetische Farben
Trotz wirtschaftlicher Erfolge zog sich Sir William Perkin im Alter von 56 Jahren aus der Farbherstellung zurück und forschte fortan über organische Säuren.

Als industriell erzeugte Ersatzfarbstoffe in den 1870er Jahren den Indigomarkt einbrechen ließen, hatte dies katastrophale Folgen für die indische Wirtschaft. Anfang des 20. Jahrhunderts fiel die Nachfrage nach natürlichem Indigo auf den niedrigsten Stand aller Zeiten. Es war eine Krise, die Forderungen nach der Unabhängigkeit Indiens nährte und keine 50 Jahre später die britische Oberherrschaft zu Fall brachte. Die chemische Industrie in Deutschland indes entwickelte sich erfolgreich weiter und beherrschte bald den Weltmarkt. Die damit erwirtschafteten Gewinne halfen mittelbar, Deutschlands Eintritt in den Ersten Weltkrieg zu finanzieren.

Das Waldtal in Purpur und Ocker prunkt,
Wie eines Malers verwegene Palette;
Bergfernen in Indigo getunkt,
Silberfelder voll Disteln und Klette.

Max Dauthendey, *Lieder der Vergänglichkeit*, 1910

Erdige Farben

✦

Henna, die »erdige« Schwester des Indigo, wird aus den Blättern des Hennastrauchs *(Lawsonia inermis)* gewonnen. Bevor man im 19. Jahrhundert synthetische Farben erfand, waren sämtliche Farben natürlicher Herkunft. Österreicher hatten die Färberdistel *(Carthamus tinctorius)* zur Herstellung von Rottönen. Irinnen sammelten Flechten und Moos, ihre schottischen Schwestern Heidekraut, um ein leuchtendes Gelb erhalten. Und Holländer zeigten Europa, wie man Färberröte *(Rubia tinctoria)* anbaut und daraus tiefrote Farbe macht.

Duftwicke

Lathyrus odoratus

Ursprungsgebiet: Südeuropa

Typus: einjährige Kletterpflanze

Höhe: 20 cm

Lathyrus odoratus, die Duftende Platterbse, ist die wildblühende Pflanze, die Tausenden den Kopf verdrehte und in einer ihrer sensationellsten Formen am Stammsitz der Familie von Prinzessin Diana gedieh. Obwohl sie in den 1850er Jahren fast den gleichen Rummel auslöste wie einst die Tulpen, änderte sie weniger den Gang der Geschichte als ihre nahe Verwandte, die Gartenerbse *Pisum sativum*. Ein schlesischer Mönch bereitete mit Erbsen der modernen Genetik und der DNA den Weg. Hätte Darwin das gewusst …

✦ Nahrung
✦ Heilmittel
✦ ***Handelsware***
✦ ***Werkstoff***

Auf und davon

Die duftenden purpurfarbenen Blüten der ursprünglichen Duftwicke finden sich im Frühling noch immer an Hecken und Feldwegen in Mittelmeerländern, besonders auf Malta und Sardinien. Ende des 17. Jahrhunderts entdeckte der Franziskanermönch Franciscus Cupani eine seltsame Varietät, die im Garten seines Klosters in Palermo wuchs. Es war eine natürliche Mutation, eine zierliche zweifarbige Blüte mit braunlila »Fahne« und rotlila »Flügeln«. Er bewahrte die Samen, zog daraus im folgenden Jahr die Pflanze und entdeckte, dass sie sich mit denselben Farben entfaltete. Voll Freude wiederholte Pater Cupani dies im nächsten Jahr und sah, dass abermals dieselben Blütenfärbungen entstanden. Drei Jahre nach seiner Entdeckung dieses Schmetterlingsblütlers schickte er 1699 Samen an Caspar Commelin, einen Botaniker der medizinischen Fakultät in Amsterdam. Von hier gelangten Samen zu dem Botaniker Robert Uvedale im englischen Middlesex. Eine weitere Spielart entstand – dieses Mal in Weiß –, und bald darauf noch eine, die rosa und weiß war und ‘Painted Lady’ genannt wurde.

Am Hügel sitzt sie, wo von kühlen Reben
Ein Dach sich wölbt durchrankt von bunter Wicke,
Im Abendhimmel ruhen ihre Blicke,
Wo goldne Pfeile durch die Dämmrung schweben.

Clemens Brentano, »Annonciatens Bild«, 1801

Die neuen »süß duftenden Erbsen« machten die Runde: »16. April. Säte im Garten am Rand des Pflasterwegs Gartenfuchsschwanz, 'Painted Lady', Rittersporn, Strauchlupine und Klatschmohn«, schrieb 1752 Gilbert White, der Pfarrer von Selborne in Hampshire, in sein Küchengarten-Tagebuch.

1793 veröffentlichte ein Samenhändler in der Londoner Fleet Street die erste Angebotsliste mit Duftwicken. Sie enthielt fünf Varietäten: die ursprüngliche in zwei Lilatönen, die weiße Spielart, die rosaweiße 'Painted Lady' und eine braunrot blühende Unterart. Gärtner arbeiteten mit eigenen Zusammenstellungen und versuchten sich mit neuen Mutationen, um mittels Kreuzbefruchtung weiterzüchten zu können: »Blüten werden von Hand mit Pollen einer anderen Varietät fremdbestäubt, wozu man einen Kamelhaarpinsel, einen Kaninchenschwanz am Stock oder eine Pinzette verwendet, die das Staubblatt hält«, erklärte ein Gartenhandbuch.

Essbare Erbse
Die Duftwicke oder Platterbse ist nicht essbar, sondern – in größeren Mengen genossen – giftig. Deshalb wird eine andere Art aus der Familie der *Fabaceae*, die Gartenerbse *(Pisum sativum)*, für den Verzehr angebaut.

Inzwischen hatte der Schotte Henry Eckford mit der Duftwicke zu experimentieren begonnen und 115 neue Varietäten hervorgebracht. Dieser Gärtner, der zuvor auf verschiedenen großen Gütern gearbeitet und für den Grafen von Radnor in Wiltshire Pelargonien und Dahlien gezüchtet hatte, erhielt eine Auszeichnung erster Klasse der Royal Horticultural Society in London für seine Duftwicke 'Bronze Prince'. Eckford machte sich anschließend mit einer eigenen Gärtnerei in Shropshire in England selbstständig, von wo aus er Duftwickensamen in alle Welt verschickte, vor allem nach Amerika. Die Duftwicke hatte noch eine weitere Überraschung zu bieten. Um 1900 entdeckten unabhängig voneinander ein Lebensmittelhändler, ein Gärtner und ein Adliger eine seltsame neue Spielart von Eckfords muschelrosanen Duftwicken, die 'Prima Donna'. Ihr schrilles Rosa und ihre rüschenartigen Ränder veranlassten alle drei Männer, der neuen Varietät eigene Namen zu geben, doch war es Silas Cole, der Gärtner von Althorpe Park, dem Stammsitz der Familie Spencer und somit der späteren Prinzessin Diana, dessen Namengebung bestehen blieb: 'Countess Spencer'.

Lebenssamen

✦

Das Samenkorn stellt das wichtigste Instrument dar, das sich die Evolution der Pflanzen geschaffen hat. Der Samen ist in eine Schutzhülle verpackt und kann durch die Luft, im Wasser, im Fell von Tieren oder im Gedärm von Vögeln befördert werden und zu neuem Leben erwachen, wenn die Bedingungen günstig sind. Jeder Samen ist ein Embryo und enthält die erforderliche DNA, um die Ursprungspflanze wiedererstehen zu lassen.

Die Geburt der Genetik

Mit was sich alle diese Gärtner – von Pater Cupani bis Silas Code – betätigten, um durch Auslese und Züchtung mit ihren Lieblingsblumen groß herauszukommen, waren eher oberflächliche Spielereien auf dem noch wenig bekannten Feld der Vererbungslehre oder Genetik. Die Wissenschaft der Selektion erforderte genaueste Studien an Pflanzen und Tieren, was Amateurforschern wie Hochwürden Gilbert White sehr wohl bewusst war. Wie er seinem Freund Thomas Pennant im August 1771 schrieb, sorgte er sich darum, wer befähigt wäre, die Aufgaben der »Faunisten« (so nannte er seine Zunft) weiterzuverfolgen, und wer nicht: »Faunisten sind, wie Du weißt, zu gründlich, um sich mit bloßen Beschreibungen und ein paar Synonymen zufriedenzugeben«, schrieb er. Der Grund lag auf der Hand: »Die Erforschung des Lebens und das Studium der Tiere ist mühsamer und schwieriger und kann nur von Tätigen und Wissbegierigen hierzulande geleistet werden. Fremde Systeme«, so schloss er, »sind zweifelhaft und zu ungenau in ihren Unterscheidungen.«

Whites Behauptung, dass »Fremde« nicht der Aufgabe eines angemessenen Studiums der Pflanzen gewachsen seien, übersah die Leistung von Andrea Cesalpino. Dieser hatte an der Universität Pisa Botanik studiert und 1583 *De Plantis Libri XVI* mit einem Beitrag über die Klassifizierung der Pflanzen nach ihren Fortpflanzungsorganen veröffentlicht. Abermals widerlegt wurde White durch den in Schlesien geborenen, seit 1843 dem Kloster St. Thomas in Brünn angehörenden Augustinermönch Johann (Ordensname Gregor) Mendel. Das Kloster war in vieler Hinsicht eher eine Universität, und die Mönche wurden angeregt, ihre eigenen akademischen Ziele zu verfolgen, zu forschen und zu lehren. Gregor Mendel tat dies gewissenhaft. Da er bäuerlicher Herkunft war, interessierte ihn besonders die Auslese bei Pflanzen und Tieren – wie etwa die Züchtung von Hühnern zu Veränderung, Anpassung und einer Nachkommenschaft führt, die bessere Eier legt als andere und doch im Wesentlichen ein Huhn bleibt.

Ererbte Eigenschaften
An der Gartenerbse *(Pisum sativum)* beobachtete Mendel, dass reinrassige Pflanzen Nachkommen mit konstanten Eigenschaften hatten, während jene von Hybriden variierten.

Mendel begann mit Mäusen zu arbeiten, doch als ein Bischof, der das Kloster besuchte, den Gestank der Nager in Mendels Unterkunft beanstandete, wandte sich der Mönch der nahen Verwandten der Duftwicke zu: *P. sativum*, der Erbse. *Pisum* und *Lathyrus* sind Arten innerhalb der Familie der Schmetterlingsblütler *(Fabaceae)* in der Ordnung der *Leguminosae* (Hülsenfrüchte) und unterscheiden sich nur in ihren Stempeln und Staubblättern. *P. sativum* konnte unverändert weitergezüchtet werden, grüne Erbsen bringen grüne Erbsen hervor, gelbe Erbsen gelbe. Allmählich erkannte Mendel, dass Eigenschaften unabhängig voneinander paarweise von jedem Elternteil vererbt werden. Er legte seine Entdeckungen in einem wissenschaftlichen Artikel dar – sechs Jahre nachdem Charles Darwin 1859 *Die Entstehung der Arten* veröffentlicht hatte. Darwin wollte zeigen, dass sich Pflanzen und Tiere im Lauf der Zeit verändern und dass die natürliche Auslese das Überleben dessen fördern, der am besten an seine Umwelt angepasst ist. Sein Buch löste einen Sturm der Entrüstung aus, weil es nahelegte, dass auch der Mensch Teil der Evolution ist – und nicht die Krone der Schöpfung, die ein gütiger Gott zum Herrn des Universums gemacht hatte. Während Darwins Feststellungen hitzige Debatten provozierten, blieb Mendels Werk unbeachtet. Der schweizerische Botaniker Carl von Nägeli gab Mendel den unsinnigen Rat, er müsse mehr Forschungsarbeit betreiben, denn seine Feststellungen seien unvollständig.

Mendel sank mit der demütigen Einsicht ins Grab, dass seine wissenschaftliche Lebensarbeit nichts wert und ihm die Anerkennung, die er sich gewünscht hatte, versagt geblieben war. Viele seiner Schriften wurden vernichtet. Schließlich waren es ein Schüler Nägelis, der deutsche Botaniker und Genetiker Carl Correns, und zwei andere Wissenschaftler (siehe Kasten), die Mendels richtungweisende Ergebnisse nach dessen Tod wiederentdeckten. Ihnen blieb es vorbehalten, der Welt die wahre Bedeutung der Forschungsarbeit des Mönches mit *P. sativum* vor Augen zu führen.

Gregor Mendel
Nachdem die führenden Wissenschaftler seiner Zeit die Bedeutung seiner Forschungsergebnisse nicht erkannten, zog sich Mendel ins klösterliche Leben zurück und wurde 1868 Abt.

Mendels Bewunderer

✦

Drei Botaniker entdeckten etwa gleichzeitig Mendels Werk: der Deutsche Carl Correns, der Österreicher Erich Tschermak von Seysenegg und der Holländer Hugo Marie de Vries. De Vries hatte zunächst selbst an einer Vererbungstheorie gearbeitet, ohne zu wissen, dass Mendel mit seinen Erbsen das Werk bereits vollbracht hatte. Den Begriff »Genetik« prägte der britische Wissenschaftler William Bateson, nachdem er voller Bewunderung Mendels Schriften gelesen hatte.

Lavendel

Lavandula spp.

Ursprungsgebiet: Mittelmeerraum, Kanaren, Nordafrika, Naher Osten, Indien

Typus: immergrüner, mehrjähriger Strauch

Höhe: bis 2 m

✦ Nahrung
✦ ***Heilmittel***
✦ ***Handelsware***
✦ ***Werkstoff***

Als echte Mittelmeerpflanze, die selbst zwischen heißem Fels und auf den dünnen Böden der provenzalischen Macchia wurzelt, geriet der Lavendel zur klassischen Zierde der heimischen Gärten. Von den Römern als »die zum Waschen *(lavare)* Geeignete« benannt, wurde die Pflanze auch zu einem großen Gewinn für die Parfümindustrie.

Feuerpflanze

Wenn man die Stängel unmittelbar vor der Blüte schneidet und unter der Sonne trocknet, wird das natürliche Duftaroma der Pflanze darin festgehalten. Der Name »Lavendel« rührt von der Gewohnheit der Römer her, duftende Lavendelbündel ins häusliche Badewasser zu tauchen.

Obwohl man den Lavendel mit einem trägen, schweren Dufterlebnis verbindet, ist er doch eine Feuerpflanze. Bestimmte mediterrane Arten sind – ähnlich wie der australische Eukalyptus (siehe Seite 76) – so voll mit ätherischen Ölen, dass sie in der Sommerhitze spontan Feuer fangen und Buschfeuer auslösen. Erst nach einem solchen Brand keimen die Samen dieser Arten. Deshalb haben berufsmäßige Gärtner ein »Rauchwasser« entwickelt, um das Keimen der Samen in den Gärtnereien zu fördern.

In vielen Teilen des Gartens stehen Lavendelhecken unterschiedlichen Alters. Ableger schneidet man von Pflanzen, die nicht älter als vier oder fünf Jahre sind. Damit die Sträucher ein schönes Bild ergeben, müssen sie aber viel älter sein.
Gertrude Jekyll, *Colour Schemes for the Flower Garden*, 1914

Außer in den Wurzeln ist Lavendelöl auch in allen anderen Teilen der silberblättrigen, weiß und blau blühenden Pflanzen aus der Familie der Lippenblütler *(Lamiaceae)* enthalten. Die langen, dünnen Blätter und die natürlichen Öle geben der Pflanze den nötigen Schutz, um in der Wildnis zu überleben, gegen Hochsommerdürre und die meisten Weidetiere gewappnet zu sein und doch mit ihrem berauschenden Duft bestäubende Insekten anzulocken. Bienen, die diese Blüten anfliegen, erzeugen den kräftigen, vollaromatischen Lavendelhonig.

Der Ruf des Lavendels als Heilpflanze findet sich bestätigt, seit es die ersten Aufzeichnungen über Kräuter gibt. In allen Kulturen – von den alten Ägyptern über Griechen und Römer bis zu den Arabern – wurde Lavendel zu medizinischen Zwecken genutzt. Üblicherweise pflanzte man ihn nahe sanitären

Anlagen und streute ihn auf Böden aus, um die Luft zu verbessern; auch als Insektenschutz bewährte er sich. Im 12. Jahrhundert erkannte Hildegard von Bingen seine Wirkung gegen Flöhe und Kopfläuse, während Dioskurides 77 n. Chr. in seiner Arzneimittellehre *De materia medica* seine Heilkräfte bei der Behandlung von Verbrennungen und Wunden beschrieben hatte. Von römischen Zeiten bis auf die blutigen Schlachtfelder des Ersten Weltkriegs – stets war der Lavendel hilfreich.

Weltweiter Anbau
Lavendel wird stets mit der Provence in Verbindung gebracht, aber heute baut man ihn in vielen Gegenden kommerziell an, so etwa auf Tasmanien und – hier im Bild – im nordjapanischen Nakafurano.

Culpeper warnte jedoch in seinem *Complete Herbal* (1653): »Das aus dem Lavendel gewonnene chemische Öl, für gewöhnlich Speiköl genannt, ist von so heftiger, durchdringender Beschaffenheit, dass es nur mit Vorsicht zu verwenden ist.« Aber auch er bestätigte die Heilwirkung des Lavendels bei »Fallsucht, Wassersucht, Trägheit, Krämpfen, Zuckungen, Lähmungen und häufigen Ohnmachten« sowie einem Dutzend weiterer Krankheiten, darunter Stimmverlust. Vier während einer Pestepidemie in Marseille verhaftete Grabräuber, die Leichen geplündert hatten, behaupteten, dem Trank, der sie vor Ansteckung schützen sollte, Lavendel beigemischt zu haben. Dieses Mittel, das auch Rosmarin, Nelkenöl und Essigdestillat enthielt, trug fortan den Namen »Essig der vier Diebe«.

Doch war es vor allem die Welt des Parfüms, in der dem Lavendel eine bedeutende Rolle zufiel. 1709 fügte der italienische Parfümeur Giovanni Maria Farina eine raffinierte Lavendelmischung jenem Parfüm bei, das er nach seiner neuen Heimat Köln *Eau de Cologne* nannte. Farina, beziehungsweise dessen Nachfolger, verkaufte das vielfach kopierte Kölnischwasser bis ins 21. Jahrhundert und verwendete die Hausnummer des Stammgeschäfts als Markenzeichen: 4711. Die Parfümindustrie zog es jedoch in jenen Teil Europas, der für seine blauen Lavendelfelder berühmt ist: die Provence.

Natürliche Duftstoffe wurden bei den alten Griechen und Römern verbrannt, um die Luft mit Wohlgerüchen zu erfüllen (das lateinische *perfumare* bedeutet »durchräuchern«). Später wurden sie durch synthetische Parfüms verdrängt, die aber nie an die Qualität des ätherischen Öls heranreichten – des Lavendelöls.

Der Duft des Erfolgs

✦

Jede der etwa 28 Arten des Lavendels liefert unterschiedliche Mengen und Qualitäten von Lavendelöl. Die Kunst der Parfümhersteller besteht im Gelingen der vollkommenen Mischung. *Lavandula angustifolia*, der Echte Lavendel, gedeiht am besten in Höhen von 800 bis 1300 Metern. *L. latifolia* wächst in niedrigeren Lagen und ergibt die dreifache Menge Öl, das aber von geringer Qualität ist. Die Kreuzung von *L. angustifolia* und *L. latifolia*, *Lavandula* × *intermedia*, kann auch in niedrigeren Höhen angebaut werden und liefert noch mehr Öl von geringer Qualität.

Wildapfel

Malus pumila

Ursprungsgebiet: Zentralasien, Kaukasus, Himalajaregionen von Indien, Pakistan, China

Typus: Baum

Höhe: bis 7,50 m

In einen wildwachsenden Zwerg- oder Holzapfel würde keiner so gern beißen, einen Platz in der Weltgeschichte des Gartenbaus hat er jedoch verdient. Er ist die Mutterpflanze des Gartenapfels und stand der Legende nach Pate bei der Entdeckung des Gravitationsgesetzes durch Isaac Newton. Warum diese Frucht Gegenstand so vieler Mythen und Legenden ist, bleibt ein Rätsel, aber die wirtschaftliche Bedeutung des kompakten kleinen Proviantpakets steht außer Zweifel.

- ✦ ***Nahrung***
- ✦ Heilmittel
- ✦ ***Handelsware***
- ✦ Werkstoff

Eine mythische Frucht

Als vor 1500 Jahren ein Markthändler im kasachischen Alma-Ata (heute Almaty) erstmals einen Sack mit Baumsämlingen in sein Angebot aufnahm, beäugten seine Nachbarn befremdet, was er da wohl verkaufte. Üblicherweise handelte man hier mit Schafsköpfen, lebenden Hühnern und Körben voll wilder Äpfel, Walnüssen und Aprikosen aus den nahen Wäldern, die man den bedrohlich aussehenden Nomaden feilbot, die die Seidenstraße (siehe Seite 130) entlangzogen. Aber die Idee, junge Bäume zu verkaufen, die auch aus den Wäldern der Umgebung stammten, kam wohl gut an bei den fremden Händlern, die mit Satteltaschen voller Gewürze, Packen von Papier, Kisten mit Porzellan und gelegentlich einem Gefolge unglücklicher Sklaven hier auftauchten. Es waren harte Burschen, die mit ihren Karawanen ostwärts nach Afghanistan, Indien und China, westwärts nach Astrachan, in die Türkei und weiter nach Europa zogen. Bald wurde Alma-Ata zum »Vater der Äpfel«.

Das ist zumindest eine Erklärung für die Verbreitung des Apfels vom westlichen Asien aus über die ganze Welt. Aber der Apfel ist eine geheimnisvolle Frucht – man höre sich nur seine verschiedenen Namen an: *aplu* (germanisch), *apel* (krimgotisch), *apful* (althochdeutsch), *ubull* (altirisch), *óbalas* (litauisch) ... Die alten Griechen sagten *mailea* (neugriechisch: μηλο), die Römer *malus*, die alten Basken *sagara*.

Letzteres veranlasste den Historiker Alphonse de Candolle zu der Vermutung, dass der

Apfel eine viel ältere Herkunft haben müsste, nämlich bei den Kelten. Zu der Zeit, als Rom im Begriff war, die Supermacht Westeuropas zu werden, wanderten die Kelten von ihrer Stammheimat in Osteuropa, also den Ländern des Wildapfels, nach West- und Südeuropa. Obwohl die Kelten gern romantisiert werden, waren sie doch genauso roh wie alle autark wirtschaftenden Stämme jener Zeit. Ihre Geschichte hielten sie in Dichtungen, Erzählungen und Legenden fest. Eine den Apfel betreffende Geschichte ist die von Merlin. Die Sagen vom wilden Zauberer mit Stab und braunem Gewand werden bis heute in den keltisch geprägten Kulturen von Wales und der Bretagne, Galiciens, Irlands und im Westen Schottlands mündlich weitergegeben.

Keltische Frucht
»Die prähistorischen Gebiete, aus denen der Apfel stammt, erstreckten sich vom Kaspischen Meer bis fast nach Europa«, erklärte Alphonse de Candolle (1806–1893) von der Universität Genf, der den Ursprung des Apfels bei den Kelten und Teutonen suchte.

In einem Gedicht aus dem 6. Jahrhundert über »Merlin den Kaledonier« finden wir unsere alten Apfelbäume:

... was Merlin zu sehen bekam, bevor er alt wurde, nämlich hundertsiebenundvierzig Jahre, waren köstliche Apfelbäume gleichen Alters, gleicher Höhe und Größe, die aus der Gnade erwuchsen. Sie werden von einer Jungfrau mit lockigem Haar bewacht.

Eine andere Sage der Kelten, die nahelegt, dass sie die ersten Obstbauern waren, handelt vom keltischen Heiligen Brieuc, der Apfelgärten in der Bretagne zu pflanzen begann, nachdem er von den kriegerischen Sachsen aus dem Westen Englands vertrieben worden war. Im *Dwll Gwnedd*, dem alten walisischen Gesetzeswerk, findet sich eine Preisregelung für Apfelbäume: »... eine Erhöhung um jeweils zwei Pence erfolgt jedes Jahr, bis der Baum Früchte trägt, und dann ist sein Wert sechzig Pence und entspricht dem eines Kuhkalbs.«

Der Apfel kommt auch in griechischen und römischen Sagen vor. Atalanta, der Wildfang der griechischen Mythologie, war die ungeliebte Tochter von Iasos von Arkadien, wurde im Gebirge ausgesetzt und wuchs unter Jägern auf. Annäherungsversuche von Freiern wies sie zurück. Wer um ihre Hand anhielt, musste in einem Wettlauf gegen sie antreten: Nackt – nur sie trug ein durchsichtiges Gewand. Verlor der Möchtegern-Liebhaber, war er des Todes. Dann erbarmte sich die Göttin Aphrodite eines neuen Freiers und riet ihm, drei

Erdäpfel

✦

Der Apfel ist so selbstverständlich im Bewusstsein der europäischen Kulturvölker gegenwärtig, dass sie auch andere Dinge nach ihm benannten. So werden die viel später »eingewanderten« Kartoffeln auf Deutsch auch als »Erdäpfel« bezeichnet – genau wie es die Franzosen mit ihren *pommes de terre* halten. Ein anderer »Erdapfel« war der erste Globus, den der Nürnberger Martin Behaim 1492 schuf. Der Apfel war im Mittelalter die geläufigste Metapher für die Erde, auch in Form des Reichsapfels als Insignie des Kaisers. Behaim nahm also eine geläufige Begrifflichkeit auf, wenn er seinen Globus »Erdapfel« nannte. Sein Globus ist heute im Germanischen Nationalmuseum in Nürnberg zu sehen.

goldene Äpfel auf der Bahn fallen zu lassen. Sie lenkten Atalantas Aufmerksamkeit ab, der Bewerber gewann das Rennen und ihre Hand.

Auch in der elften Aufgabe des Herakles spielt der Apfel eine Rolle. Im Garten der Hesperiden, dreier Nymphen, stand ein Baum mit goldenen Früchten, die ein Drache bewachte. Herkules fand den Garten und ließ die goldenen Äpfel rauben. Die Göttin Athene, auf deren Altar er sie ablegte, brachte sie jedoch in den Garten zurück, wo sie wieder ihre ursprüngliche Schönheit erlangten.

Magie und Mythos
Nach der griechischen Sage warf die Göttin der Zwietracht einen Apfel mit der Aufschrift »der Schönsten« unter die Gäste einer Hochzeit, wodurch es zum Streit zwischen Hera, Athene und Aphrodite kam. Paris erkannte ihn Aphrodite zu – sein Urteil führte zum Trojanischen Krieg.

Der Apfel begleitet die Geschichte der Menschen seit Adam und Eva – auch wenn die »verbotene (oder böse) Frucht« im Garten Eden vielleicht nur deshalb ein Apfel ist, weil das *malus* im lateinischen Bibeltext sowohl »böse« als auch »Apfelbaum« bedeuten kann. In der geheimnisvollen keltischen Sage vom nebelverhüllten Avalon ist diese Insel mit dem Namen »Apfelgarten« das irdische Paradies im westlichen Meer, wohin der edle Herrscher der Tafelrunde, König Artus, nach seinem Tod gelangt und von wo er zurückkehren wird, um alle künftigen Invasoren Britanniens zu besiegen. Doch als die Normannen 1066 tatsächlich an Englands Küsten landeten, brachten sie neue Apfelsorten und Methoden des Obstanbaus mit – und als besondere Neuheit: *cidre*, Apfelmost. Die Römer hatten ja bereits Pomona, die Göttin der Baumfrüchte, nach Gallien (Frankreich) importiert, wo sie im kühleren Klima Bacchus, dem Gott der Weinreben, den Rang streitig machte.

In England war *cider* ein steuerpflichtiges Gut, und aus alten Steuerakten geht hervor, dass im 14. Jahrhundert im größten Teil Südenglands dieser Apfelmost gekeltert wurde. In den folgenden sechs Jahrhunderten war er ein Standardgetränk dieser Gegend. *Cider* war gleichwohl kein Nebenprodukt des Apfelanbaus, sondern dessen Hauptzweck. Folgender Bericht des Obstbauern Stan Morris aus Bucknell in Shropshire stammt aus den 1980er Jahren:

Cider gemacht, hat den größten Teil der Woche gebraucht. Zwischen Oktober und Weihnachten ist Zeit fürs Cidermachen. Die Pferde haben die Äpfel in einer transportablen Presse gequetscht, die am Fluss aufgestellt war. Der Platz ist gut, man hat dort das Flusswasser. Da waren jedes Jahr an die zehn oder ein Dutzend, die hier ihren Cider machten.

Morris beschreibt weiter, wie er den gepressten Apfelmost – einen Saft, der für seine heftige abführende Wirkung bekannt war – in Fässer füllte und abwartete, bis natürliche Hefen die Fermentierung in Gang setzten:

Man konnte sehen, wie er gor, und fügte ein paar Tropfen Wasser hinzu … Wir pflegten unsere Fässer von einer Firma zu kaufen, die auch Rum führte, und da war natürlich immer noch ein kleiner Rest Rum darin! Zu Hause in unserem Ciderschuppen hatten wir ein, zwei Fässer mit etwa 550 Litern stehen, meistens zwei mit 450 Litern und zwei oder drei mit 220 oder 270 Litern.

2800 Liter Cider im Jahr – über 50 Liter pro Woche – in einem durchschnittlichen Haushalt von sechs Personen und ebenso vielen Arbeitern unterstreichen die Bedeutung dieses Getränks im ländlichen England. Und dass der regelmäßige tägliche Verzehr eines Apfels den Besuch des Arztes überflüssig macht, reimen die Briten bekanntlich seit eh und je: »An apple a day keeps the doctor away.«

Berühmte Äpfel

Mitte des 18. Jahrhunderts war der Apfelbaum – und der Apfelmost – rund um die Erde gereist. Thomas Smith, ein Landarbeiter, der mit seiner Frau Maria und ihren fünf Kindern von England ausgewandert war, ließ sich im australischen Neusüdwales nieder und baute dort Orangen, Pfirsiche, Nektarinen und schätzungsweise 1000 verschiedene Apfelsorten an. Nach Marias Tod im Jahr 1870 wurde eine besonders gelungene Züchtung auf der Landwirtschaftsschau von Castle Hill als »Smiths Sämling« ausgestellt. Daraus wurde (zum Gedenken an Maria) der berühmte »Granny Smith« (Oma Smith).

Auch in Amerika entwickelte man neue Züchtungen. Weil man anfangs Apfelkerne und keine jungen Bäume nach Nordamerika brachte, entstand dort aus

Veräppelt?

✦

Nicht alle Geschichten, die sich um den Apfel drehen, müssen auch wahr sein. Zwar wurden großartige Dramen und Opern – Schillers und Rossinis *Wilhelm Tell* – darum herum aufgebaut, aber den Bogenschuss des Schweizer Freiheitshelden auf den Apfel auf dem Kopf seines eigenen Sohnes hat es so nie gegeben. Auch die Geschichte, dass der Mathematiker Isaac Newton (1642–1727) in seinem Garten von Woolsthorpe Manor in Lincolnshire sitzend über das Gravitationsgesetz nachgedacht und angesichts eines reifen Apfels, der vom Baum zu Boden fiel, das entscheidende Aha-Erlebnis gehabt habe, gehört vermutlich ins Reich der Legende.

Erfolgsgeschichte Der »Granny Smith«, den die Familie Smith im australischen Neusüdwales anbaute, wurde im 20. Jahrhundert einer der beliebtesten Speiseäpfel.

»Herr Apfelkern«
Der Gärtner, Ökopionier und Prediger John Chapman, besser bekannt als »Johnny Appleseed«, führte seine Apfelsämlinge in die US-Staaten Indiana, Illinois und Ohio ein.

dieser Abstammung eine größere genetische Vielfalt. Ein Captain Simpson, so heißt es, soll aus dem Kern eines Apfels, den er bei seiner Abschiedsfeier in England gegessen hatte, 1824 einen der ersten Apfelbäume im Staat Washington gezogen haben. Henderson Luelling machte sich von Iowa aus mit einer Wagenladung Apfelbäume auf den Weg nach Westen und landete im Staat Washington, wo ein anderer Mann aus Iowa, William Meek, bereits große Obstgärten anlegte, die diesen Staat zum größten Apfelanbaugebiet der USA machten. Als dann die Eisenbahn gebaut wurde, konnten Äpfel quer über den ganzen Kontinent befördert werden.

Luelling und Meek erhielten Unterstützung von dem etwas seltsamen John Chapman, einem umherziehenden Apfelbauern und Prediger, der sich die Apfelkerne kostenlos aus den Apfelmostkellereien holte. Er legte Apfelgärten überall in Ohio, Indiana und Illinois an und wurde später als »Johnny Appleseed« (Apfelkern) bekannt und besungen.

Reiche Ernte
Ein herkömmlicher Apfelbaum kann etwa 30 Äpfel im Jahr tragen, während kommerziell gezüchtete Sorten bis zu 300 Äpfel liefern.

1870 gelang es Jesse Hiatt, einem Quäker und Farmer, aus dem Wurzelstock eines eigentlich abgestorbenen Sämlings eine rotbäckige Apfelsorte zu züchten, die er »Hawkeye« (Adlerauge) nannte. Einige Jahre später reichte Hiatt seinen »Hawkeye« bei einem Wettbewerb ein, und den versammelten Juroren kam nur ein Wort über die Lippen: »delicious« (köstlich). Mit dem »Delicious« war eine Apfelsorte geboren, die sich weltweit verbreitete.

Voller Apfel ...
Wagt zu sagen, was ihr Apfel nennt.
Diese Süße, die sich erst verdichtet,
um, im Schmecken leise aufgerichtet,
klar zu werden, wach und transparent,
doppeldeutig, sonnig, erdig, hiesig –:
O Erfahrung, Fühlung, Freude – riesig!

Rainer Maria Rilke, »Sonette an Orpheus« I/XIII, 1923

Ein globaler Markt

Der Apfelanbau in Amerika erlebte mit dem Ende des Zweiten Weltkriegs einen enormen Aufschwung. In Europa hatten die Obstgärten und -plantagen schlimm unter dem Kriegsgeschehen gelitten; die USA füllten die Lücke und verschifften kleinere Früchte, die die amerikanischen Verbraucher nicht annahmen, nach Europa. In den 1990er Jahren trug schließlich das Obstanbauprogramm Chinas Früchte. Zunächst hatte sich China bei Fruchtsäften die weltweite Spitzenposition gesichert, am Ende des 20. Jahrhunderts überflügelte es Europa, Indien und Amerika auch als Exportland von Äpfeln. Die Apfelproduzenten außerhalb Chinas beschwerten sich darüber, dass China mit seinen Billiglöhnen die Preise auf ihren heimischen Märkten unterböte, und reagierten darauf, indem sie Saison- und Wanderarbeiter aus Osteuropa oder – in den USA – aus Lateinamerika für die Erntearbeiten ins Land holten. Umweltschützer forderten, dass in einem gut funktionierenden Markt die Bauern ihre Arbeitskräfte aus der Region holen, mit ortsüblichen Löhnen bezahlen und die Preise an die Verbraucher weitergeben sollten. Aber die Obstbauern wussten nur zu gut, dass die Großabnehmer – die Handelsketten der Supermärkte – dann die Produkte anderswo einkaufen würden.

Zwar heißt es bekanntlich, »der Apfel fällt nicht weit vom Stamm«. Aber leider finden sich seit 2008 auf der Roten Liste der am stärksten vom Aussterben bedrohten wildwachsenden Baumarten auch Apfelbäume. Die Organisation Global Trees Campaign listet in dieser Übersicht für Zentralasien, wo in den vergangenen 50 Jahren 90 Prozent des Primärwalds verschwunden sind, an oberster und gefährdetster Stelle die Urformen *Malus niedzwetzkyana* und *M. sieversii* auf – jene Ahnen also, die einst die genetischen Wurzeln aller modernen Garten- und Kulturapfelsorten geliefert hatten …

Erfolgssymbol

✦

Was haben ein Computergigant, New York, und die Beatles gemeinsam? Sie wählten den Apfel als Erfolgssymbol. Der angebissene Apfel auf den Apple-Produkten ist die Ikone eines weltweiten Siegeszugs. Wieso ist New York der »Big Apple«? Dafür gibt es viele Erklärungen, so auch diese: Auf dem Baum des Erfolgs hängen viele Äpfel, aber wenn du New York pflückst, dann hast du den größten von allen. Und als die vier Musiker aus Liverpool 1968 mit »Hey Jude« den größten ihrer vielen Hits landeten, trug die Single das Bild eines Granny-Smith-Apfels.

Paul Gauguin
Der Apfel, die in den gemäßigten Regionen der Erde am meisten angebaute Frucht, inspirierte mit seiner Vitalität auch Maler wie Paul Gaugin.

Weiße Maulbeere

Morus alba

Ursprungsgebiet: China und Japan

Typus: laubabwerfender Strauch oder Baum

Höhe: bis 15 m

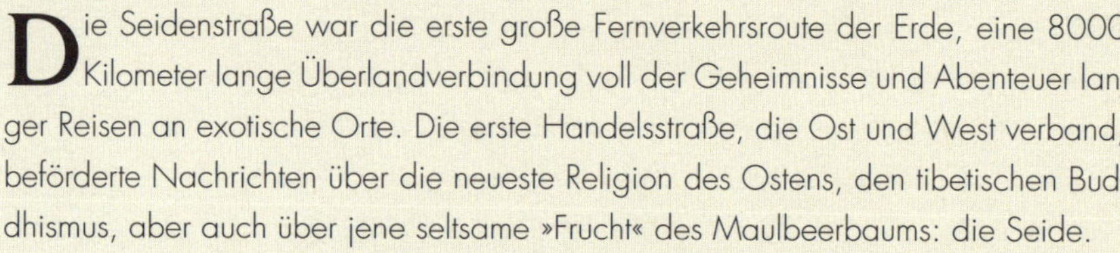

Die Seidenstraße war die erste große Fernverkehrsroute der Erde, eine 8000 Kilometer lange Überlandverbindung voll der Geheimnisse und Abenteuer langer Reisen an exotische Orte. Die erste Handelsstraße, die Ost und West verband, beförderte Nachrichten über die neueste Religion des Ostens, den tibetischen Buddhismus, aber auch über jene seltsame »Frucht« des Maulbeerbaums: die Seide.

✦ Nahrung
✦ Heilmittel
✦ ***Handelsware***
✦ Werkstoff

Seidene Geschenke

Bei der Seidenstraße handelte es sich nicht – wie man meinen möchte – um eine einzige, feste Reiseroute, sondern um ein Netz aus vielen Karawanenstraßen, das im Lauf von tausend oder mehr Jahren entstand und von China nach Europa führte. Der Name »Seidenstraße« wurde im späten 19. Jahrhundert von dem deutschen Geografen Ferdinand von Richthofen geprägt, weil auf dieser Route eine der wichtigsten Waren Chinas, die Seide, schon in vorchristlicher Zeit nach Westen befördert wurde. Der östlichste Ausgangspunkt war Siam, das heutige Thailand, dann führte die Route über China um die Gobi herum nach Turkestan. Ein später entstandener südlicher Pfad begann in Kalkutta und verlief am Ganges entlang hinauf in den Süden des Himalaja und in die Berge Pakistans und Afghanistans. Während die nördlichen Routen durch Kasachstan und Armenien führten, zog man auf den südlichen durch Iran, Irak und Syrien, bevor man die vergleichsweise sicheren Städte Alexandria, Konstantinopel, Athen, Genua und Venedig erreichte.

Die Seidenstraße war alles andere als sicher. Einige der frühesten Routen entstanden während der Han-Dynastie (202 v. Chr. – 220 n. Chr.) des chinesischen Reiches, in dem die Bauern und Händler von Überfällen des Nomadenvolks der Xiongnu heimgesucht wurden. Die wilden Reiterhorden der Xiongnu bedrängten die Chinesen

Wir tanzen rund um den Maulbeerbaum
So früh am Sonntagmorgen.

Aus einem Volkslied

so sehr, dass diese Delegationen zu ihren Nachbarn aussandten, um Bündnisse gegen sie zu schmieden. Das gelang manchmal, oft aber auch nicht. Die Delegationen führten Geschenke mit, um die Nachbarn günstig zu stimmen: Prinzessinnen, Gold und Seide. Die Geschenke verschlangen bisweilen fast ein Drittel der kaiserlichen Staatseinnahmen, und die Wirtschaft des Reiches wäre ausgeblutet, hätte sich nicht aus dem Verschenken von Seide der Seidenhandel entwickelt.

HEFTIGES FEILSCHEN
Händler schachern auf einem Markt in Antiochia um den Preis für Seidenraupen-Kokons (um 1895). Der heute verlassene Seehafen in der Türkei lag an der von China kommenden Seidenstraße.

Die Chinesen beherrschten die Kunst der Seidenherstellung schon seit vielen Jahren: Man hat Seidenreste gefunden, die gut und gerne über 4000 Jahre alt sind. Grundvoraussetzung für die Seide ist der in China heimische Weiße Maulbeerbaum, der von Möbelschreinern und Instrumentenbauern wegen seines harten Holzes geschätzt wurde. Die dicken, breiten Blätter des Maulbeerbaums wiederum sind die Lieblingsspeise der Raupen des Seidenspinners *(Bombyx mori)*, eines Schmetterlings. In China war es üblich, zunächst einen kräftigen wilden Maulbeerbaum zu pflanzen und dann einen gezüchteten Spross auf den alten Wurzelstock aufzupfropfen. Nach fünf Jahren konnte man die Blätter ernten, fein schneiden und an die Seidenraupen verfüttern.

Zunächst wurden die Eier von *B. mori* sorgsam gelagert und versorgt, um in größeren Mengen gleichzeitig ausgebrütet zu werden. Die geschlüpften Raupen legte man dann auf eine Schicht gehäckseltes Stroh, wo sie sich in den nächsten 35 Tagen mit Maulbeerblättern vollfressen konnten. Danach sponnen sich die Seidenraupen in ihre Kokons ein. Einige Raupen bewahrte man für die Nachzucht auf, den Großteil tötete man in heißem Dampf oder siedendem Wasser. Die toten Raupen wurden entnommen und die leeren Kokons behutsam abgewickelt – sie lieferten einen Seidenfaden von bis zu 1500 Meter Länge. Den Faden konnte man färben und zu einem Stoff verweben. In dem gesamten Vorgang spielte der Weiße Maulbeerbaum eine Schlüsselrolle. Für eine einzige Seidenbluse wurden etwa 4000 Kilogramm Maulbeerblätter benötigt.

Chinesische Seide – aber nicht die Kenntnis ihrer Herstellung – belebte den Handel auf der Seidenstraße ungemein. Die Kaufleute, die mit ihren Pferden, Dromedaren und sogar Elefanten gen Westen reisten, hatten außerdem Tee, Papier, Gewürze und Töpferwaren im Gepäck. Mit ihnen verbreitete sich der »neue« Glaube, der tibetische Buddhismus, während Trauben,

GESTOHLENE SAMEN

✦

Viele Geschichten wurden darum gesponnen, wie die Seidenerzeugung aus China herausgelangen konnte. Eine der gängigsten handelt von Hotan – einem buddhistischen Königreich an der Seidenstraße im heutigen China. Der König von Hotan warb um eine Braut aus dem Osten, gab ihr aber zu bedenken, dass er weder Seide noch Maulbeerbäume habe. Die Braut setzte sich über das Verbot hinweg, dass niemand Seidenraupen oder Maulbeersamen ausführen dürfe, und versteckte beides in ihrem Kopfputz, als sie die Grenze überquerte.

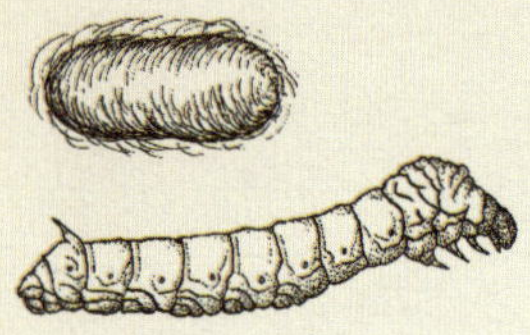

Produktiver Falter
Bombyx mori, dessen Raupen von den Blättern des Weißen Maulbeerbaums leben, sorgt bis heute für 95 Prozent der weltweit produzierten Naturseide.

Glas, Weihrauch und Luzernen (als Viehfutter) den umgekehrten Weg nach Osten nahmen. Seide blieb die wertvollste Handelsware und diente oft selbst als Währung. Ein Strang Seide und ein Pferd entsprachen bisweilen dem Wert von fünf Sklaven. Im ersten vorchristlichen Jahrhundert erreichte die Seide das Herz des Römischen Reiches. Kleine Stücke von *sericum* (von *Sērēs* = China) wurden auf Kissen oder modische Kleidungsstücke genäht.

Zarte Pflege
Frauen betreuen auf einer Decke ausgebreitete Seidenraupen und lassen Maulbeerblätter auf sie herabregnen. Farbholzschnitt von Utamaro Kitagawa (um 1800).

Der römische Naturforscher und Schriftsteller Plinius der Ältere versuchte 77 n. Chr. in seiner *Naturalis historia*, das Abernten des legendären Baumes zu beschreiben: »Die ersten Menschen, die sich damit befassten, waren die *Sērēs*, die für die Wolle ihrer Wälder berühmt sind. Sie lösen das Weiße von den Blättern ab, indem sie es mit Wasser besprühen, und dann führen ihre Frauen zweierlei Arbeiten aus, indem sie die Fäden trennen und wieder verweben.« Damit lag er natürlich nicht ganz richtig, aber die Gerüchte über die Seide trieben noch buntere Blüten. Es hieß, Seide werde aus feiner Erde gesponnen, aus den Blättern einer seltenen Wüstenpflanze, ja sogar aus einem Insekt, das immerzu fraß, bis es platzte und den ganzen Körper voller Seide freigab. Inzwischen gelangte genügend Seide nach Rom, so dass wohlhabende Bürger ganze Gewänder aus diesem Stoff tragen konnten. Bestimmte Senatoren gewöhnten es sich sogar an, nur noch Seide zu tragen. Moralphilosophen wie Seneca, Solinus und Kaiser Tiberius verurteilten diese dekadenten und »schändlichen« Gewohnheiten, die laut Tiberius »den Unterschied zwischen Männern und Frauen verwischen«.

Allmählich sickerten jedoch die Kenntnisse über das Verfahren der Seidenherstellung und die maßgebliche Rolle von *Morus alba* in den Westen durch. Samen und junge Bäume der Weißen Maulbeere gelangten nach Persien und Griechenland, und Sizilien wurde zu einem Zentrum der Seidenherstellung. Ende des 15. Jahrhunderts überholte der Seehandel die alten Seidenstraßen; die Franzosen bauten ihre eigene Seidenindustrie auf und pflanzten Tausende von Maulbeerbäumen im Süden des Landes. Der englische König Jakob I. wollte das Gleiche tun, aber obwohl der Maulbeerbaum gedieh, kam die Seidenherstellung nicht in Gang. Schließlich führten die USA den Baum und das Verfahren ein. So war der Seidenbaum um den Globus gereist.

Heikle Seidenraupen

✦

Wang Zhen, ein Beamter am Hof der Yuan-Dynastie, erteilte im 14. Jahrhundert Ratschläge für das Füttern von Seidenraupen mit Maulbeerblättern. Die Raupe, schrieb der bedeutende Agronom und Erfinder, müsse nicht nur vor Gerüchen von gebratenem Fisch oder Fleisch bewahrt werden, sondern auch vor Frauen, die kürzlich entbunden haben, und vor jedermann, der Wein getrunken habe. Außerdem vertrügen die Raupen weder schmutzige Leute noch das Geräusch vom Dreschen von Reis oder feuchte oder warme Maulbeerblätter.

女織蚕手業草

Muskatnuss

Myristica fragrans

Ursprungsgebiet: tropische Inseln in Südostasien

Typus: Samen eines immergrünen Baums

Höhe: bis 2,50 m

✦ ***Nahrung***
✦ ***Heilmittel***
✦ ***Handelsware***
✦ Werkstoff

Gewürze waren begehrte Handelswaren und spielten in der Geschichte der Menschheit eine wichtige Rolle. Ihre Herkunft wurde vielfach geheim gehalten, es kam zu Protektionismus und dreistem Diebstahl. Der Kampf um den Besitz der kleinen Muskatnuss wurde besonders erbittert geführt.

Die Reise der Muskatnuss

Die Behauptung, dass Gewürze wie Muskatblüte und Muskatnuss vor allem deshalb verwendet wurden, weil sie den Geruch nicht ganz frischer Lebensmittel überlagern sollten, ist falsch. Zweifellos spielten sie einst eine wichtigere Rolle als heute, wo jeder Laden an der Ecke Fisch und Fleisch in der Kühltruhe lagern kann und die Transportwege von Obst, Kräutern und Blumen kurz geworden sind. Lavendel und der südamerikanische Zitronenstrauch *(Aloysia citridora)* dienten tatsächlich dazu, den Gestank auf den Straßen zu verdrängen, und andere, wie die Gewürznelke *(Eugenia aromatica)*, verbesserten den Atem. Aber das Geheimnis ihres Erfolgs war, dass sie die Menschen bei guter Gesundheit hielten.

An der Wirksamkeit der Muskatnuss gibt es keinen Zweifel. Die blassgelben Blüten von *Myristica fragrans* tragen faustgroße, aprikosenartige Früchte; wenn sie reif sind und platzen, geben sie die von einer Samenhülle umgebene Nuss frei. Die Hülle wird getrocknet und zermahlen und ergibt das Gewürz Muskatblüte. Auch die Nüsse trocknet man; sie werden im Ganzen verkauft oder zu einem feinen Pulver gemahlen. Im alten China verwendete man das Gewürz zur Appetitanregung und Verdauungsförderung; auch sollte es bei Schlaflosigkeit, Diarrhö und Magenverstimmung helfen, und seine wohltuenden Öle milderten Rheumabeschwerden. Muskatnuss enthält auch das toxische Myristicin, das in größeren Mengen genossen Halluzinationen auslöst. All dies trug zu dem Geheimnisvollen bei, das dieses Gewürz umgibt.

In den frühen Zeiten unserer Erde waren Pflanzen der Menschen natürliche Nahrung und blieben es seither als lebenserhaltendes Mittel und Medizin zur Wiederherstellung der Gesundheit.

John Gerard, *The Herball*, 1597

Je schwieriger es war, die Pflanze zu ermitteln, von der die Nuss stammte, desto wilder wucherten die Gerüchte. Araber und Inder, die mit dem Gewürz handelten, heizten diese Gerüchte an. Der Muskat wurde als eines jener Handelsgüter beschrieben, die man an einem leeren exotischen Strand deponierte und gegen gut verkäufliche Waren wie Metalle oder Spiegel eintauschte. Die Griechen kannten ihn nicht, die Römer kaum, aber im 6. Jahrhundert erreichte er Konstantinopel in einer Lieferung von Gewürzen. Während der nächsten sieben, acht Jahrhunderte brachten die Araber Muskat auf dem Landweg, und die Venezianer profitierten ebenso davon wie vom Pfeffer. Als der Portugiese Vasco da Gama 1497 um das Kap der Guten Hoffnung segelte, stieg Europa in den Seehandel im Indischen Ozean ein. So entdeckte man die Herkunft der Muskatnuss: die tropischen Molukken, die »Gewürzinseln«, wo Muskatnussbäume zuhauf wuchsen.

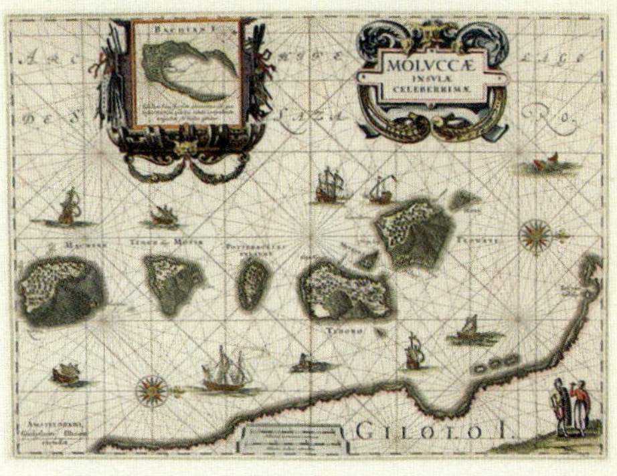

Gewürzgewinner
Willem Blaeu stellte auf seiner Karte von 1630 eine Seeschlacht zwischen Holländern und Portugiesen dar. Auf dieser ersten Karte, die die Molukken zeigte, sind die Inseln im Besitz der Sieger: der Holländer.

Der Muskathandel blieb indes nicht lange in den Händen der Portugiesen, sondern fiel bald dem ersten multinationalen Unternehmen der Welt, der niederländischen Ostindischen Kompanie, in die Hände. Im 17. Jahrhundert verdrängte diese Handelsgesellschaft die Konkurrenz und versuchte, ihre wirtschaftlichen Interessen zu sichern, indem sie alle Muskatnussbäume auf Nachbarinseln dem Erdboden gleichmachte – vergebens, weil wildlebende Tauben ständig die Samen verstreuten. Die Kompanie betrieb ihre Geschäfte wie die meisten Kolonialmächte jener Zeit – sie heuerte Söldner an, enthauptete Rivalen, holte Sklaven per Schiff heran – zum Schaden der einheimischen Bevölkerung. Ihr Monopol hielt fast zweieinhalb Jahrhunderte und wurde schließlich von dem französischen Botaniker Pierre Poivre unterlaufen, dem es gelang, genügend Samen von den Molukken zu schmuggeln, um auf Mauritius eine Plantage anzulegen. Bald verschifften auch die Briten Sämlinge nach Penang, Kalkutta, Kandy – und Kew (siehe Kasten).

Das Muskatmonopol, das erst den Inselbewohnern der Molukken zugutekam, dann den Portugiesen, Holländern und Arabern, war gebrochen. Der Muskatnussbaum konnte nun zu den anderen Crossover-Pflanzen gezählt werden (Zucker und Ingwer waren mit die ersten), die, aus ihrem Heimatboden verpflanzt, in anderen Teilen der Welt profitabel gediehen.

Muskat unterwegs

✦

»Liste der auf den Bandainseln gesammelten Muskatnusspflanzen, Dezember 1796«, stand auf dem Lieferschein, den Christopher Smith von der englischen Ostindischen Kompanie für Sir Joseph Banks in Kew Gardens ausstellte. Er führte näher aus: »Ich blieb auf diesen Inseln über 18 Monate und sammelte in dieser Zeit 64 052 Gewürznelken, Muskatnüsse und andere wertvolle Pflanzen. Ich fürchte sehr, dass der Verlust infolge der langen Reise groß sein dürfte ... weil niemand an Bord über Kenntnisse verfügt, sie richtig zu pflegen.« Smiths Sorge war unbegründet.

Tabak

Nicotiana tabacum

Ursprungsgebiet: vermutlich Bolivien und nordwestliches Argentinien

Typus: einjährige Pflanze

Höhe: bis 2,40 m

Neben der Baumwolle ist sie die wichtigste nicht für den menschlichen Verzehr bestimmte Erntepflanze – aber wo es um Streitigkeiten geht, ist *Nicotiana tabacum* konkurrenzlos. Zigarettenhersteller gaben erst spät zu, dass der Genuss dieser Pflanze zum Tod führen kann, dennoch bleibt sie ein legales und beliebtes Gift; sie galt sogar als Wunderheilmittel.

- ✦ Nahrung
- ✦ Heilmittel
- ✦ ***Handelsware***
- ✦ Werkstoff

Jahrhundertmittel

Portugal war gerade im Begriff, die Verschiffung von Sklaven aus Afrika über den Atlantik zu organisieren, und hatte eine Botschaft in der Handelsstadt Timbuktu eröffnet, als Frankreich einen neuen Botschafter nach Portugal entsandte: Jean Nicot. Als dieser von 1559 bis 1561 am portugiesischen Hof weilte, beschäftigte er sich mit einigen der fremden Pflanzen, die auf leeren Sklavenschiffen aus der Neuen Welt mitgebracht wurden. Eine davon, ein Bilsenkraut aus Peru, interessierte ihn besonders, und er verwendete es mit Erfolg für Breiumschläge zur Behandlung von Geschwüren. Außerdem sandte er Samen davon nach Paris an die Königinmutter Katharina von Medici. Das Kraut erwies sich nicht nur als nützliche Ergänzung im Medikamentenschrank des Apothekers, sondern führte auch zur Gewohnheit des Schnupfens. Die »Nikotische Sitte« bestand darin, eine Prise gemahlener Tabakblätter durch die Nase einzuschnaufen – in französischen Adelskreisen war das der letzte Schrei. Diese Mode bekam weiteren Auftrieb, als Nicolas Monardes, ein spanischer Arzt, das neue Mittel 1571 zur Behandlung von etwa 20 verbreiteten Leiden empfahl, darunter Migräne, Gicht, Zahnschmerzen, Wassersucht (Ödeme) und Wechselfieber. Eine von Monardes' Schriften fand 1577 unter dem etwas optimistischen Titel »Freudige Botschaft aus der neu entdeckten Welt« weite Verbreitung.

Bei vielen »neuen« Pflanzen aus Amerika herrschte eine heillose Sprachverwirrung. Zwei Jahrzehnte später machte sich der Arzt John Gerard an eine Beschreibung von »Tabaco oder Bilsenkraut aus Peru, von Nicolas Monardes als Tabacum bezeichnet«, obwohl, wie er hinzusetzte, »die Leute in Amerika ›Petun‹ sagen«. Lateinische Namen lauteten *Sacra herba, Sancta herba* und *Sanasancta indorum.*

Gerard ergänzte: »Von manchen wird sie Nicotiana genannt.« Der französische Botschafter sollte fürderhin mit dem Tabak verbunden bleiben.

Gerard schrieb seine Überlegungen 1597 in *The Herball* nieder, worin er dem staunenden Leser die Methode des Tabakkonsums erläuterte: »Die getrockneten Blätter werden in eine Pfeife gestopft und angezündet, [der Rauch] wird in den Magen gesogen und durch die Nasenlöcher wieder ausgestoßen.«

Fataler Irrtum? Jean Nicot überreicht um 1868 Königin Katharina Tabakpflanzen. Vom Tabak versprach man sich großartige Heilwirkungen.

Wollte man all den medizinischen Nutzen von »tabaco« darlegen, räumte Gerard ein, könnte man ein ganzes Buch damit füllen. Nicholas Culpeper schrieb in seinem *Complete Herbal* (1653) ebenso begeistert: »Er ist in Westindien beheimatet, aber wir pflanzen ihn in unseren Gärten an.« Und dann zählte er eine ganze Reihe von Heilwirkungen auf. Mit Schweineschmalz als Salbe zubereitet, wirke er bis in die Tiefe »schmerzender und entzündeter« Hämorrhoiden. Er vertreibe Zahnweh, töte Läuse, wirke gegen Fettleibigkeit und könne – als Ölauszug – »eine Katze vernichten«. Der Chronist Samuel Pepys bestätigte diese Wirkung, als er in seinem Tagebucheintrag vom 3. Mai 1665 schrieb: »Sah, wie eine Katze mit dem ›Gift des Herzogs vom Florenz‹, welches die Wirkung des Öls aus Tabak hat, getötet wurde.« Berichte, dass kein Londoner Tabakhändler sich mit der Pest infiziert habe, veranlasste mindestens ein Knabeninternat, nämlich Eton, dazu, seine Schützlinge unter Androhung von Prügelstrafen das Kraut rauchen zu lassen. Culpeper war jedoch nicht davon überzeugt, dass Tabak als »Schutz vor der Pest« wirke: »Rivinus sagt, dass bei der Pest in Leipzig viele starke Tabakraucher starben.« Aber der große Arzt schrieb diesem ungewöhnlichen Medikament eine weitere Wirkung zu: Tabakrauch mit einem Blasebalg wie einem Klistier in die Gedärme zu blasen sei ein ausgezeichnetes Mittel, um den Darm zu lockern und den Körper von »kleinen Würmern« zu befreien, aber auch »offenbar ertrunkene« Personen wiederzubeleben.

Woher kam denn nun diese gute und gesunde Pflanze? Und was war sie eigentlich? Gerard beschrieb sie mit Stängeln von der Größe eines Kinderarms und einer Wuchshöhe von 2,40 Metern mit langen, breiten, glatten Blättern. Sie gehe mit Beginn des Winters ein. Ein anderer Engländer, John Rolfe, hatte 1612 den

Alkaloide

✦

Viele Pflanzen enthalten Alkaloide, natürliche chemische Verbindungen mit einem pH-Wert über 7. Manche haben Heilwirkungen, andere sind für unseren Körper giftig. Zur medizinischen Verwendung oder zu Entspannungszwecken können viele davon verarbeitet oder in Reinform extrahiert werden. Dazu gehören Kokain, Koffein, Morphium, Chinin – und Nikotin.

ersten gezüchteten Tabak in Virginia angepflanzt. In nur sieben Jahren wurde Tabak zum wichtigsten Exportartikel dieser Kolonie: Sklaven pflanzten und ernteten ihn, er wurde auf Versteigerungen von August bis zum Spätherbst verkauft, und die Aufkäufer folgten der Ernte vom südlichen Tabakgürtel in Georgia bis zu dem »alten Gürtel« von Virginia im Norden. Die »Medizin« wurde auf unterschiedliche Weise eingenommen: als französischer Schnupftabak, amerikanischer Kautabak, spanische Zigarre oder in der britischen Pfeife. Und immer mehr kam die kleine Zigarre in Mode, die »Zigarette«; Hersteller suchten einander mit bestimmten Tabakmischungen zu übertreffen, von dunklem Burley bis zum hellen Virginia, der schließlich den Markt beherrschte.

Von allen Pflanzen, die die Erde hervorbringt, wird der Tabak von den Menschen am meisten geliebt.

Richard Sudell, *The New Illustrated Garden Dictionary*, 1937

Das Drehen und Verpacken der Zigaretten erforderte flinke, geschickte Hände. Doch das 19. Jahrhundert war eine Zeit industrieller Neuerungen, und 1880 kam James Bonsack aus Roanoke in Virginia zum Zuge, als er eine Zigarettenmaschine patentieren ließ, die pro Stunde 12 000 Zigaretten drehen konnte. Binnen zehn Jahren brachten solche Maschinen für Männer wie James B. Duke die Dollars zum Rollen – 1890 kontrollierte »Mr. Cigarettes« mit seiner American Tobacco Company 40 Prozent des amerikanischen Marktes.

Weltweite Besorgnis

✦

Was verbindet Siegfried Sassoon, Greta Garbo, Che Guevara, Winston Churchill und Sir Walter Raleigh? Ja, sie alle waren Raucher. Im Jahr 2002 schätzte die Weltgesundheitsorganisation WHO, dass weltweit ein Drittel aller Menschen rauchte. Und sie rechnete aus, dass jede Minute zehn Millionen Zigaretten verkauft würden und dass jeder zehnte Mensch durch Tabak den Tod fände. Bis 2030 dürfte er sogar die Todesursache für jeden sechsten Menschen sein. Laut WHO stirbt alle acht Sekunden irgendwo ein Mensch an einer durch das Rauchen bedingten Krankheit.

Die »Night Riders«

Duke war umstritten und wurde Anfang des 20. Jahrhunderts beschuldigt, kleinere Tabakanbauer in Kentucky und Tennessee zu schikanieren. Eine dubiose, »Night Riders« genannte Truppe eines gewissen David Amoss versuchte deshalb, zögerliche Tabakpflanzer in ein Bündnis gegen Duke zu zwingen. Sie tauchten bei Nacht auf, sprengten Tabaklager in die Luft und spielten mit den Behörden Katz und Maus. Nach einem Überfall in Hopkinsville im Dezember 1907 tötete ein Polizeitrupp immerhin einen der Reiter. Inzwischen war die Zigarette dank einer weiteren Eigenschaft des Tabaks zum Allheilmittel aufgerückt: Er wirkte beruhigend. Erschöpfte, entnervte Soldaten hatten im Dreißigjährigen Krieg (1618–1648), im Krieg Spaniens gegen die napoleonische Herrschaft (1808–1814), im Krimkrieg (1853–1856), im Amerikanischen Bürgerkrieg (1861–1865), in den Burenkriegen (1880–1881 und 1899–1902) und im Ersten Weltkrieg geraucht. Als Duke 1925 starb, wurde seine Tochter das reichste Mädchen der Welt. Sie war gerade zwölf Jahre alt.

Tabakanbau bedeutete Gewinne ohne Ende. Aber schon im 17. Jahrhundert meldeten sich Kritiker zu Wort. »Mir scheint, wir haben hier eine schlimme, unheilvolle Angewohnheit«, vermutete Gonzalo Oviedo, räumte jedoch ein, dass Tabak ein erfolgversprechendes Mittel zur Behandlung von Syphilis zu sein schien. 1606 meinte der schottische Arzt Eleazar Duncan, Tabak sollte in »Jugendruin« umbenannt werden, weil er »für die Jugend so schädlich und gefährlich« sei. 1622 erklärte der Holländer Johann Neander, sein »Missbrauch richte Geist und Körper zugrunde«. Die deutlichste Verurteilung enthält die Streitschrift *A Counterblaste to Tobacco* (Ein Schlag gegen den Tabak) von 1604: Rauchen sei »eine Unsitte, die einen abscheulichen Anblick bietet, die Nase beleidigt, das Hirn schädigt, die Lunge gefährdet«. Einiges Stirnrunzeln gab es, als sich herausstellte, dass der anonyme Verfasser kein Geringerer als der englische König Jakob I. war, der als Erster eine Tabaksteuer eingeführt hatte.

AUFHÖREN

✦

Die Zahl der Raucher in den USA ging zurück, als die Regierung die Zigarettenwerbung mit dem Marlboro-Mann Einschränkungen unterwarf – dem Cowboy und Prototyp des harten Burschen, der diese Marke verkaufen half. 1992 starb Wayne McLaren, der ihn dargestellt hatte, an Lungenkrebs. Bis 2011 wurden in 66 Ländern Rauchverbote erlassen, darunter in Kuba, wo Präsident Fidel Castro schon 1986 aus gesundheitlichen Gründen aufgehört hatte, seine berühmten Zigarren zu rauchen.

Doch der königliche Kritiker nahm nur vorweg, was die Behörden 400 Jahre später umsetzten. Schon 1952 titelte *Reader's Digest*, Tabak sei »Krebs in der Schachtel«. Heute, 2011, haben weltweit 66 Länder, von Argentinien bis Zypern, unterschiedlich weit reichende Rauchverbote eingeführt (siehe Kasten).

ZIGARETTENPAUSE
Zigarettenwerbung aus dem Jahr 1899. Wer hätte damals vorhersagen können, dass der Tabak ein Jahrhundert später die Todesursache jedes zehnten Menschen auf der Erde sein würde?

Olive

Olea europaea

Ursprungsgebiet: Mittelmeerraum

Typus: immergrüner Baum

Höhe: bis 20 m

✦ ***Nahrung***
✦ Heilmittel
✦ ***Handelsware***
✦ Werkstoff

Man kann sich die Mittelmeerländer kaum ohne Feigen, Wein, Zitrusfrüchte oder Oliven vorstellen. Letztere wurden hier relativ spät heimisch, man züchtete sie wohl vor 5000 Jahren aus Früchten wildwachsender Bäume. Das Olivenöl brachte den Stadtstaat Athen, dem wir die Demokratie, den Parthenon und den Sinn für die Künste verdanken, gehörig in Schwung.

Olivenbildnisse

1907 erwarb der Impressionist Auguste Renoir sein Haus Les Colettes in Cagnes-sur-Mer bei Nizza, weil er den alten Olivenhain des Anwesens erhalten wollte. Er hatte eine Immobilie an der französischen Mittelmeerküste gesucht und von der kleinen Landwirtschaft gehört, deren Olivenbäume gefällt werden sollten, um Platz für einen Gartenbaubetrieb zu schaffen. Damals war mit Rosen mehr Geld zu verdienen als mit Oliven. Renoir rettete den Olivenhain. In seinen letzten elf Lebensjahren kämpfte er rastlos darum, in seinen Bildern das Wesen dieses mediterranen Baumes zu erfassen, der – so schrieb er einem Freund – »voller Farben ist. Ein Windstoß genügt, und die Farbwirkung meiner Bäume verändert sich. Die Färbung ist nicht auf den Blättern, sondern in den Zwischenräumen.«

Der Olivenbaum war und ist ein wesentlicher Bestandteil der Mittelmeerlandschaft. Einstmals jedoch war er in Renoirs Südfrankreich ebenso wenig zu finden wie der Eukalyptus in Kalifornien. Er gehört zur Familie der *Oleaceae* – wie Esche, Flieder, Liguster, Jasmin und Forsythie – und kann in der Zuchtform bis zu 20 Meter hoch werden, bleibt aber in der Regel bei etwa drei Metern. Die reifen Oliven, kleine schwarze Früchte mit einem großen Kern, enthalten um die 20 Prozent Öl; 99 Prozent der Ernte werden zu Olivenöl verarbeitet. Die Früchte werden zermahlen und kalt gepresst, um natives Olivenöl mit wenig Ölsäure und dem besten Aroma zu erhalten. Folgende heiße Pressungen liefern Öle geringerer Qualität, der Rest wird für Seife, medizinische Zwecke oder Schmieröle verwendet. Bei der

Ehrwürdiges Alter Olivenbäume auf dem biblischen Ölberg (mit dem ausgedehnten jüdischen Friedhof) bei Jerusalem. Da die Bäume keine Jahresringe haben, ist ihr wahres Alter schwer zu bestimmen.

Der Olivenbaum, was für ein Mistkerl! Wenn du wüsstest, welche Mühen er mir bereitet!

Auguste Renoir in einem Brief an einen Freund, Anfang 20. Jahrhundert

industriellen Herstellung verbrennt man zuweilen die Steine, um die Hitze für das Verfahren zu erzeugen.

Obwohl die Olive seit 5000 Jahren die Wirtschaft rund um das Mittelmeer am Laufen hält, behauptete Herodot im 5. Jahrhundert v. Chr., dass es außerhalb von Athen nirgends auf der Welt einen Olivenbaum gebe. Die Seltenheit der Olive veranlasste ihn, einem Ort, der eine Missernte erlitten hatte, zu raten, seine Götterbilder künftig aus Olivenholz statt aus Stein zu erstellen.

Der Sage zufolge schenkte die Göttin Athene, die Tochter des Zeus, den Athenern die Olive. Sie habe auf der Akropolis einen Olivenbaum wachsen lassen, der zur Mutterpflanze vieler anderer werden sollte. Dafür blieben ihr die Athener zu ewigem Dank verpflichtet.

Athen war das kulturelle und wirtschaftliche Zentrum eines losen Bündnisses von Stadtstaaten, die nach dem Niedergang der mykenischen Kultur um 1120 v. Chr. allmählich an Macht gewannen. Auch wenn die Staaten, darunter das kriegerische Sparta, häufig miteinander im Streit lagen, verbündeten sie sich dennoch gegen Gefahren von außen, so im späten 6. Jahrhundert v. Chr., als Persien ihr Gedeihen bedrohte.

Athen wurde von wohlhabenden Landbesitzern regiert – »Tyrannen«, die über unumschränkte Macht verfügten. In den 540er Jahren v. Chr. riss einer dieser Tyrannen, Peisistratos, gewaltsam die Herrschaft an

Ölzweige für den Frieden

✦

Als Noah nach der Sintflut eine zweite Taube von der Arche aussandte, kehrte sie mit einem Olivenzweig zurück. Von alttestamentarischer Zeit bis in die Gegenwart galt der Ölzweig stets als Friedenssymbol. Der amerikanische Kontinentalkongress verabschiedete 1775 die »Olivenzweigpetition«, um den Krieg mit England zu verhindern, und die Flagge der Vereinten Nationen zeigt die Erde vom Nordpol aus und symbolisch mit Olivenzweigen umkränzt.

sich und sicherte eine hinreichend lange Stabilität, dass Olivenhaine entstehen konnten, die ja ein Jahrzehnt benötigen, um einzuwachsen (auch wenn ebendiese Bäume das Baumaterial für Rammböcke und Sturmleitern liefern sollten, mit denen der römische General Lucius Sulla später Athen belagerte). Mit der Zeit wichen die Tyrannen einer gemeinschaftlicheren Herrschaftsform durch eine Versammlung gewählter Vertreter. Das Auftreten freiheitlicherer Demokraten (*dēmos* = Volk, *kratía* = Herrschaft) und die Schaffung der attischen Demokratie war auch eine Konsequenz des wachsenden Wohlstands der Athener.

Mittelmeerwunder
Viele Staaten rund um das Mittelmeer florierten aufgrund des »Grünen Goldes« – der Olive.

Die Athener brachten nicht nur die erste Demokratie auf den Weg, sie schufen auch großartige Bauwerke, allen voran den Parthenon, und setzten damit architektonische Maßstäbe, die noch mehr als 2000 Jahre später mit ihren »genauen« Proportionen der Renaissance und dem Klassizismus die Richtung wiesen. Ähnlich vielleicht, wie das bloße Vorhandensein fossiler Erdölvorkommen im 20. Jahrhundert vormals bedeutungslose arabische Staaten zu den reichsten Ländern der Erde machten, entwickelte sich Griechenland – auch dank seines Olivenöls – zu einem künstlerischen, intellektuellen und demokratischen Superstaat.

Um so viel Öl zu bewegen, brauchte man neue Fertigkeiten und Techniken: ein Währung, um damit zu handeln, Schiffe, um es zu transportieren, Kriegsschiffe, um Letztere vor Piraten zu schützen, und Töpfe-

Schwer zu fassende Motive
Während sich Renoir mit der wirklichkeitsnahen Wiedergabe abmühte, war der Olivenbaum für Vincent van Gogh zur zweiten Natur geworden, wie das Gemälde *Die Olivenbäume* (1889) zeigt.

reien, um Amphoren herzustellen, die das kostbare Gut aufnahmen. Die Töpfer fertigten nicht nur Gebrauchsgegenstände, sondern entwickelten eine einzigartig kunstvolle Keramik: Teller, Schüsseln, Vasen und Becher, die mit Szenen aus dem häuslichen Leben und mit Motiven aus Mythen und Sagen verziert waren.

Griechisches Gold
Oliven enthalten etwa 20 Prozent Öl. Das zuerst und kalt gepresste »native« Öl hat die höchste Qualität. Anschließende Pressungen ergeben Öl minderer Güte.

Der Boden in Griechenland war zu karg und steinig für den Anbau von Getreide, aber die Einnahmen aus dem Olivenöl ermöglichten den Anbau von Weizen in den Kolonien. Seit dem 8. Jahrhundert v. Chr. hatten die Griechen ihren Einflussbereich bis nach Spanien, Südfrankreich, Süditalien, Nordafrika und zum Nildelta, zum Schwarzen Meer und über die ganze Ägäis ausgedehnt. Jede Kolonie hatte einen wichtigen Hafen: so etwa Byzantion (Istanbul), Gados (Cádiz), Saguntum (Sagunt) und Kroton (Crotone), gleichfalls Kreta und Zypern. Von der örtlichen Verwaltung bis zur Anlage der Straßen war jede dieser neuen Städte ein Abbild Athens.

In seinem Buch *Plants in the Service of Man* (Pflanzen im Dienst des Menschen) kam Edward Hyams 1971 zu dem Ergebnis, dass – ungeachtet der Sage vom Geschenk der Athene – der Olivenbaum Griechenland nicht vor 700 v. Chr. erreicht haben dürfte. Nachdem er dort Wurzeln geschlagen und die griechische Wirtschaft angeheizt hatte, wurde er im ganzen Mittelmeerraum verteilt. Die Mutterbäume von Renoirs Olivenhain in der Provence dürften also an Bord eines griechischen Schiffes in den Hafen von Massilia (Marseille) gelangt sein. Italien besaß bis etwa 370 v. Chr. keine Olivenbäume; doch dank des Geschenks der Griechen wurde es binnen zweieinhalb Jahrhunderten zum weltweit führenden Produzenten von Olivenöl.

Als auf den Schiffen im 15. Jahrhundert – am Beginn des großen Zeitalters der europäischen Seefahrt – die Segel gehisst wurden, reisten Olivenbaum-Sämlinge rund um den Globus. Doch auch heute, da Oliven in Spanien, Italien, der Türkei, Griechenland, Tunesien, Marokko, Japan, Südafrika, Indien, China, Neuseeland und Kalifornien angebaut werden, verbrauchen die Mittelmeerländer den Löwenanteil der Welternte, nämlich mehr als drei Viertel.

Öl aus Rapssamen

✦

Raps wurde schon in der Mitte des 14. Jahrhunderts in den Niederlanden angebaut, und von den holländischen Bauern lernten französische, deutsche und englische Landwirte den richtigen Umgang mit dieser Erntepflanze. Jahrhundertelang verwendeten ärmere Haushalte für ihre Lampen entweder Oliven- oder Rapsöl. Allmählich wurden diese Pflanzenöle durch sauberer brennende Öle abgelöst, darunter Kokosfett und Palmöl, bis man 1854 entdeckte, dass Erdöl als »Leuchtöl« und zur Herstellung von hochwertigem Paraffin destilliert werden kann.

Reis

Oryza sativa

Ursprungsgebiet: Asien

Typus: Getreide

Höhe: 0,60 bis 1,50 m

✦ ***Nahrung***
✦ Heilmittel
✦ ***Handelsware***
✦ Werkstoff

Reis und Weizen sind weltweit die wichtigsten Getreide. Der Reis hat ganze Landschaften verändert und ernährt die Menschen in den beiden bevölkerungsreichsten Ländern der Erde, China und Indien (wenngleich in Letzterem eher schlecht als recht). Dem alten Sprichwort auf Seite 146 könnte man entgegenhalten: »Mit Reden kocht man keinen Reis.« Wie gebildet Menschen auch sein mögen, zuerst müssen sie sich satt essen. Für mehr als drei Milliarden Menschen auf unserer Erde sollte der Reis die grundlegende Ernährung sicherstellen – dass dies nicht gelingt, gehört zu den unverzeihlichen Versäumnissen der Menschheit.

Globales Getreide

Es gibt vier Kulturformen von Reis: Bergreis, der im Hochland wächst; regenabhängigen Niederungsreis, der im seichten Wasser steht; Nassreis, der in Reisfelder gesetzt wird; Tiefwasserreis, den man in Flussmündungen und natürlich überfluteten Flächen pflanzt. Reis ist das älteste Kulturgetreide der Erde, er wächst in über hundert Ländern. Zwölf Millionen Quadratkilometer Land in Südostasien, Amerika, Afrika, Australien und dem Südwestpazifik sowie in Südeuropa, vor allem Italien, werden für den Reisanbau genutzt. Reis liefert 30 Prozent der Getreideproduktion weltweit, und dank neuer Sorten haben sich die Erträge in den letzten 30 Jahren verdoppelt. Bis 2025 werden zusätzliche 1,5 Milliarden Menschen auf das Nahrungsmittel Reis angewiesen sein.

Im Trockenanbau wächst Reis wie Weizen oder Gerste. Nassreis wird in bewässerte Reisfelder gesetzt – er sorgt für etwa 80 Prozent der Weltreisernte. Etwa die Hälfte des weltweit produzierten Reises wird von Hand geerntet – ein arbeitsintensiver Knochenjob – und dort verzehrt, wo er angebaut wird. Beim Nassreisanbau lässt man erst die Samenkörner keimen und setzt die Pflänzchen nach vier Wochen ins wärmende Reisfeld, wo sie weiterwachsen. Dies dauert 90 bis 260 Tage, und 30 Tage nach der Blüte trägt der Reis Samen. Die Körner bilden sich in zahlreichen Einzelblüten, die in Rispen an der Spitze des Stängels hängen. Herkömmlicherweise pflanzten und ernteten die Frauen, während die Männer die Felder pflügten und bewässerten. Das ideale Zugtier war und ist der schwerfällige Wasserbüffel, der den Pflug zieht und zugleich die Felder düngt.

So wie der Weizen das Landschaftsbild im Westen veränderte, haben die kleinen Körner von *Oryza sativa* die Gestaltung des Landes in großen Teilen Asiens beeinflusst. Die ersten Reisfelder entstanden wohl in China und Südkorea. Der Reis wird im September geerntet und in der Sonne getrocknet, bevor er auf den Markt kommt. Mancherorts, wie auf der Insel Java, werden die Reisfelder stufenartig an Berghängen als Reihe von Terrassen angelegt, dazwischen stehen den Reisgöttern geweihte Tempel. Die Terrassen sind mit Dämmen oder niedrigen Lehmmauern eingefasst und werden bewässert. Im Frühjahr setzt man sie instand, im Mai werden die Reispflänzchen in das frisch geflutete Feld gesetzt.

Reis in Kaschmir
Das Aquarell aus der Mitte des 19. Jahrhunderts zeigt die traditionelle Reisproduktion in Kaschmir. Das Bemerkenswerte auf dem Bild ist, dass Muslime (mit Kappe) und Hindus (mit Turban) Hand in Hand arbeiten.

Nicht nur im Fernen Osten veränderte der Reisanbau das Land. »Während der Sommermonate wogten Reisfelder auf Tausenden von Morgen Land« – so wurden 1836 die unteren Abschnitte einiger Flüsse in South Carolina zwischen Cape Fear im Norden und St. John in Florida beschrieben. »Der Anblick der Reisfelder«, fügte der Korrespondent im *American Monthly Magazine* hinzu, »bot das Bild einer endlosen, geschlossenen Fläche; so weit das Auge reichte, fand es meilenweit flussaufwärts und flussabwärts nichts, was diesen Eindruck unterbrochen hätte.« Bis zum Bürgerkrieg und zur Abschaffung des Sklavenhandels war der Reisanbau ein lohnendes Geschäft in den ehemaligen Gezeitensümpfen von South Carolina. In den 1680er Jahren hatte ein gewisser Henry H. Woodward von einem Kapitän aus Madagaskar Reissaat erhalten, und fortan wurde auf Reisfeldern, die in Flussmündungen von Sklaven der Wildnis abgerungen worden waren, Reis angebaut. Den Sklaven, die mit Schiffen aus Westafrika und von den karibischen Inseln geholt wurden, stand eine Knochenarbeit bevor: Sie mussten den Wildwuchs der ursprünglichen Vegetation roden, Kanäle graben und Dämme bauen, um meilenweit Flutfelder anzulegen, die sich mit den Gezeiten füllten und leerten. Der Ertrag war enorm: Die dama-

Reis-Kleiderordnung

✦

Auf einem Reisfeld kann man kaum etwas anderes anbauen. Die Monokulturen führen zur Entwicklung von Krankheiten wie Mehltau, Gelbverzwergung, Verkümmern, Wurzel- und Stängelfäule sowie zum Befall durch Heuschrecken, Ratten, Krebse und Rüsselkäfer. Traditionelle Rituale sollen davor schützen, etwa eine bestimmte Blume über der ersten Aussaat des Jahres zu platzieren oder Kleidung in günstigen Farben (die jeweils der Dorfastrologe festlegt) zu tragen, während man das Reisfeld bepflanzt.

lige Hauptstadt Charleston lieferte in den 1730er Jahren jährlich knapp 10 000 Tonnen Reis. Die Veränderung der Landschaft von South Carolina setzte sich fort, bis nach dem Bürgerkrieg und mit der Abschaffung der Sklaverei niemand mehr gezwungen werden konnte, sich auf den Reisfeldern zu Tode zu arbeiten. Schließlich vernichtete in den 1890ern eine Folge von Hurrikanen die Reisfelder South Carolinas.

Doch nirgends hat der Reis die Landschaft so geprägt wie in China. Auch wenn beispielsweise Lateinamerika rund 75 Prozent des Bergreises liefert (wofür ganze Regenwälder abgeholzt wurden), erzeugen asiatische Reisbauern etwa 90 Prozent der Weltproduktion, und auf den Reisfeldern Indiens und Chinas wächst mehr als die Hälfte der globalen Erträge von rund 645 Millionen Tonnen. Ende des 19. Jahrhunderts kämpfte China gegen die Verheerungen durch den Opiumhandel (siehe Seite 148). Dadurch wurde dem radikalsten sozialen Wandel im 20. Jahrhundert der Weg bereitet – einer Revolution, die nicht nur vom Reis, sondern vor allem vom »Großen Lehrer, Großen Steuermann und Großen Vorsitzenden« Mao Tse-tung angetrieben wurde.

Planst du für ein Jahr, so säe Reis; planst du für ein Jahrzehnt, pflanze Bäume; planst du für ein Leben, bilde Menschen aus.

Altes chinesisches Sprichwort

1931 enteignete Mao, ein Bauernsohn aus Hunan, in der Provinz Jiangxi die Grundbesitzer und rief eine autonome kommunistische Republik nach Sowjetvorbild aus. Als die herrschenden Nationalisten unter General Chiang Kai-shek zum Gegenangriff übergingen, reagierten die Kommunisten überraschend: Sie nahmen ihren Reis und ihre Waffen und flohen nach Nordwestchina. Ein Jahr und Tausende Kilometer später erreichten Maos Getreue die Provinz Shaanxi, und von den 90 000 Män-

Polierter Reis
Dieser Holzschnitt gehört zu der Bilderreihe *36 Ansichten des Fujijama* des japanischen Künstlers Katsushika Hokusai (1760–1849) und entstand zwischen 1826 und 1833. Die Szene stellt die traditionelle japanische Methode des Reispolierens dar.

nern hatten keine 10000 überlebt. Ungeachtet dessen, wurde der »Lange Marsch« zum zentralen Heldenmythos des kommunistischen China. Im Juli 1937 waren beide Seiten gezwungen, sich gegen das Eindringen einer anderen vom Reis abhängigen Nation zu verbünden: Japan. Am 6. August 1945 warfen die USA über Hiroshima die erste Atombombe ab, die 150000 Menschen tötete und das Ende des Zweiten Weltkriegs herbeiführte. In der Folge flammten die Kämpfe zwischen der Nationalpartei und Maos kommunistischen Brigaden erneut und heftiger denn je auf. Am 1. Oktober 1949 wurde die Volksrepublik China ausgerufen, und es entstand der größte kommunistische Staat der Erde. 1953 verkündete Mao den ersten Fünfjahresplan, der Hauptbestandteil eines Wirtschafts- und Sozialplans werden sollte, des »Großen Sprungs nach vorn«. Der Plan sah vor, bäuerliche Kleinbetriebe in große »Volkskommunen« zusammenführen, um die Nahrungsmittelproduktivität zu steigern. Viehbestände und Geräte wurden kollektives Eigentum, private Landwirtschaft und Viehhaltung verboten. Der Darstellung, es habe sich um einen Bauernaufstand unter der Führung eines gütigen Diktators gehandelt, wird entgegengehalten, dass dabei geschätzte 15 bis 45 Millionen Menschen zugrunde gingen. Maos Maßnahmen dürften also die größte Hungersnot der menschlichen Geschichte ausgelöst haben. Es war aber nicht das erste Mal, dass das »goldene Korn« seine Bauern im Stich gelassen hatte. In einem Land, in dem 20 Prozent der Weltbevölkerung leben, das aber nur über acht Prozent der Ackerfläche der Erde verfügt, waren Hungersnöte fester Bestandteil der Geschichte. Gegenwärtig scheint Chinas Ernährung gesichert; Problemland Nummer eins ist heute Indien, wo ein Drittel der Bevölkerung an Unterernährung leidet.

Heimlicher Killer

✦

Im 19. Jahrhundert ging man vor allem in Asien vom Verzehr braunen Reises ab, der jedoch viele Vitamine und Eiweiß enthält. Stattdessen bevorzugte man fortan weißen oder »polierten« Reis, dessen Silberhäutchen und Keim entfernt wurden. Das Fehlen der wertvollen Nährstoffe aus dem Keim, allen voran Thiamin (Vitamin B_1), hatte in Asien eine dramatische Zunahme der Beriberi-Erkrankung zur Folge. *Beriberi* heißt auf Singhalesisch »Ich kann nicht, ich kann nicht!«, weil betroffene Personen unter extremer Lethargie und Erschöpfung leiden.

Eine Kontroverse anderer Art um die Reisfelder ergab sich in jüngster Zeit, als Klimaforscher das Gas Methan als einen der Hauptverursacher des Treibhauseffekts benannten. Neben der Rinderhaltung, die für 18 Prozent der Treibhausgase verantwortlich gemacht wird, setzt westlichen Wissenschaftlern zufolge der traditionelle Reisanbau durch das Verrotten von Büffeldung, Reisstängeln und -wurzeln mehr als 37,8 Millionen Tonnen klimaschädliches Methan frei. Untersuchungen indischer Wissenschaftler unterstellen gleichwohl, die Zahl sei zehnmal niedriger. Schuld seien nicht die Reisfelder, sondern die unseriöse statistische Hochrechnung unzureichender Daten.

Schlafmohn

Papaver somniferum

Ursprungsgebiet: von der Türkei ostwärts, besonders Afghanistan, Indien, Birma und Thailand

Typus: schnell wachsendes einjähriges Mohngewächs

Höhe: bis 1 m

✦ Nahrung
✦ ***Heilmittel***
✦ ***Handelsware***
✦ Werkstoff

Der Schlafmohn hat sich in der Geschichte ebenso als Segen wie als Fluch erwiesen. Seit der Jungsteinzeit weiß der Mensch um die wohltuende Wirkung des Morphiums zur Linderung starker Schmerzen; sein Derivat Heroin zeitigt jedoch alptraumhafte Folgen. Opium, das einst stillenden Müttern und ihren Babys verabreicht wurde, dürfte den Gang der Geschichte in China, dem bevölkerungsreichsten Land der Erde, maßgeblich verändert haben.

Trügerische Schönheit

Die Blüte des Schlafmohns ist hinreißend schön. Er gehört zur selben Gattung wie der am Feldrand wachsende Klatschmohn *(Papaver rhoeas)*; seine weißen, rosafarbenen, roten oder violetten Blüten zieren seit Jahrhunderten die Rabatten schöner Gärten, und die getrockneten Blütenstängel schmücken Blumenarrangements in Wohnzimmern. Wenn die Blüte welkt, gibt sie eine Samenkapsel frei, die einem umgedrehten Salzstreuer mit Fransenrand ähnelt. Diese enthält eine Menge kleinster schwarzer Samenkörner – wie Salz im Streuer. Während des letzten Reifestadiums gibt die Samenkapsel einen milchig weißen betäubenden Saft ab, den Grundstoff von Opium, Morphium und Heroin.

Opium wird geerntet, indem man abends die Oberfläche der reifenden Samenkapsel einritzt und morgens den Saft, der nachts aus den Ritzen gesickert ist, auffängt – das Rohopium. Der von der Pflanze geschabte Saft wird zu Kügelchen gerollt und in der Sonne getrocknet. Rohopium enthält Morphium, aus dem Heroin gewonnen wird, ebenso Kodein und Thebain – Alkaloide, die Schmerzen lindern und starke Müdigkeit verursachen.

Seit mindestens 6000 Jahren wird Opium von Menschen genutzt, zuerst von jungsteinzeitlichen Stämmen, die durch Ost- und Südeuropa streiften. Die Griechen rühmten es wegen seiner Eigenschaften als beruhigende Arznei (Homer erwähnt es in der *Odyssee*), und auch die Römer waren damit vertraut. Im 19. und 20. Jahrhundert machte es unter Literaten wie Samuel Taylor Coleridge, Percy Bysshe Shelley, E.T.A. Hoffmann, Thomas De Quincey, Ernst Jünger und Gottfried Benn die Runde. Ursprünglich waren es die Araber gewesen, die Opium auf ihren Handelsstraßen in den Osten bis nach China und westlich nach Europa gebracht hatten.

Opium fürs Volk
Reines Opium rinnt aus einer Ritze in der Samenkapsel einer Schlafmohnblüte. Rohopium, Grundstoff für Heroin und Morphium, wird von der Kapsel geschabt und in der Sonne getrocknet.

Heroin wurde 1874 erstmals in Deutschland isoliert und 1896 synthetisiert. Wegen seiner starken »heroisierenden« Wirkung auf Testpersonen erhielt es seinen Namen. Lange wurde es als nicht süchtig machender Ersatz für Morphium vermarktet. Wer in Amerika Anfang des 20. Jahrhunderts von einem lästigen Husten geplagt wurde, stellte zuweilen fest, dass die Hustenmittel seltsam abhängig machten – weil sie Heroin enthielten. 50 Jahre später beunruhigte die hohe Zahl heroin- und morphiumabhängiger Soldaten die US-Behörden: Einem Bericht an den Kongress aus dem Jahr 1971 zufolge waren 15 Prozent der am Vietnamkrieg beteiligten Militärangehörigen heroinabhängig geworden. Neuerdings hatte Russland den höchsten Pro-Kopf-Verbrauch von Heroin, weil süchtige Soldaten aus Afghanistan zurückkehrten. Am Ende des 20. Jahrhunderts waren geschätzte acht Millionen junge Menschen im Westen heroinabhängig.

Doch all dies ist nichts gegen die Zahl der Chinesen, die dem einschläfernden Bann von Opiaten anheimgefallen waren. Anfang des 20. Jahrhunderts konsumierte über ein Viertel aller erwachsenen Männer in China aus Schlafmohn hergestellte Narkotika. Davor und danach gab es weltweit keine vergleichbare Massensucht – und nie hat ein Narkotikum solche Schäden angerichtet wie in China. Weil die Auswirkungen des Opiums alle Schichten der chinesischen Gesellschaft erreichten, war das Land geschwächt und angreifbar für Aggressoren wie die Japaner.

Der Grund für Chinas Drogenabhängigkeit lag weniger im Land selbst als in Indien. Die Kartelle, die den Opiumhandel beherrschten und all das Elend zwischen indischen Mohnbauern und chinesischen Konsumenten säten, handelten heimlich im Interesse westlicher

Heilen und töten

✦

Opium ist schon immer medizinisch genutzt worden, denn Schlafmohn enthält etwa 25 verschiedene Alkaloide. Dazu gehören Papaverin (zur Behandlung von Darmbeschwerden), Verapamil (bei Herzerkrankungen), Kodein (in Schmerz-, Husten- und Erkältungsmitteln) und Morphium (bei starken Schmerzen). Im Gegensatz zu vielen anderen natürlichen Wirkstoffen lässt sich Morphium nicht synthetisch herstellen, sondern muss aus Schlafmohn gewonnen werden. Auch Heroin war zunächst ein legales Heilmittel – steht jetzt aber in den meisten Ländern der Erde unter Verbot.

Mächte wie Großbritannien, Frankreich und den USA. Ein Historiker könnte das Problem gar bis in die 1490er Jahre zurückverfolgen, als der portugiesische Seefahrer Vasco da Gama um das Kap der Guten Hoffnung in den Indischen Ozean segelte, zu einer Zeit, als man in Europa völlig verquere Vorstellungen von den Menschen in diesem Teil der Erde hatte. Nach eurozentrischer Sichtweise hausten dort einfältige, unzivilisierte Leute, denen man ihre kostbaren Gewürze und Metalle für billigen Schmuck und wertlosen Plunder abschwatzen könnte. Und man ging davon aus, dass westliche Technik in Fernost höchst willkommen sei.

Da Gama ermöglichte einen profitablen Handel mit Afrika, Indien und China, in dem es um Salz, Gold, Elfenbein, Ebenholz, Sklaven, Porzellan, Perlen und Seide ging. Portugal und sein iberischer Nachbar Spanien monopolisierten schnell den Seehandel mit diesen Gütern zwischen Ost und West. Aber es konnte nicht ausbleiben, dass sich auch holländische, französische und britische Händler daran beteiligen wollten.

Während sich afrikanische Länder und Indien bereitwillig auf diese Geschäfte einließen, war China ein schwieriger Partner. Die verschlossenen, unabhängigen Chinesen behielten Seide, Porzellan und Tee lieber für sich; gerne nahmen sie ein paar Silberbarren als Zahlungsmittel an, aber ansonsten ignorierten sie den Westen weitgehend. 1793 reiste der britische Botschafter Lord Macartney in der Hoffnung nach China, Handelsbeziehungen aufbauen zu können. Er war ein Europäer alter Schule und sah seine Verhandlungspartner als undurchschaubare, eitle Orientalen. Dennoch war er überzeugt, dass sie nur einen Blick auf all das werfen müssten, was Europa zu bieten hatte, um Tür und Tor für den Handel mit dem Westen zu öffnen.

Aber die Mandschu-Herrscher gingen ihm nicht so leicht auf den Leim. Auch wenn die mechanischen Uhren, die Macartney ihnen schenkte, sie erheiterten, sahen sie in seiner Lordschaft kaum mehr als einen Provinzhäuptling mit einem belanglosen Ansuchen. Und sich selbst empfanden sie weder als fernöstlich noch als orientalisch. Ihre Dynastie war der Mittelpunkt der Welt, unerschütterlich, stark und autark. Ein chinesischer Delegierter zeigte sich Macartney gegenüber mitleidig und meinte, dass er sich »der einsamen Randlage

Morphium

✦

Morphium wurde Anfang des 19. Jahrhunderts von Friedrich Wilhelm Sertürner aus Opium isoliert. Seine Entdeckung benannte er nach Morpheus, dem griechischen Gott der Träume. Legaler Opiumanbau für medizinische Zwecke findet vor allem in Indien statt, andere Anbauländer sind Frankreich und die Türkei. Der Hauptlieferant für Heroin ist heute Afghanistan. Hinzu kommen Burma, Thailand, Vietnam, Laos, Pakistan, Mexiko und Kolumbien. Eine ganze Reihe von Problemen des Westens geht auf das Konto dieser Droge. In entlegenen Gegenden, vor allem in Afghanistan, gilt Opium immer noch als anerkannte Entspannungsdroge.

[seiner] Insel, die vom Rest der Welt durch ausgedehnte Meereswüsten abgeschnitten ist« durchaus bewusst sei.

Umso erstaunlicher ist es, dass innerhalb von 50 Jahren das soziale System, das in China seit über tausend Jahren geherrscht hatte, durch ein Feld mit Schlafmohn aus der Fremde in die Knie gezwungen wurde.

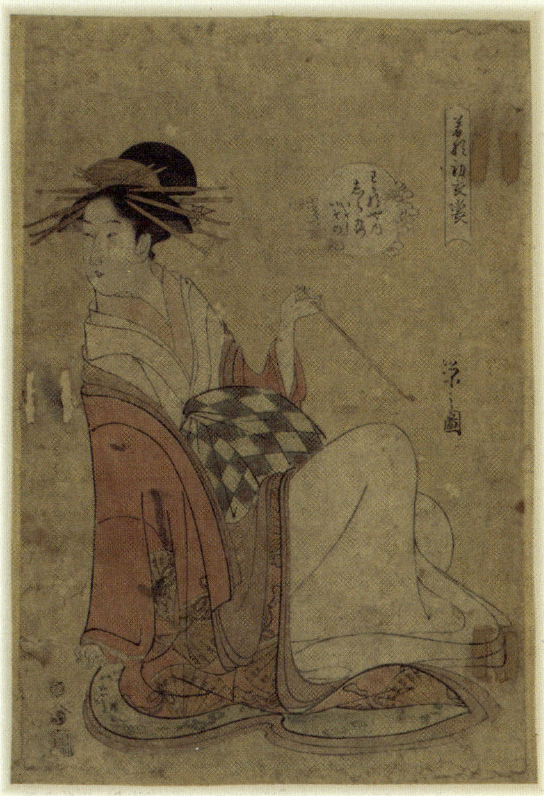

Entspannungsdroge
Viele Kolonialherren konnten der Verführung durch eine Pfeife Opium nicht widerstehen, vor allem wenn sie von einer hübschen jungen Frau gereicht wurde. Auch Robert Clive, »Clive of India«, war gegen den narkotisierenden Reiz des Opiums nicht immun.

Menschen vergiften

Von Chinas Widerstand enttäuscht, etablierten die Staaten Europas eigene Handelswege. Sie importierten Tabak aus den portugiesischen Besitztümern in Brasilien und indisches Opium aus Britisch-Bengalen. Nachdem Lord Clive 1757 den Nawab von Bengalen besiegt hatte, übernahm Großbritannien auch die Kontrolle der bengalischen Opiumfelder. Clive wurde übrigens später selbst opiumsüchtig. Unterdessen organisierte die Britische Ostindische Kompanie Aufkauf und Verarbeitung der Droge in Indien und machte die Opiumpflanzer zu Sklaven der Kompanie. Wegen des chinesischen Einfuhrverbots achtete sie darauf, das Opium nicht selbst zu befördern, vielmehr wurde es von selbstständigen Agenten mit Schnellbooten über die chinesischen Seehäfen ins Land gebracht. So machte sich zwar die Kompanie des Drogenhandels schuldig, aber die Umstände erlaubten es ihr, jede Anschuldigung wegen Drogenschmuggels von sich zu weisen. Während die Boote in die chinesischen Häfen schlüpften und immer mehr chinesische Beamte per Bestechung zum Schweigen gebracht wurden, kontrollierte die Ostindische Kompanie Lieferung und Preis des Opiums.

Opium war im 18. Jahrhundert so lukrativ wie Crack im 21. Seine schmutzigen Profite zogen Dealer aus anderen Teilen der Welt an. Bald sickerte Opium aus dem zentralindischen Malwa ein, und türkisches Opium erreichte China an Bord von Schiffen amerikanischer Profitjäger. Das drückte auf die Preise und ließ die Zahl der Süchtigen in die Höhe schnellen.

Die chinesischen Behörden widersetzten sich. Kaiserliche Befehle, die das Opiumrauchen verboten, wurden schon seit 1729 erlassen, aber die Anfälligkeit des

Etikettenschwindel
Bevor das Pharmaunternehmen Bayer es vom Markt nahm, bewarb es Heroin unter anderem als nicht süchtig machendes Heilmittel. Heroin wurde 1874 in Deutschland isoliert und ab 1898 als Syntheseprodukt aus Morphium hergestellt.

Volkes für Opium durchdrang und destabilisierte alle Lebensbereiche. Den chinesischen Bestrebungen, sich gegen die Drogenkuriere zu wehren, begegnete das Empire schließlich mit Gewalt. 1840 und 1856 sandten die Briten mit begeisterter Unterstützung aus der Heimat Kriegsschiffe, um – wie sie es formulierten – »das Handelsrecht« durchzusetzen. Die Chinesen waren schlecht ausgerüstet und keine Gegner für die britischen Soldaten. Sie verloren die Opiumkriege, und nach jeder Niederlage nahm die Menge des Opiums, das nach China floss, noch einmal zu.

Du wahrst die Schlüssel zu dem Paradies – gerechtes, mildes, mächtiges Opium!

Thomas De Quincey, *Bekenntnisse eines englischen Opiumessers*, 1821

Inzwischen war die chinesische Bevölkerung auf 430 Millionen angewachsen. Die bislang stabile Regierung der Qing-Dynastie (1644–1911) und ihrer Mandschu-Herrscher hatte das Gedeihen der Nation gefördert, so kam es zu einem starken Bevölkerungswachstum. Die Kleinbauern hatten jedoch alle Hände voll zu tun, um so viele Menschen in einem Land zu ernähren, das durch die Auswirkungen der Opiumsucht zunehmend geschwächt war. So überrascht es nicht, dass sich in der Taiping-Revolution zwischen 1850 und 1864 Aufständische gegen die Qing-Dynastie erhoben. Sie nahmen Land in Besitz, stuften die Felder nach Bodenqualität und Ertrag ein und übergaben die Verwaltung des Landes der Gemeinschaft.

SCHLECHTE TRÄUME
Fotografie eines Opiumrauchers von 1870. Die Verbreitung des Opiums zerstörte die chinesische Wirtschaft so sehr, dass dadurch der Weg für Bauernaufstände und schließlich den Aufstieg des Kommunismus bereitet wurde.

FREMDE MÄCHTE

Die schwächelnde Mandschu-Regierung musste sich an ausländische Mächte, die sie lange verachtet hatte, mit der Bitte um Hilfe wenden, um die Revolution niederzuschlagen. Sie bat Frankreich, die USA und Großbritannien um logistische und technische Hilfe. Ihre neuen Verbündeten waren gern zur Kooperation bereit, diese hatte aber ihren Preis: die Legalisierung von Opium. Widerstrebend stimmte China zu.

Die Opiumsucht durchdrang alle chinesischen Gesellschaftsschichten und kostete dem Land seine Souveränität. Ende des 19. Jahrhunderts war China ein Land im Niedergang. Der letzte Kaiser, das Kind Pu Yi, dankte 1912 ab. Er starb 1967, nachdem er während der Kulturrevolution

als einfacher Gärtner und Archivar gearbeitet hatte. Erst nach dem Zweiten Weltkrieg wurde man schließlich der Opiumsucht in China Herr (siehe Seite 146).

Und dann war der Westen an der Reihe, mit dem Problem einer Droge fertigzuwerden, die sich noch verheerender auswirken konnte: Heroin. Anfang des 20. Jahrhunderts wurde es in Westeuropa und Amerika als Entspannungsdroge zunehmend beliebt. Zuerst kam es direkt aus China, dem Land, das man zur Opiumsucht verführt hatte. Hier entstanden Heroin-Laboratorien, die die Droge herstellten. Organisierte chinesische Verbrecherbanden, die Triaden, verschoben das Rauschgift über die Chinatowns westlicher Städte und besorgten die Geldwäsche. Beim Ausbruch des Zweiten Weltkriegs waren diese Versorgungswege abgeschnitten, einerseits wegen der Fronten zwischen Amerika und Japan, andererseits weil Chinas Kommunisten gründlich mit dem Heroinschmuggel aufräumten.

Nach dem Zweiten Weltkrieg wurde der Heroinhandel von der italienischen Mafia und von Drogenkartellen in Lateinamerika, Fernost und – seit Ende des 20. Jahrhunderts – Afghanistan kontrolliert.

Feuer frei!
Die HMS *Nemesis* unter dem Kommando von Kapitänleutnant W. H. Hall im Ersten Opiumkrieg 1841. Gegen die schlecht ausgerüsteten chinesischen Dschunken hatte sie leichtes Spiel.

Ausnüchterung zu Fuss

✦

Opium und die Tinktur Laudanum waren bei vielen Literaten des 19. Jahrhunderts beliebt, so auch bei Thomas De Quincey. Als er 1821/22 seine *Bekenntnisse eines englischen Opiumessers* veröffentlichte, wurde sein Name zum Inbegriff des Drogenkonsumenten. Er hatte als Student in Oxford damit begonnen und die sedierende Wirkung durch Fußmärsche abzuschütteln gelernt. »Ich fühle mich nie richtig gesund, wenn ich nicht genügend Auslauf habe und mindestens acht bis zehn, ja 15 Meilen gehe.« Er wanderte mit der Inbrunst eines Neurotikers, ohne Kopfbedeckung und bei jedem Wetter, um den Opiumkater loszuwerden.

Die Blüte des Gedenkens

Eine Nachbemerkung zur Geschichte des Mohns betrifft den Klatschmohn *(P. rhoeas)*: 1920 wurde die Blume zum Symbol des Gedenkens, als die amerikanische Lehrerin Moina Belle Michael seidene Mohnblumen verkaufte, um Spenden für verletzte Soldaten zu sammeln. Ein Gedicht von John McCrae, einem Arzt der kanadischen Streitkräfte im Ersten Weltkrieg, hatte sie angeregt:

»Wenn ihr uns, die wir sterben
müssen, untreu werdet,
Werden wir niemals ruhen, selbst
wenn der rote Mohn
Auf Flanderns Feldern blüht ...«

Blume des Bösen
Rohopium vor der Verarbeitung zu Heroin. Der Mensch machte aus der unschuldigen, wunderschönen Mohnblume eine Droge mit immensem Suchtpotenzial.

Schwarzer Pfeffer

Piper nigrum

Ursprungsgebiet: Indien

Typus: immergrüne tropische Kletterpflanze

Höhe: bis 8 m

+ ***Nahrung***
+ ***Heilmittel***
+ ***Handelsware***
+ Werkstoff

Das schwarze Pfefferkorn war einst das wertvollste Küchengewürz. Dem einträglichen Pfefferhandel war es unter anderem zu verdanken, dass das internationale Bankenwesen entstand – in Venedig.

Der Preis des Pfeffers

Die Länder und Inseln des Mittelmeerraums sind reich an architektonischen Zeugnissen jener Mächte, die Europa jahrhundertelang beherrschten. Am Übergang zur Neuzeit setzten ihre Seeleute die Segel auf fragilen kleinen Schiffen, um den Atlantik zu erkunden. Getrieben wurden sie von der Suche nach der Pflanze, die das Pfefferkorn lieferte. Stattdessen fanden sie Amerika.

Bevor sich Geoffrey Chaucers Pilger in seinen *Canterbury Tales* im 14. Jahrhundert auf den Weg machten, versammelte sie der Dichter in einem Londoner Wirtshaus am Südufer der Themse, in Southwark in der Pepper Alley. Pepper Alley, Pfeffergasse oder rue de poivre ..., jede mittelalterliche Stadt in Europa scheint wenigstens eine Ecke nach dem bekannten Gewürz benannt zu haben. Warum? Weil jede Stadt neben ihren Bordellen, Bärenhatz-Arenen und öffentlichen Badestuben eine Gewürzstraße hatte, in der die Gewürzhändler zusammenkamen, um ihre Waren zu verkaufen. König aller Gewürze auf diesem Markt, das teuerste, wertvollste Handelsgut, war der Pfeffer.

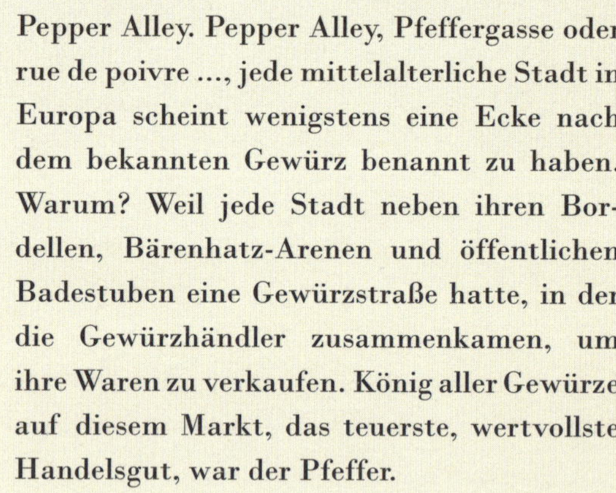

Von allen Gewürzen war Pfeffer vermutlich das einzige, dessen Aroma auch noch inmitten des Gestanks mittelalterlicher Straßen zur Geltung kam. Doch als der beliebte Liederdichter William Cowper 1782 schrieb: »... der Dichter bietet untertänigst/Als Lehnszins seine Ode dar/Sein Pfefferkorn des Preisens ...«, war das Pfefferkorn bereits zum Symbol für eine Kleinigkeit herabgesunken. Der Wert des Königs der Gewürze war so stark gefallen, dass er sprichwörtlich nur noch für einen symbolischen Pachtzins stand. (Der Name des Pfeffers wurde auch auf andere Bereiche übertragen, etwa wenn wir jemandem »eine pfeffern« oder einen Gegenstand »in die Ecke pfeffern«. Durch überseeischen Gewürzhandel reich gewordene Kaufleute bezeichnete man als »Pfeffersäcke«. Und so manchen unangenehmen Menschen, vielleicht einen, der uns mit »gepfefferten Preisen« übervorteilt hat, wünschen wir dorthin, »wo der Pfeffer wächst« – so weit weg, wie man einst das Herkunftsland des Pfeffers wähnte.)

Seemanns Pfeffer

Das schwarze Pfefferkorn, ein unscheinbares, schrumpeliges kleines Körnchen, ist die Frucht der Kletterpflanze *Piper nigrum*, die in Teilen Indiens noch immer wild wächst. Die an Stangen oder Spalieren hochwachsenden Ranken tragen ab dem dritten Jahr Ähren, lange Schnüre mit kleinen Früchten, den Pfefferkörnern, die im weiteren Reifezustand rot werden. Schwarzen Pfeffer erhält man, wenn man sie noch im unreifen, grünen Zustand pflückt und in der Sonne trocknen und runzlig werden lässt.

Für die Bewohner Indiens war Pfeffer nur ein Gewürz von vielen, die ihnen zum Verfeinern und Würzen ihrer Speisen zur Verfügung standen. Den Europäern des Mittelalters hingegen erschien das Pfefferkorn bereits als eine wesentliche kulinarische Zutat. In der Küche wurde er so unentbehrlich wie das Salz, mit dem man Fleisch und Gemüse haltbar machte. Auf jedem Bauernhof gab es einen Salzstein, mit dem das Fleisch abgerieben wurde, bevor man es an Haken unter die Küchendecke hängte. Jede Bauernküche hatte ihr in die Wand neben dem Herd eingelassenes Salzfass, wo es trocken blieb, und in jedem Haushalt gab es eine mehr oder weniger gefüllte Pfefferdose. Pfeffer war für die mittelalterliche Küche so wichtig, dass für ihn zehnmal mehr als für jedes andere Gewürz bezahlt wurde.

Es heißt, dass im 17. Jahrhundert kein Seemann, der etwas auf sich hielt, ohne einen goldenen Ohrring auf große Reise ging, ein Pfand, das seine Schiffskameraden verkaufen konnten, um ihm unterwegs ein anständiges Begräbnis zu finanzieren, was ja häufig

Der Indien-Irrtum

✦

Der genuesische Entdecker Christoph Kolumbus stach 1492 mit drei Schiffen, der *Niña*, der *Pinta* und der *Santa Maria*, in See, um den westlichen Seeweg nach Indien zu finden, eine neue Handelsroute zum indischen Pfeffer. »Wie klein die Welt doch ist«, fand Kolumbus, als er Land sah. Er war davon überzeugt, einmal rund um die Erde gesegelt zu sein und »Indien« erreicht zu haben. Die Bewohner jener Inseln – die in Wirklichkeit die Bahamas waren – nannte er folglich »Indianer«. Er war – nach den Wikingern – der erste Europäer, der nach Amerika gelangte. Seinen Namen trägt der Doppelkontinent jedoch nach dem Italiener Amerigo Vespucci, der ein Jahrzehnt später feststellte, dass Kolumbus einen vierten Erdteil gefunden hatte.

Pfefferhandel
Theodor de Brys Kupferstich zeigt chinesische Pfefferhändler auf Java in den 1550er Jahren, die ihre Ware abwiegen und verkaufen – ein Beweis, dass die Chinesen schon mit Pfeffer handelten, bevor die Europäer hier eintrafen.

erforderlich war. Meeresarchäologen haben jedoch entdeckt, dass Seeleute hierfür eher einen Lederbeutel mit dem wertvollsten Inhalt überhaupt bei sich trugen: schwarzer Pfeffer.

Die Kaufmänner von Venedig

Der Handel auf dem Landweg, der den Pfeffer vom Pfefferstrauch zum Pfefferstreuer brachte, war lang und mühevoll. Zuerst wurde Pfeffer auf indischen Märkten verkauft, auf Maultiere oder Packpferde geladen und in die Gebirgsausläufer Pakistans befördert, weiter nach Afghanistan, durch Iran, Irak und Syrien. Von hier gelangte er durch die Türkei und die Balkanländer ins Zentrum des Handels im 16. Jahrhundert: Venedig.

Die Bündnistreue des kleinen norditalienischen Stammes der Veneter gegenüber dem römischen Imperium war von den Herrschern Roms mit dem Geschenk des Marschlands und der Laguneninseln an der Adriaküste Nordostitaliens belohnt worden. Obwohl die Veneter gelegentlichen Einfällen von Goten und Hunnen ausgeliefert waren, profitierten sie von der für den Handel günstigen Lage zwischen dem an Gewürzen reichen Osten und dem auf Gewürze begierigen Westen. Bereits im 9. Jahrhundert hatten sich die Veneter unter ihren Dogen eine Hauptstadt geschaffen, die Republik San Marco – besser bekannt als Venedig.

Heute ist Venedig eine mittelgroße, elegante Stadt, die aufs Meer hinausblickt, das regelmäßig bis in seine Gassen vordringt. Im frühen

16. Jahrhundert steuerten Venedigs Schiffer keine kunstvoll lackierten Gondeln für Touristen, sondern stabile Kauffahrteischiffe, dank derer Venedig zur Zentrale der stärksten Seemacht seit der Herrschaft des antiken Athen aufstieg.

Die Republik Venedig herrschte über Venetien mit seinen gewinnbringenden Städten wie Bergamo, Brescia, Padua, Verona und Vicenza und hielt breite Streifen der dalmatinischen Küste sowie die Inseln Kreta und Zypern besetzt, wo der Handel florierte. Die Bronzepferde, Symbole der Macht des Byzantinischen Reiches, die einst vor dem Hippodrom von Konstantinopel standen, waren mittlerweile nach Venedig auf den Markusplatz gebracht worden. Die Einnahme Konstantinopels durch die Kreuzfahrer war Venedig zugutegekommen. Die Bronzen stehen noch immer da und künden von der Niederlage von Byzanz.

Während sich die reich gewordenen Kaufleute von Venedig üppige Paläste bauen und schöne Kirchen errichten ließen, um Gott für das Pfefferkorn – und andere Handelsgüter – zu danken, waren die Stadtväter damit beschäftigt, ihren ungeheuren Reichtum in Umlauf zu bringen, und trugen so zum Florieren des internationalen Bankwesens bei. Die vatikanischen Bankiers waren zwar – trotz zahlreicher päpstlicher Edikte gegen den Zinswucher – am erfolgreichsten, doch es war der Florentiner Cosimo de Medici, der »Zweigstellen« seiner Banco Medici in Genf, London, Rom, Mailand, Pisa und Venedig eröffnete.

Erst als das emporkommende Osmanische Reich den venezianischen Handel abzuwürgen begann und Spanier, Portugiesen, Holländer, Franzosen und Engländer sich anderweitig nach den teuren Gewürzen umsahen, gerieten die Banken in Schwierigkeiten. Portugal segelte um das Kap der Guten Hoffnung und durch den Indischen Ozean, um die Gewürze an der Quelle zu kaufen, während Spanien nach Amerika strebte. Der Preis für Pfeffer war angestiegen und hatte zeitweise sogar den Goldpreis erreicht; und noch bevor Kolumbus nach »Indien« segelte, brachen die venezianischen Banken zusammen.

Blutige Gewürze

✦

Die Gewürznelke *(Syzygium aromaticum)* stammt von den sagenhaften Gewürzinseln, den Molukken, einer Gruppe von Vulkaninseln im östlichen Indonesien. Ihre Hauptinseln sind Tidore, Amboina (heute Ambon) und die Bandainseln. Der Gewürzhandel, auch mit Muskat und Muskatblüte, wurde im 17. Jahrhundert von den Holländern überwacht. Nachdem sie die Inseln den Portugiesen abgerungen hatten, verboten sie die Ausfuhr von Pflanzen und vernichteten überflüssige Baumbestände, um ihr Monopol zu sichern. Der Versuch der Briten, 1623 auf Amboina eine Handelsstation einzurichten, führte zur Zerstörung der Niederlassung und Hinrichtung von Briten.

Schwarzer Pfeffer
Die Kletterpflanze *Piper nigrum* trägt Früchte, die man unreif pflückt und in der Sonne trocknen lässt. So werden daraus schwarze, runzlige Pfefferkörner.

Vielfalt ist des Lebens Würze,
denn sie schenkt ihm den Geschmack.

William Cowper, »The Task«, 1785

Stieleiche

Quercus robur

Ursprungsgebiet: Europa, Russland, Südwestasien, Nordafrika

Typus: laubabwerfender Baum

Höhe: bis 40 m

- Nahrung
- Heilmittel
- ***Handelsware***
- ***Werkstoff***

Burgen, Kathedralen und Schlachtschiffe wurden aus diesem Baumriesen gebaut, die Ausbeutung durch den Menschen hat er dennoch gut überstanden. Seine Verwandte, die Korkeiche, hatte weniger Glück – schuld sind der Weinbau und die Winzer.

Eichenherz

Im 19. Jahrhundert nutzte man es für nahezu alles, ob es ums Bauen, Transportieren oder Heizen ging oder ums Färben, Verpacken und Lagern von Abermillionen Litern Bier, Wein und Spirituosen. Die Industrie hätte ohne dieses Material nicht funktioniert – doch waren die Ressourcen bald erschöpft. Die Rede ist vom Holz der Eiche.

Der König der Wälder kann 1000 Jahre alt und 40 Meter hoch werden. Ausgewachsene Exemplare bieten vielen Arten wildlebender Tiere eine Behausung. Bis eine Eiche als Bauholz genutzt werden kann, dauert es an die 150 Jahre. Aber das Warten lohnt sich. Schätzungsweise 5000 ausgewachsene Eichen wurden zwischen 1759 und 1765 für den Bau von Admiral Nelsons Flaggschiff HMS *Victory* verbraucht. »Heart of oak are our ships, heart of oak are our men«, besangen die Briten das Eichenherz ihrer Schiffe und Seeleute.

Für einen derart riesigen, langlebigen Baum ist die natürliche Fortpflanzungsweise der Eiche überraschend unzulänglich. 50 Jahre können vergehen, bis der Baum seine ersten Eicheln trägt. Und die überwiegende Zahl davon geht verloren, sie fallen herab und werden von Tieren gefressen oder verrotten einfach. Und so bleibt es vergesslichen Eichhörnchen oder Eichelhähern überlassen, sie für künftigen Verzehr zu vergraben, damit der Lebenszyklus dieses Baumriesen sich fortsetzen kann.

Die Geschichte der Stieleiche, *Quercus robur* (auch Deutsche Eiche oder – wie die Briten sagen – *English oak*), ist eine der frühesten

Erfolgsgeschichten in Sachen Umweltschutz. Die ersten Eichen auf der Erde entwickelten sich vor etwa 66 Millionen Jahren – etwa zur selben Zeit wie die Mammutbäume Nordamerikas und die Scheinbuchen der Südhalbkugel. Vor Jahrmillionen bedeckte der Baum die europäische Landmasse wie ein Teppich, aber als die Menschen anfingen, ihn zu fällen, bremste dies seine Ausbreitung.

Prachtvolles Obdach
Das unverwechselbare gerundete Blätterdach der Eiche ist ein augenfälliges Landschaftsmerkmal. Die Festigkeit und Haltbarkeit des Hartholzes sicherten dem Baum letztlich die Zukunft.

Aus Eichen wurden vor 5500 Jahren jungsteinzeitliche Kultstätten errichtet, 500 Jahre später stellte sie das Material für die technische Errungenschaft der Bronzezeit: das Rad. Durch das Tannin der Eichen wurde aus Tierfellen Kleidung. Köhler verwandelten ihr Holz in Holzkohle, die leicht zu befördern war und heiß genug glühte, um der Erde wertvolle Metalle zu entreißen. Als die Römer durch Europa stürmten und die natürlichen Ressourcen ihrer neuen Gebiete plünderten, bauten sie Befestigungen und Schiffskiele aus Eichen und stellten so viel Holzkohle her, um Blei, Kupfer, Bronze, Eisen, Zinn, Gold und Silber zu gewinnen, dass die Eichenbestände im Süden Britanniens fast verschwanden.

Die Entvölkerung infolge von Pestepidemien brachte den Eichen eine kurze Erholungspause, aber die alten Eichenwälder Europas waren drastisch geschrumpft und hinterließen spärliche Waldungen und einzelne ehrwürdige Bäume. Die älteste und stärkste lebende Eiche Deutschlands steht im Wald von Ivenack, unweit von Stavenhagen in Mecklenburg-Vorpommern. Sie ist mindestens 1000 Jahre alt, etwa 35 Meter hoch, und in ihrem Stamm würde – wäre er hohl – ein komplettes Ehebett Platz finden. In unmittelbarer Nähe finden sich vier bis sechs weitere eindrucksvolle Baumveteranen, die nicht etwa Reste eines alten Urwalds sind, sondern vom Menschen einst als Hutungswald angelegt wurden, in den man die Rinder und Schweine trieb.

Das Schwinden der Wälder veranlasste den englischen Gartenbauer John Evelyn 1664, in einem der ersten Naturschutzleitfäden zu mahnen: »Bäume wachsen langsam und spenden erst unseren Enkeln Schatten.«

Eiche, deine dunklen Zweige ragen
Stolz empor aus längst vergangnen Tagen,
Geister wandeln durch dein ästig Haus;
Sieben Menschenalter sahst du schreiten,
Und wie Harfen aus den alten Zeiten
Rauscht es durch dein Laub im Sturmgebraus.

Hermann Lingg, *Reiseblätter*, 1870

MAJOR OAK. AGE 1,500 YEARS. GIRTH 35 FEET. BASE 64 FEET.

Ältere Herrschaften
Die Major Oak im Sherwood Forest bei Nottingham ist 800 bis 1000 Jahre alt, ihr Stamm hat zehn Meter Umfang. Das Foto entstand 1912, das dort vermerkte Alter wurde inzwischen nach unten korrigiert.

König der Wälder

Die Eiche ist ein symbolhafter Baum, schon der Prophet Jesaja (1,29) spricht von ihr, sie war im antiken Griechenland dem Zeus geweiht und bei den Germanen dem Gott Thor; für die keltischen Druiden hatte sie sakrale Bedeutung, und unter Eichen wurde Gericht gehalten. Die Eiche ist ein ebenso großer »Charakter« wie Kaliforniens Mammutbaum, Afrikas Affenbrotbaum oder Australiens Eukalyptus – und genauso stämmig. Ein mit Eichenbalken gebautes Haus ist so fest und flexibel, dass es Erdbeben und Wirbelstürme übersteht, das Holz ist hart wie Stahl und widersteht Bränden: Stahl verbiegt sich, Eichenholz schwelt nur. »Bauherr Eiche, König aller Wälder«, schwelgte der Dichter Edmund Spenser.

Übertreibungen haben noch nie die Geschichte verändert, die Eiche aber hat sie geprägt. Die Fachwerkbauten spätmittelalterlicher Städte, sei's in

Gefiederte Freunde
Aus kleinen Eicheln wachsen riesige Bäume. Eicheln sind das Lieblingsfutter von Eichelhähern, die sich Vorräte davon im Waldboden anlegen.

Dürers Nürnberg oder Shakespeares London – alles aus Eichenholz. Der Bau der Flotten, die im Zeitalter der Entdeckungen die Meere befuhren, oder die entscheidenden Jahre der industriellen Revolution – nichts ging ohne Eiche. Ob durch maßloses Abholzen während des Ersten Weltkriegs oder durch Eichensterben infolge von Schädlingsbefall – zeitweise waren Europas Eichenbestände stark gefährdet. Doch seit Beginn des 21. Jahrhunderts wird dem Baum eine erfreuliche Erholung und Zukunft bescheinigt.

Bei den Korkeichen im Süden Portugals war es anders. Sie werden seit drei Jahrhunderten ihrer Rinde wegen »abgeerntet«. Der französische Mönch Dom Pérignon soll entdeckt haben, dass man eine Weinflasche mit einem Korkstöpsel verschließen und jahrelang lagern kann. Vom lebenden Baum werden große Rindenstücke abgeschält; die Stellen vernarben, der Baum erleidet keinen dauerhaften Schaden. Die dicken, gerundeten Rindenstücke werden angefeuchtet und geglättet, ehe man daraus Korken schneidet.

Pflanzt Bäume!

Der zu befürchtende Verlust der Korkeichenwälder Portugals, die den Kohlendioxidausstoß von 185 000 Autos aufnehmen, wird den Klimawandel verschärfen. Gedanken über die Zerstörung alter Waldbestände und den nachhaltigen Umgang mit ihnen wurden bereits 1664 von dem englischen Chronisten und Gartenbauer John Evelyn formuliert. Er beklagte den Mangel an Eichen im Verhältnis zum sich »übermäßig ausbreitenden Ackerland«. Das Buch ermutigte zum Natur- und Baumschutz und führte zur Entwicklung des Gedankens der Nachhaltigkeit.

»Noch Ende des Zweiten Weltkriegs konnte man kilometerweit durch den Süden fahren und nichts als Korkeichen sehen«, erinnerte sich ein Korkarbeiter. »Aber schon da zeichnete es sich ab, dass die Zeit des Korks zu Ende ging, weil Plastikstöpsel und -dichtungen auf dem Vormarsch waren.« Heute gilt die Zukunft der Korkeichen als ungewiss.

Entkorkt
Die Korkeichen im Süden Portugals dienten dem Weinbau über 300 Jahre lang als verlässliche Quelle für Flaschenkorken. Bald braucht man sie nicht mehr, und sie sehen einer ungewissen Zukunft entgegen.

Hundsrose

Rosa canina

Ursprungsgebiet: Europa, Nordamerika, Nordafrika, westliches Asien

Typus: Kletterstrauch mit Dornen

Höhe: bis 3 m

✦ Nahrung
✦ Heilmittel
✦ ***Handelsware***
✦ Werkstoff

Die älteste Zierpflanze Amerikas wurde zum Liebling aller Vorstadtgärtner und führte zur Gründung von Kleingartenvereinen. An der Begeisterung für das Gärtnern im 19. Jahrhundert hatte sie maßgeblichen Anteil.

Duft des Erfolgs

Die Sakai-Nomaden der Malaiischen Halbinsel mögen Mühe haben, moderne Errungenschaften zu begreifen (Lebensversicherungen – oder in einer Stahlschachtel mit fest montierten Sitzen zur Arbeit zu fahren), aber die Wirkung eines Duftes nehmen sie wie jeder Mensch wahr. Vom frischen Flussfisch in Malaysia bis zum Currygericht eines Schnellrestaurants in Melbourne – in allen Gegenden der Erde werden Waren und besonders Speisen mittels ihres Aromas vermarktet. Der Geruchssinn des Menschen ist längst nicht so ausgeprägt wie der von Hunden, Katzen oder vom Pfauenspinner, einem amerikanischen Nachtfalter, der eine Partnerin über zehn Kilometer weit riechen kann, aber die Sprache der Düfte ist universell: Die Urahnin der Frau, die sich einen Tropfen Parfüm aufs Handgelenk tupft, bevor sie in Berlin, London oder Paris zu einer abendlichen Verabredung aufbricht, tat dies auch schon vor 2500 Jahren im alten Persien.

In besagtem Persien kam die Verwendung des Rosenöls auf. Der Sage nach bemerkte eine Prinzessin bei ihrer Hochzeitsfeier einige Rosenblätter, die auf einem Teich schwammen und in der heißen Sonne den Duft aromatischer Öle verströmten. Persisches – und heutzutage indisches, bulgarisches und türkisches – Rosenöl ist zumeist ein Auszug aus Damaszenerrosen *(R. damascena)* und wurde zur bevorzugten Duftquelle der Parfümeure. Und immer noch ist es teuer, denn für 25 Milliliter benötigt man 10 000 Blüten.

1597 schrieb John Gerard in *The Herball*, die Hundsrose *(R. canina)* sei ein Geschenk für »Köche und Damen, die Torten und ähnliche Speisen aus Vergnügen zubereiten«. Aber im Mittelalter zog sich die Bäuerin nicht einfach wegen des Duftes ein

oder zwei Rosen zwischen ihren Krautköpfen und Erbsen– sondern ihrer Heilwirkungen wegen. Sie dürfte die Apothekerrose *(R. gallica* var. *officinalis)* gekannt haben, deren zu Kügelchen gepresste und auf einer Gebetsschnur aufgefädelte Blütenblätter den ursprünglichen »Rosenkranz« bildeten. Des weiteren die Damaszenerrose, die mit den heimkehrenden Kreuzrittern nach Europa gekommen war und als schnell wirkendes Heilmittel bei Husten, Erkältungen und Augenentzündungen diente. Und es gab die blassrosafarbene Hecken- oder Hundsrose *(R. canina)*. Mit ihr behandelte man Bisse tollwütiger Hunde, ihre Blätter dienten als Abführmittel, ihre Samen wirkten harntreibend. Ihre Früchte, die Hagebutten, sind so reich an Vitamin C, dass man während des Zweiten Weltkriegs die Schulkinder losschickte, um sie zu sammeln. Die Heilwirkungen der Rose kommen auch in der Aromatherapie zur Geltung, da sie beruhigt und gegen Depressionen hilft.

VOLLKOMMENER DUFT Rosen, Quelle des duftenden Rosenöls, haben eine gemeinsame Herkunft: wildwachsende Hunds- oder Kletterrosen Europas, Asiens und Nordamerikas.

Zu den schätzungsweise 16 000 Varietäten der Rose kommen auch heute noch ständig neue mit eigenwilligen Namen wie 'Sexy Rexy', 'Playboy', 'Die Welt' oder 'Helmut Schmidt' hinzu. Alle stammen von den wildwachsenden Rosen in Europa, Asien und Nordamerika ab. Diese duftenden Naturformen verblühten schnell. Auch die Blüte der Zuchtformen währte nie lange, wie traditionelle Lieder und Reime belegen:

Pflücke die Rose, eh sie verblüht,
schmiede das Eisen, solange es glüht.

Das änderte sich mit der Einführung der Chinarose *(R. chinensis)*. Ende des 18. Jahrhunderts hatten Händler in der berühmten Fa-Tee-Gärtnerei in Kanton Topfpflanzen entdeckt, die noch im Herbst blühten. Diese nachblühenden chinesischen Hybriden wurden bald nach Europa verschifft und für weitere Kreuzungen und Züchtungen (Teerosen) verwendet.

GEFRÄSSIG

✦

Rosen reagieren gut auf reichliche Düngung. »Sie sind gierig nach richtig viel Mist!«, verriet der Gärtner James Shirely Hibberd im 19. Jahrhundert, als sich private Rosenzüchter immer noch auf jenen Dünger verließen, den schon die alten Griechen verwendet hatten: Tierdung und Gemüseabfälle. Zwischen 1840 und 1890 ersetzten Berge von Seevogelkot diese Düngung: Guano wurde aus Südamerika nach Europa und Amerika verschifft, bis der Engländer John Bennet Lawes in seinem Schlafzimmerlabor ein synthetisches Düngemittel auf der Grundlage von Phosphat entwickelte.

Viele Persönlichkeiten der Geschichte konnten es sich leisten, der Rosenzucht und -pflege in ihren Gärten nachzugehen. Der dritte Präsident der USA, Thomas Jefferson, und Deutschlands erster Bundeskanzler, Konrad Adenauer, gehörten zu ihnen. 1906 kaufte der spanische Arzt Joachim Carvallo in Frankreich das Château Villandry und legte in den Gärten eindrucksvolle Arrangements von Kohlköpfen und Kürbissen mit hochstämmigen Rosenstöcken an. Viele Gartenliebhaber und Kleingärtner leisteten ebenso bedeutende Beiträge zur Rosenzucht.

Ländliche Schönheit

Helen Allingham
Mutter und Kind vor einem Bauernhaus (rechts). Helen Allingham (oben) sah alte, mit Rosen bewachsene Bauerhäuser in Surrey nicht durch eine rosarote Brille, sondern mit den Augen der Malerin und dokumentierte diese volkstümliche Baukunst, ehe weite Landstriche durch Wohnsiedlungen von Pendlern aus London für immer verändert wurden.

Im Werk der Malerin Helen Allingham entfaltet sich der Zauber bäuerlicher Rosen. Sie wurde 1848 geboren und war mit John Ruskin, Alfred Lord Tennyson und Dante Gabriel Rossetti befreundet. Nach dem Studium an einer Londoner Kunstschule für Frauen lebte sie von ihren Illustrationen für Zeitschriften und Bücher. Mit 25 heiratete sie den irischen Dichter William Allingham; 1881 zog die Familie aufs Land nach Surrey, wo all die Bilder von Bauernhäusern entstanden, für die sie berühmt wurde. Sie malte diese stille Welt, in der hübsche Landarbeiterinnen vor mit Rosen umrankten Eingängen von Bauernhäusern ein abendliches Schwätzchen halten. Jenseits aller Romantisierung versuchte sie, viele Details liebevoll festzuhalten, bevor sie infolge der von ihr mit Sorge betrachteten Verstädterung verlorengingen. Sie fing eine Zeit ein, in der Gartenliebhaber in Europa wie in Amerika in den Bann der Rosen geraten waren. In England spielte die Rosenzucht eine herausragende Rolle.

»Wer schöne Rosen in seinem Garten haben möchte, muss schöne Rosen in seinem Herzen tragen«, erklärte der Mann, den Alfred Lord Tennyson als den »Vater der Rose« würdigte: Samuel Reynolds Hole, Dekan von Rochester und Präsident von Großbritanniens erster Rosenzüchtergesellschaft. In den 1860er Jahren wurde er als Juror einer Rosenausstellung in Nottingham berufen und erwartete dort überladene Arrangements, die von den Gärtnern der großen Landgüter ausgebreitet würden. Stattdessen traf er auf eine Grup-

pe von Kleingärtnern aus Nottingham, die sogar ihre eigenen Bettdecken hergenommen hatten, um ihre Lieblingsrosen vor dem Frost zu schützen. Die Veranstaltung war die erste landesweite britische Rosenschau.

Hundsrose
Keine Züchtung übertrifft den Zauber der wilden Hundsrose – wie auf diesem Bild des niederländischen Malers Lawrence Alma-Tadema (*Die Rosen des Heliogabalus*, 1888).

Solche Ausstellungen wurden im 19. Jahrhundert in ganz Europa, in Amerika, Australien und Neuseeland immer beliebter. In den 1840er Jahren sprach sich John Stevens Henslow, ein Pfarrer im englischen Suffolk, wo die Verbrechensrate aufsehenerregend angestiegen war, für die Zuweisung von Kleingärten aus, um der Kriminalität entgegenzuwirken. Die dortigen Bauern fürchteten jedoch, dass ihre Landarbeiter tagsüber die Kräfte schonen würden, um abends in ihren Gärtchen zu werkeln, und wollten jeden anschwärzen, der eines zu mieten wagte. Doch der kluge Henslow lud Grundbesitzer und Landarbeiter zur gleichberechtigten Teilnahme an einer Blumen- und Gemüseausstellung ein.

Inzwischen konnten die Gärtnereien bis zu 1400 verschiedene Rosensorten anbieten. In Nordamerika war die Rose bereits die älteste Zierpflanze überhaupt. Philadelphia hatte 1829 die erste öffentliche Blumenausstellung veranstaltet, und die Geschichte der Rosenschauen in Deutschland erlebte 1913 in Forst in der Lausitz einen ersten Höhepunkt, wo 32 000 Rosenstöcke zu bewundern waren. 2013 wird die Deutsche Rosenschau wieder in Forst stattfinden.

Der Gärtner James Shirley Hibberd wollte es im 19. Jahrhundert lieber natürlich haben: »Sollte ein Rosengarten in Sichtweite der Fenster angelegt werden oder lieber weiter entfernt? Wir sagen: weiter entfernt! Zur Blütezeit sei er ein Wunder, das wir aufsuchen, und danach eine Wildnis, die wir meiden.«

Geheimste Rose, fern und unversehrt,
Umhülle mich, wenn meine Stunde naht;

W. B. Yeats, »Die Geheime Rose«, 1899

Rosen sind rot

✦

Eine Folge des Valentinstags in den USA ist der Ausstoß von über 9000 Tonnen Kohlendioxid. Warum? Unmengen roter Rosen werden aus Afrika und Südamerika eingeflogen. Doch der drohende Klimawandel veranlasste kolumbianische Blumenzüchter, sich auf weniger belastende, nachhaltigere gärtnerische Arbeitsweisen zu verlegen. Beschäftigte kommen zu Fuß oder mit dem Rad zur Arbeit in solarbeheizten Gewächshäusern. »Florverde«, eine Gruppierung für fairen Schnittblumenhandel, verfolgt Ziele wie Sozialprogramme für Arbeiter, minimale Wasserbelastung und geringen Verbrauch von Pflanzenschutzmitteln. Ähnliche Gruppen folgten dem Beispiel.

Zuckerrohr

Saccharum officinarum

Ursprungsgebiet: Neuguinea. Heute die tropischen und subtropischen Gebiete von den USA auf der Nord- bis Australien auf der Südhalbkugel

Typus: tropische schilfartige Süßgraspflanze

Höhe: bis 3,50 m

✦ ***Nahrung***
✦ Heilmittel
✦ ***Handelsware***
✦ Werkstoff

Heroin, Kokain, Alkohol, Tabak ... und Zucker. Auch raffinierter Zucker ist eine Droge und ruiniert schon seit langem die Gesundheit der Menschen. Angesichts der Schäden, die er anrichtet, ist es nicht verwunderlich, dass man vom »süßen Tod« spricht.

Der süsse Tod

Jahrtausendelang kam die Menschheit ohne Zucker aus. Kaum war er da, trieb er Millionen Afrikaner in die Sklaverei und schädigte die Gesundheit seiner Konsumenten.

Auf den Zuckerrohrplantagen der Karibik sangen die afrikanischen Sklaven während der Arbeit. Wie ihren Leidensgenossen beim Baumwollpflücken oder auf den Tabakfeldern half ihnen der Rhythmus ihrer Lieder, Takt und Tempo der Arbeit einzuhalten. Ihre Musik war der Ursprung von Jazz und Blues. Anders als bei Baumwolle und Tabak musste auf den Zuckerrohrplantagen rasend schnell gearbeitet werden; die Lebenserwartung der Sklaven lag hier nur halb so hoch wie auf den Tabakfeldern. Zucker vergiftete seine Verbraucher und tötete seine Arbeiter.

Zucker ist zwar ein altes Nahrungsmittel, aber unsere Art, ihn zu verarbeiten, ist ziemlich neu. Ursprünglich stammt die Pflanze aus Neuguinea; schon bald fand sie ihren Weg über den Indischen Ozean als Bootsladung oder Treibgut. Rohes Zuckerrohr war und ist köstlich, aber bereits vor etwa 2500 Jahren verfügten die Inder von Bihar an den Ufern des Ganges über ein Verfahren, Zuckerrohr zu reinem Zucker zu raffinieren. Es war aber noch eine lange Reise, bis der Zucker Europa erreichte. In Griechenland soll er erst kurz nach der Zeit Alexanders des Großen angekommen sein. Die alten Römer definierten Süße noch durch den Vergleich mit Honig: *dulcior melle*.

Wenn Sekt und Zucker ein Fehler ist, so helfe Gott den Lasterhaften!

William Shakespeare, *Heinrich IV.*, 1. Teil, 1597

Als raffinierter Zucker im 12. Jahrhundert nach Europa kam, bemächtigten sich zunächst die Venezianer des Handels, so wie sie es schon mit den

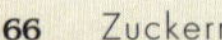

Gewürzen getan hatten. Aber auch hier entglitt ihnen schließlich die Kontrolle, und das Geschäft mit dem Zucker verlegte sich vom Mittelmeer ins nördlichere Europa.

Ein entscheidender Moment in der Geschichte des Zuckers war die Reconquista, als die Muslime – oder »Mauren« –, die die Iberische Halbinsel besetzt hielten, von christlichen Heeren wieder vertrieben wurden. Theoretisch hätte man in Spanien die Methoden der Eindringlinge, Zucker anzubauen und zu verarbeiten, übernehmen können. Aber den Spaniern ging es mehr um Eroberungen in der Fremde.

Als die Muslime Ende des 15. Jahrhunderts vertrieben waren, brachte Kolumbus Zuckerrohrstecklinge nach Haiti. Spätere spanische Missionen führten Zuckerrohr auf anderen karibischen Inseln ein und bald darauf auch jene andere »Ware«, die in den nächsten 300 Jahren mit dem Zuckerrohranbau untrennbar verbunden bleiben sollte: afrikanische Sklaven.

Dabei hätte man gar keine Sklaven benötigt. Die Methoden des Ackerbaus im Europa des 17. Jahrhunderts – mit Ochsengespannen und tief greifenden Pflugscharen – hätten diese Aufgabe ebenso wirksam erfüllt. Aber der Zucker und das Verlangen der Leute danach hatten bereits den Gang der Geschichte in Richtung der Sklaverei gelenkt.

Abgesehen von ihrer moralischen Verwerflichkeit, brachte die Sklaverei nur kurzfristigen wirtschaftlichen Nutzen, aber langanhaltendes soziales Unglück. Menschen in einem Teil der Welt zu stehlen und sie in einem anderen Teil zu Tode zu schinden erzeugte tiefen Hass, der über Generationen hinweg anhielt.

Wie es bei vielen Pflanzen in diesem Buch der Fall ist, hatte auch der Handel mit Zucker gute und schlechte Folgen. Wenn man ihn auf den richtigen Märkten verkaufte, erwies er sich als höchst einträgliche Ware, und je mehr davon verbraucht wurde, desto stärker wuchs das Verlangen danach.

Lateinamerika war voller Schätze der Inkas und Azteken, die man plündern und in Spanien und Portugal verteilen konnte; die Karibik indes bot in dieser Hinsicht recht wenig. Während sich die naschhaften Europäer als Konsumenten für raffinierten Zucker anboten, waren Barbados, Jamaika,

RAFFINIERTER GESCHMACK
Seit Jahrhunderten verfeinert und veredelt man Pflanzen, um reinere Endprodukte zu erhalten. Doch das Raffinieren von Zuckerrohr zog eine ganze Folge von Problemen nach sich.

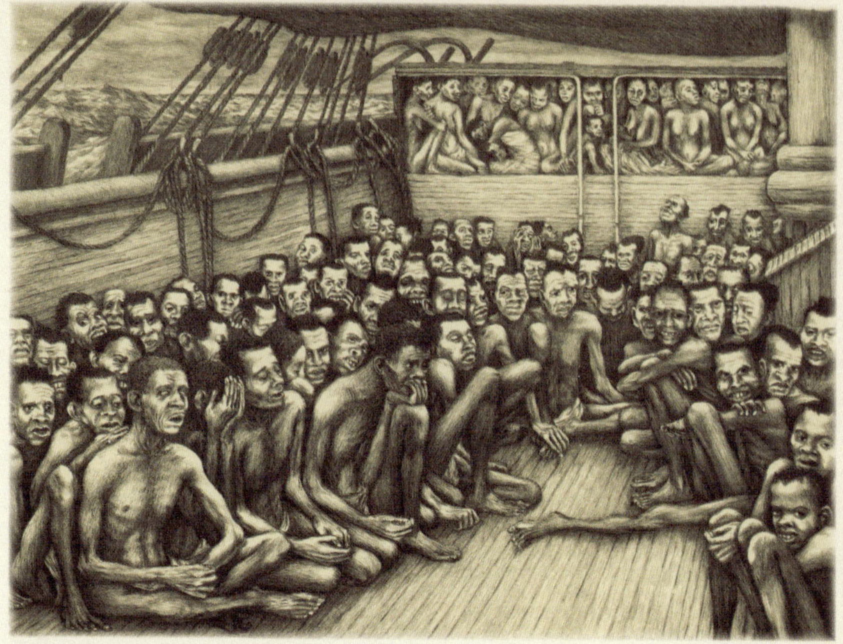

Sklavenhandel
Zucker war ein höchst profitables Erntegut und erforderte viel Land und viele Arbeitskräfte. Die damals aufkommenden landwirtschaftlichen Methoden hätten die Sklavenarbeit erübrigt, aber der Handel mit schwarzen Sklaven war mindestens ebenso einträglich wie der mit dem Zucker selbst.

Kuba, Haiti und Grenada die Inseln der Wahl für den Anbau und die Verarbeitung des Zuckerrohrs. Mitte der 1660er Jahre sollte Barbados weltweit die Nummer eins unter den Zuckererzeugern werden, und um 1800 war Jamaika der größte Exporteur. Kuba folgte Mitte des 20. Jahrhunderts (siehe Kasten S. 171).

Als der schottische Dichter James Thomson 1740 sein Maskenspiel *Alfred* niederschrieb, fügte er die trotzigen Zeilen ein: »Herrsche, Britannia! Herrsche auf den Meeren! Briten werden nimmer Sklaven werden.« Aus »Rule Britannia« wurde später eine Art inoffizielle Nationalhymne. Thomson wusste, wovon er sprach: Im 17. Jahrhundert konnten sich viele britische Kaufleute mit ihrem Wohlstand Freiheiten, Privilegien und Rechte erkaufen. Diese Patrizier betrieben in Städten wie Bristol, Liverpool und London die großen Seehäfen. Sie unterstützten ihre Banken mit hohen Darlehen und großzügigen Einlagen aus den Gewinnen, die sie mit dem Zucker- und Sklavenhandel machten. Plantagenbesitzern wurde Geld zum Kauf afrikanischer Sklaven geliehen; die Profite aus dem Verkauf raffinierten Zuckers flossen wieder ins Geschäft.

Auf dem Atlantik entstand ein Dreieckshandel zwischen europäischen Seehäfen, westafrikanischen Sklavenhäfen und den Zuckerhäfen der Karibik. Waffen, Textilien, Salz und billiger Schmuck aus Europa wurden zunächst nach Westafrika verschifft. Dort tauschte man diese Waren gegen Menschen, die im Innern des Kontinents von arabischen Sklavenjägern entführt und versklavt worden waren. Wenn die Laderäume der

Schiffe leer waren, wurden sie mit Menschen gefüllt. Sie wurden aneinandergekettet, damit sie nicht über Bord springen konnten, und mussten unter unvorstellbaren Bedingungen Seite an Seite unter Deck liegen. Selbstmord auf See war eine bevorzugte Alternative zum Alptraum der bevorstehenden Zwangsarbeit. Wer die monatelange Reise zwischen Afrika und Amerika durchstand, galt als besonders überlebensfähig. Neben Großbritannien beteiligten sich auch andere europäische Länder am afrikanischen Sklavenhandel: Frankreich war etwa für 1,2 Millionen Sklaven verantwortlich; auch Preußen ließ sich 17 000 zuschulden kommen. An der nächsten Station des Dreieckshandels im Karibischen Meer wurden die halbtoten Überlebenden entladen und an Plantagenbesitzer verkauft. Nun belud man die Schiffe zum letzten Mal: Die Laderäume füllten sich mit Rum und Zucker, dann ging es zurück nach Europa.

Großbritannien war das erste Land der Erde, das eine solche Vorliebe für Süßes entwickelte, dass es dort unvorstellbar wurde, Tee, Kaffee oder Kakao ohne Zucker zu trinken. Und es war das erste Land, das eine industrielle Revolution in Angriff nahm, die ohne die Gewinne aus dem Dreieckshandel nur schleppend vorangekommen wäre. Bevor Richard Trevithik seine feurige Schöpfung, die Dampflokomotive, enthüllte, war der Zucker Englands wichtigster und lukrativster Import.

Süsse Bienen

Bevor es raffinierten Zucker gab, war Honig das natürliche Süßungsmittel. Im alten Ägypten galt er als Speise der Götter. Aber die Bienen, die für weltweit 80 Prozent der Bestäubung von Erntepflanzen sorgen, wurden 2006 in Europa und Nordamerika von einem mysteriösen massiven Bienensterben heimgesucht. Die Ursachen für den Kollaps der Bienenvölker werden in Veränderungen des Lebensraums, Pestiziden, genmanipulierten Pflanzen, der globalen Erwärmung, Dürren und Mobilfunk-Strahlung vermutet. In Deutschland spielen bestimmte Viren und die Varroamilbe eine Rolle. Eine genaue Antwort ist die Wissenschaft noch schuldig.

Zuckerrohrernte
Arbeiter auf den Zuckerrohrplantagen bei Guánica in Puerto Rico in den 1940er Jahren. Sie waren die Erben der sozialen Problematik infolge des europäischen Monopols im Sklavenhandel.

Sklaven des Zuckers

Die lexikalische Definition der Sklaverei als »Eigentum an einem Menschen durch einen anderen« lässt die Demütigungen durch die Sklavenhalter außer Acht. Weitere Erklärungen wie »Sklaven wurden ihrer Arbeitskraft wegen verwendet, aber sexuelle Rechte an ihnen dürften auch ein wichtiges Element gewesen sein«, sind blanke Euphemismen für die alltäglichen Vergewaltigungen. So etwas konnte nicht Bestand haben. Dänemark verbot den transatlantischen Sklavenhandel 1792, Frankreich 1794, im selben Jahr, als ein Gesetz der USA untersagte, amerikanische Schiffe für Sklaventransporte zu verwenden. Großbritannien verbot 1807 den Sklavenhandel, die britischen Besitzungen in der Karibik 1834. 1815 fasste der Wiener Kongress einen gemeinsamen europäischen Beschluss gegen die Sklaverei, 1863 schaffte Präsident Lincoln mit dem 13. Verfassungszusatz die Sklaverei in den USA ab. Obwohl es noch bis in die 1930er Jahre Handel mit afrikanischen Sklaven gab, war er seit den 1860er Jahren geächtet. Auf den Zuckerrohrplantagen selbst nahm die Sklavenhaltung erst durch wirtschaftliche Veränderungen ein Ende.

Während des 19. Jahrhunderts experimentierten Gemüsegärtner mit einem unansehnlichen Gewächs: *Beta vulgaris*, die Runkelrübe. Sie war

Kinderspiel
Noch lange nach Abschaffung der Sklaverei arbeiteten Kinder wie diese (1915 bei Sterling, Colorado) auf Zuckerrohrplantagen und verbrachten mehr Zeit auf den Feldern als auf Spielplätzen oder in der Schule.

schon seit langem auf den Bauernhöfen in Mittel und Nordeuropa als Futterpflanze angebaut worden, damit das Großvieh gut durch die langen Winter kam. Die Rübe wurde vermutlich zuerst im 13. Jahrhundert in Deutschland angebaut, und als es etwa 600 Jahre später dem deutschen Wissenschaftler Franz Karl Achard gelang, rund sechs Prozent Zucker aus einer bestimmten Rübensorte zu gewinnen, ergriffen Staaten wie Deutschland und Frankreich diese Chance. Das britische Monopol für karibischen Rohrzucker trieb sie dazu, *B. vulgaris* so zu kreuzen, dass die Kulturform der Zuckerrübe daraus entstand, die man fortan auf Abertausenden Hektar europäischen Bodens anbaute.

Kriegswaffe
Als sich herausstellte, dass die seit Jahrhunderten in Nordeuropa als Viehfutter angebaute Runkelrübe geringe, aber verwertbare Zuckeranteile enthält, ließ Napoleon im Krieg gegen das »zuckerreiche« England im großen Stil Zuckerrüben anbauen.

Napoleon sah in der Zuckerrübe eine nützliche Waffe in seinem Krieg gegen England und befahl, dass sie auf 70 000 Morgen Land anzubauen sei. Die Rübe gab viel her: Das Vieh konnte gut mit den Schnitzeln gefüttert werden, die übrig blieben, nachdem der Zucker extrahiert worden war. Ein anderes Nebenprodukt, die Melasse, ließ sich zum Brennen von Alkohol nutzen. Und man brauchte für den Anbau keine Sklavenarbeit. Bereits 1845 unterbot der Preis für Rübenzucker jenen des karibischen Rohrzuckers; schließlich brach der Karibikhandel fast völlig zusammen. Einige Zuckerrohrfarmer gingen bankrott, andere – und mit ihnen die Banken, die den Sklavenhändlern das Kapital geliehen hatten – hielten sich über Wasser, denn für den Verlust ihres »Geschäfts« (die freigelassenen Sklaven) wurden ihnen Entschädigungen bezahlt.

So arm und erschöpft wie die Sklaven war schließlich auch der Boden der Plantagen, denn das Zuckerrohr war gefräßig und verbrauchte große Mengen Dünger und Wasser. Zwischen dem Pflanzen der Stecklinge und der Ernte wuchs das Zuckerrohr wie ein Feld mit Riesengräsern in die Höhe. Zur Erntezeit fackelte man manchmal Spitzen, Stängel und Blätter, die Bagasse, ab, bevor das Rohr selbst geschnitten und in

Kuba

✦

Die spanische Kolonie Kuba wurde zu einem wichtigen Zuckerlieferanten, nachdem sie 1762 kurzzeitig von den Briten eingenommen worden war. Schon 1820 war die Insel der größte Zuckerexporteur der Welt. Nach der Abschaffung der Sklaverei 1865 wurde die kubanische Zuckerproduktion mechanisiert und blieb bis weit ins 20. Jahrhundert hinein Weltmarktführer und Amerika ihr größter Abnehmer. Doch je mehr Zucker nach dem Zweiten Weltkrieg in den USA selbst erzeugt wurde, desto deutlicher sank der Bedarf an kubanischem Zucker. Die Wirtschaft des Landes brach ein, und Fidel Castro, unehelicher Sohn eines Zuckermagnaten, griff nach der Macht.

Zuckerpirat
Der holländische Seeräuber Piet Heyn brachte 1627 mehr als 30 unter portugiesischer Flagge segelnde Schiffe vor der Küste Brasiliens auf. Die Beute? Die Laderäume waren voller Zucker.

die Zuckerfabrik gebracht, gequetscht und gekocht wurde. Bei der Verarbeitung entstand hochwertige Saccharose. Zunächst erhielt man schweren, schwarzen Rohzucker, den man stufenweise zu braunem, gelbem und schließlich »plantagenweißem« Zucker raffinierte. Nachdem man das Zuckerrohr mit dem Rohrmesser oder der Maschine geerntet hatte, trieben die Pflanzen in der nächsten Saison neue Stängel aus, was sich zwei- oder dreimal wiederholen konnte, bis die Plantage erschöpft war.

Eine potenziell erfeuliche Entwicklung war die Nutzung von Zuckerrohr als Ersatz für nicht erneuerbare fossile Brennstoffe. In Brasilien legte man im Rahmen eines staatlichen Programms Zuckerrohrfelder an, um Benzin durch pflanzlichen Alkohol zu ersetzen. Zwar wird dadurch die Luft weniger verschmutzt, aber leider bedroht die Ausbreitung der Zuckerrohrfelder, ähnlich wie die Sojapflanzungen (siehe Seite 84), den Primärwaldbestand des Amazonasbeckens. Und der pflanzliche Benzinersatz ist mit dafür verantwortlich, dass die Anbauflächen für Nahrungsmittel weltweit zurückgehen, was deren Preis in die Höhe treibt.

Die sozialen Folgen unseres Verlangens nach dem süßen weißen Stoff sind unübersehbar. Die Arbeitsbedingungen haitianischer Migranten, die über die Grenze in die Zuckerarbeitersiedlungen der Dominikanischen Republik kommen, um dort zu schuften, sorgen für anhaltende Kritik, während die Länder der entwickelten Welt mit einer anderen Auswirkung des Zuckers kämpfen: der Fettleibigkeit.

Seit Jahrzehnten verringern die Lebensmittelhersteller den Ballaststoffgehalt ihrer Erzeugnisse und erhöhen den Zuckeranteil – mit verheerenden Folgen. Zu den mit Übergewicht verbundenen Gesundheitsrisiken gehören Diabetes, Krebs und Herz-Kreislauf-Erkrankungen (siehe Kasten). Die WHO schätzt, dass bis 2015 etwa 1,5 Milliarden Menschen unter den Folgen von Übergewicht leiden werden. Doch was ist diese Zahl gegen das Leiden von mehr als 20 Millionen Afrikanern, die für das Geschäft mit dem Zucker versklavt wurden?

Naturkatastrophe

✦

Die rund 7000 essbaren Pflanzen der Erde enthalten alle etwas Zucker sowie Fett, Stärke, Eiweiß und Faserstoffe. Unser Verdauungssystem produziert Enzyme, die den natürlichen Zucker in Energie umsetzen und die Faserstoffe aufspalten. Wenn wir raffinierten Zucker zu uns nehmen, hat das Verdauungssystem nichts zu tun. Der Körper bildet keine Enzyme und verweigert die Aufnahme ballaststoffreicher Nahrung. Das beschleunigt die Abhängigkeit von Zucker, führt zu Übergewicht und anderen Gesundheitsproblemen wie Alkoholismus (Alkohol gelangt noch schneller in den Blutkreislauf als Zucker) und Diabetes.

Süsse Sucht
(Bild rechts) Erst war er nur ein harmloses Süßungsmittel für Tee, aber schließlich wurde Zucker, der von solchen Plantagen kam, zu einem Suchtstoff in zahllosen Lebensmitteln.

Silberweide

Salix alba

Ursprungsgebiet: Europa, China, Japan, Nordamerika

Typus: schnell wachsender Baum

Höhe: bis 24 m

✦ Nahrung
✦ ***Heilmittel***
✦ Handelsware
✦ ***Werkstoff***

Im 20. Jahrhundert geriet die Kunst des Weidenflechtens fast in Vergessenheit. Menschen mit dem Risiko einer Herz-Kreislauf-Erkrankung nehmen hingegen täglich ihre Weidendosis ein. Acetylsalicylsäure, der die Weide ihren Namen gab, steht seit 1977 auf der Liste der unentbehrlichen Arzneimittel der WHO.

Kopfschmerzen

1899 brachte das Pharmaunternehmen Bayer Aspirin auf einen noch ahnungslosen Markt. Das Erscheinen dieses am häufigsten eingenommenen Medikaments der Welt war das Ergebnis der Arbeiten deutscher und französischer Chemiker, die im 19. Jahrhundert eine besondere Substanz aus der Rinde der Silberweide *(Salix alba)* isolierten. Dieses »Salicin« führte zur Entdeckung der Salicylsäure in den Weidenrindenextrakten und im Echten Mädesüß (*Filipendula ulmaria*, siehe Kasten rechts).

Dass die Silberweide über starke Heilkräfte verfügt, hatte man bereits seit Jahrhunderten vermutet. Dioskurides beschrieb sie als Mittel gegen Gicht, und sie wurde bei allen Arten von Schmerzen und Erkrankungen verwendet: Rheuma, Geburtswehen, Zahnschmerzen, Ohrenschmerzen und – vor allem natürlich – Kopfschmerzen.

John Gerard, der Kräuterheilkundige, wusste 1597 nichts dazu zu sagen, aber Nicholas Culpeper empfahl die Weidenbaumrinde als Ersatz für Chinarinde. Wie Culpeper erläuterte, stiegen die Preise für Chinarinde: »Solange die Rinde aus Peru ihren üblichen bescheidenen Preis hatte, lohnte es sich kaum, nach einem Ersatz zu suchen, aber jetzt müssen wir fürchten, dass sie Jahr um Jahr teuerer und stärker verunreinigt wird.«

In den 1890er Jahren brachten Chemiker, die nach Ersatzstoffen zur Behandlung von Rheuma und Arthritis geforscht hatten, Aspirin zutage. Der Rest ist sozusagen Geschichte. Erwähnt sei jedoch die schreckliche Grippe-Pandemie des Jahres 1918. Ein aus Italien nach England heimgekehrter Soldat erinnerte sich, in Güterwägen transportiert worden zu sein, »während Männer um mich herum wie die Fliegen starben. Wir verloren mehr Leute durch die Grippe als im Krieg!« Die sogenannte Spanische Grippe kostete zwischen 50 und 100 Millionen Menschen das Leben und war eine der größten Katastrophen der Geschichte. Die Verkäufe des neuen Mittels Aspirin schnellten sprunghaft in die Höhe.

S. alba ist eine von vielen Weidenarten, die alle der Gattung der *Saliceae* angehören und, wie Espen und Pappeln, meist am Wasser zu finden sind. Sie wächst rasch und wird, wenn sie ausreichenden Zugang zu Quell- oder Flusswasser hat, etwa 120 Jahre alt. Die niedrigere Sal- oder Palmweide, *S. caprea*, lebt nur halb so lang und bringt im Frühjahr zottige, silberweiß glänzende Palmkätzchen hervor. Sobald sie aufblühen, werden pollensammelnde Bienen von ihrem Duft angelockt. Englische Weiden (*S. alba* 'Caerulea') liefern das ideale Holz für Cricket-Schlagkeulen. Weidengerten gelten noch immer als bestes Material für die Körbe von Heißluftballons, und neuerdings werden von ökologisch Bewegten Weidensärge bevorzugt.

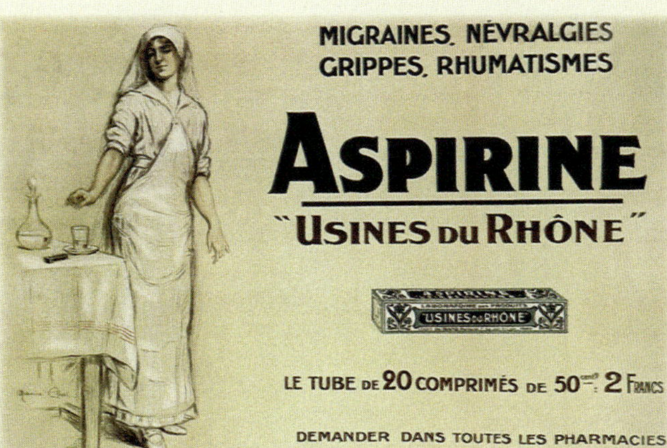

Schmerzmittel
Schon lange war die Weide mit Schmerzlinderung in Verbindung gebracht worden. Nachdem es gelang, aus ihrer Rinde die Salicylsäure zu gewinnen, wurde sie zur Quelle des weltweit meistgenutzten Medikaments.

Die Kunst des Weidenflechtens, die auf alten keltischen Traditionen beruht, ist im 20. Jahrhundert nahezu verschwunden. Die langen, biegsamen Ruten der Korbweiden werden seit der Jungsteinzeit für die Korbmacherei verwendet; aber die handwerklichen Fertigkeiten, aus Weidenästen viele nützliche Dinge – von Fischerbooten über Hausdächer bis zu Aal- und Krabbenkörben – herzustellen, sind im Plastikzeitalter fast gänzlich ausgestorben.

Wie für viele Pflanzen, die den Gang der Geschichte veränderten, sieht die Zukunft für die Weide nicht schlecht aus. Forschungen haben ergeben, dass man mit der regelmäßigen Einnahme von Aspirin Schlaganfällen und Angina pectoris vorbeugen kann. Und in Schweden hat Weidenholz als häusliches und industrielles Heizmaterial bereits das Erdöl überholt. Weitere Forschungen befassen sich mit seiner möglichen Verwendung als Biotreibstoff.

»Ich bin in der Regel sehr tapfer«, fuhr er mit leiser Stimme fort; »nur habe ich heute zufällig Kopfweh.«

Lewis Carroll, *Alice hinter den Spiegeln*, 1871

Aspirin am Wegesrand

✦

Das Mädesüß *(Filipendula ulmaria)* findet heute kaum Beachtung, doch in früherer Zeit war es wichtig, die Stellen zu kennen, wo es wuchs, und dieses Wissen zu hüten. Mit anderen Pflanzen wie dem Gagelstrauch *(Myrica gale)* wurde es zum Würzen von Bier und als Heilmittel verwendet. Ursprünglich hatte Linné ihm den Namen *Spiraea ulmaria* gegeben. Das Wort »Aspirin« setzt sich aus diesem ersten, alten Namensteil und dem A von Acetyl zusammen; Aspirin ist Acetylsalicylsäure oder kurz: ASS.

Kartoffel

Solanum tuberosum

Ursprungsgebiet: Anden in Südamerika

Typus: krautige mehrjährige Pflanze mit essbaren Knollen

Höhe: bis 1 m

- ***Nahrung***
- Heilmittel
- ***Handelsware***
- Werkstoff

Der Gang der Geschichte wurde nie durch eine Pflanze allein verändert, sondern durch die Art, wie Menschen sie nutzten, missbrauchten oder davon profitierten. Für die meisten Leute war die Kartoffel ein Lebensmittel. Aber das Schicksal einer Nation – Irlands – und die Bevölkerungsentwicklung einer anderen – der USA – wurden von der kleinen Knolle aus Südamerika maßgeblich beeinflusst.

Heisse Kartoffeln

Zufällig war 1886 ein Fotograf mit seiner Plattenkamera vor einem hübschen alten irischen Bauernhaus zugegen. Seine Linse fing eine schlimme Szene ein: Drei Polizisten sehen zu, wie Handlanger des Grundbesitzers eine Pächterfamilie zur Räumung zwingen. Ihre wenigen Möbel sind vor dem torfgedeckten Haus aufgestapelt. Großvater, Vater und zwei Jungen stehen daneben und schauen betroffen drein. Auf einem zweiten Foto ist ein Rammbock vor dem Haus aufgebaut, der bereits ein Loch in die Wand gestoßen hat. Ginsteräste sind durch die Öffnung und die zerbrochenen Fenster gestopft worden. Sollte der Fotograf bis zum Ende geblieben sein, so ist dieses Bild nicht erhalten. Stattdessen müssen wir uns vorstellen, wie der Ginster angezündet wird und das Haus Feuer fängt, während die ehemaligen Bewohner ihre Habseligkeiten schultern und sich auf eine bittere Wanderung machen. Manche von ihnen starben. Manche überlebten und fristeten ein armseliges Leben in den Elendsvierteln von Dublin, Cork oder Belfast. Andere bestiegen Schiffe, um in Amerika, Australien oder Neuseeland ein neues Leben zu beginnen. Allen blieb die Verbitterung.

Luther erschütterte Deutschland – aber Francis Drake beruhigte es wieder: Er gab uns die Kartoffel.

Heinrich Heine (1797–1856)

Die irischen Kartoffel-Missernten der 1840er Jahre waren nationale Katastrophen mit internationalen Auswirkungen. Die nachfolgenden Hungersnöte und eine Typhusepidemie forderten eine Million Menschenleben und trieben weitere zweieinhalb Millionen auf die Auswandererschiffe. Cobh bei Cork dürfte der Hafen gewesen sein, in dem die Kartoffel zuerst in Irland ankam. Und für viele Iren war dieser Hafen der letzte Eindruck, den sie von der Grünen Insel mitnahmen, bevor sie die »schwimmenden Särge« – so nannte man die Schiffe wegen der Verhältnisse an Bord – auf einer dreimonatigen Reise über den Atlantik brachten.

Vertrieben
1886 in Kerry, Irland: Die Ortspolizei überwacht, wie eine Pächterfamilie, die die Abgaben für ihr kleines Pachtgut nicht mehr bezahlen kann, aus dem Haus vertrieben wird.

»Als Hunger und Katastrophen über das unglückliche Land [Irland] hereinbrachen, suchten seine Bürger Zuflucht unter den ›Stars and Stripes‹. Hier schürten sie die verlöschende Glut des Hasses auf den [britischen] Erzfeind, und die Folgen haben wir noch heute«, schrieb E. A. Bunyard 1936.

In den 1960er Jahren brachen die blutigen Feindseligkeiten zwischen Katholiken und Protestanten in Nordirland aus. Inzwischen konnten fast 34,5 Millionen Amerikaner auf ihre irischen Wurzeln verweisen. Manche sahen es als ihre Pflicht an, der einen oder anderen Seite Geld und Munition zu schicken. Tausende sollten während der sogenannten »Troubles« sterben. Bei einem der schlimmsten Vorfälle explodierte 1987 in der Stadt Enniskillen eine Autobombe inmitten von Familien, die einem Veteranenumzug zuschauten. Elf Menschen wurden getötet. Irlands Bürde in der neuesten Geschichte hat ihre Wurzeln in der Kartoffel-Hungersnot.

Giftige Kartoffeln

Die Menschen in Peru essen seit Jahrtausenden Kartoffeln. 4000 Jahre alte Tonscherben legen nahe, dass die Kartoffel hier besonders verehrt wurde. Für die Inka stellte dieses Gemüse eine Ergänzung zum Mais dar, und als ihre Kultur von den spanischen Konquistadoren zerstört wurde, war die Kartoffel ein Teil der Beute, die diese nach Europa mitnahmen.

Das Jahr der Kartoffel

✦

Die Vollversammlung der Vereinten Nationen bestimmte am 18. Oktober 2007 in New York das Jahr 2008 zum »Internationalen Jahr der Kartoffel«. Zweck dieser Entscheidung war es, das Bewusstsein für die Bedeutung der Kartoffel als Nahrungsmittel zu wecken, die Forschung über Kartoffelanbau und -verwertung (auch im Kleinen für den Eigenbedarf) und die Entwicklung »kartoffelbasierter Systeme« zu fördern und so die Entwicklungsziele der UNO zu erreichen helfen. Die Kartoffel bietet beste Voraussetzungen, weltweit zur Bekämpfung des Hungers beizutragen.

DAS RALEIGH-GERÜCHT
Währen die Spanier in den 1570er Jahren die Kartoffeln in ihre europäische Heimat brachten, soll Sir Walter Raleigh dieses Gemüse in England eingeführt haben. Leider gibt es keinerlei Beweise dafür.

Die Knollenfrüchte können fast überall – außer in tief liegenden Tropenregionen – angebaut werden, und ihr Stärkeanteil bietet einen höheren Nährwert als jedes Getreide. Die Kartoffeln der Konquistadoren waren letztlich wertvoller als alles Gold und Silber der Inka.

Obwohl alle grünen Teile dieses Nachtschattengewächses giftig sind (ebenso wie grün gewordene Knollen, die dem Licht ausgesetzt waren), enthält die Kartoffelknolle selbst wertvolle 18 Prozent Kohlenhydrate, zwei Prozent Eiweiß, etwas Kalium und etwa 78 Prozent Wasser. Sie kann gekocht, gebacken, gebraten, als Suppe oder Eintopf zubereitet, zu Mehl oder Chips verarbeitet oder zu hochprozentigem Schnaps gebrannt werden. Ganze Familien haben von nichts anderem als Kartoffeln gelebt. Man möchte meinen, ein derart vielseitiges Lebensmittel wäre in Europa freudig begrüßt worden. Aber so war es nicht.

In einer englischen Gartenenzyklopädie von 1930 ist zu lesen: »Die Einführung der Pflanze wird gewöhnlich Sir Walter Raleigh zugeschrieben, der sie aus Amerika mitgebracht haben soll, aber später haben Experten behauptet, dass ein Thomas Harriot dafür in Betracht komme.« Es heißt auch, Sir Francis Drake, der 1586 ein paar heimwehkranke Siedler aus Virginia zurück nach England mitnahm, habe auch »einige Virginia-Kartoffeln mitgebracht«. Es gibt viele solcher Geschichten. Wahrscheinlicher ist es, dass die Kartoffel in Spanien mit Erfolg angebaut wurde und von hier nach und nach in den Norden und Osten Europas gelangte.

Das Europa des 16. und 17. Jahrhunderts war von religiösen Spannungen und Aberglauben überschattet. Die Konflikte zwischen Katholiken und Protestanten reichten von der Reformation über die Bauernkriege bis zum Dreißigjährigen Krieg. Sie eskalierten etwa in der Bartholomäusnacht von 1572, als in Paris unter Protestanten ein Blutbad angerichtet wurde, oder in dem verhinderten Anschlag auf das englische Parlament im Jahr 1605, dem »Gunpowder Plot«, dessen katholische Verschwörer grausam hingerichtet wurden.

FISH 'N' CHIPS

✦

»Traditional Fish & Chips«. Diese Aufschrift an einem Pub oder Schnellrestaurant in England lässt vermuten, gebackener Fisch und das, was Winston Churchill seinen »guten Gefährten« nannte, nämlich roh in Fett gebackene Kartoffelstäbchen, seien seit Jahrhunderten britische Standardkost. Und doch war die Pastinake, nicht die Kartoffel, das lange Zeit bevorzugte Gemüse. Mitte des 18. Jahrhunderts gab es offenen Widerstand gegen die Kartoffel, ja man sah in ihr sogar eine Speise der Katholiken. Während eines Wahlkampfs in Lewes in Südostengland forderte dann auch ein protestantischer Kandidat: »Keine Kartoffeln – keine Papisten!«

Katholische Ketzer- und Hexenverfolgungen und -verbrennungen steigerten sich im 16. und 17. Jahrhundert zu einem regelrechten Massenwahn. Das Werk des Teufels war überall zu sehen, und voller Argwohn blickte man auf die nackte kleine Kartoffel mit ihren üppigen, anzüglichen Kurven und Rundungen und ihrer unterirdischen Vermehrung. Rechtschaffene, gottesfürchtige Protestanten wiesen deshalb darauf hin: In der Bibel kommt die Kartoffel nicht vor!

Zusätzliche Sorge bereitete die Tatsache, dass diejenigen, die versehentlich rohe Kartoffeln gegessen hatten, unter einem Hautausschlag litten, der als eine Art Lepra angesehen wurde. »Auch wenn die Kartoffel eine vorzügliche Wurzel ist, allgemeine Verwendung verdient, sieht es nicht so aus, als würde ihr Gebrauch in diesem Land jemals zur Selbstverständlichkeit werden«, urteilte 1795 David Davies.

Pfarrer Gilbert White, der als einer der Ersten in England Kartoffeln anbaute, vermerkte in seinem Küchengarten-Tagebuch einen Wendepunkt. Am 28. März 1758 notierte er: »Pflanzte 59 Kartoffeln, keine sehr großen Wurzeln.« Zehn Jahre später hielt er fest: »Kartoffeln haben innerhalb von zwanzig Jahren in unserer kleinen Gegend mithilfe von Prämien die Oberhand gewonnen und werden jetzt von den Armen sehr

Reiche Ernte
Angehörige der Salish aus dem Nordwesten Amerikas beim Ausgraben von Kartoffeln (1907). Zwei Drittel der US-amerikanischen Kartoffelproduktion stammen heute aus Washington, Oregon und Idaho.

Beliebte Kartoffel
Anfangs zog man im nördlichen Europa die Pastinake der »zugereisten« Kartoffel vor. Aber dank der höheren Erträge und der längere Vegetationsperiode der Kartoffel wechselten die Menschen die Fronten.

geschätzt, die sie zuvor kaum zu kosten gewagt hätten.« 1838 notierte William Cobbett in *The English Gardener*, dass die Kartoffel sich als Beilage »sehr gut eignet, um den Genuss von fettem Fleisch oder großer Mengen Butter auszugleichen. Sie scheint nichts Ungesundes an sich zu haben, und wenn es eine gute Sorte ist, wird sie von vielen Menschen anderen einfachen Gemüsesorten vorgezogen.«

Auch in Deutschland erfolgte die Akzeptanz der Kartoffel zunächst zögerlich. 1647 wurden erstmals Kartoffeln in Oberfranken, 1716 in Sachsen angebaut. Eine Hungersnot in Preußen beschleunigte dann die Einführung. Friedrich II. (»der Große«), der von 1740 bis 1786 in Preußen herrschte, schickte seinen Bauern kostenlose Kartoffeln und dazu bewaffnete Soldaten, die sie zwangen, sie anzubauen. Die Bürger von Offenburg stellten sogar eine Statue von Sir Francis Drake auf, die aber eher zufällig auf den Sockel gelangte. Der Bildhauer Andreas Friedrich hatte sein Werk der Stadt Salzburg verkaufen wollen, die es aber nicht erwerben mochte, weil ihr das Geld fehlte oder der Glaube, dass Drake die Kartoffel zu verdanken sei. Er schenkte die Statue der Stadt Offenburg mit der Maßgabe, sie mit dem Rücken gen Salzburg gewandt aufzustellen. Die Nazis ließen Drake 1939 demontieren, »weil man Ausländern keine Denkmäler setzt«.

Frankreichs Widerstand gegen die Kartoffel war geschlossener, obwohl der Bauernstand zahlreiche Hungersnöte überstehen musste, während derer man mit Graswurzeln und Farnkraut zu überleben versuchte. Der Apotheker Antoine-Augustin Parmentier machte einen besseren Vorschlag: »Lasst sie doch Erdäpfel essen!« Parmentier hatte sich nämlich als preußischer Kriegsgefangener während der dortigen Hungersnot von diesen *pommes de terre* ernährt. Er war entschlossen, die Kartoffel in Frankreich einzuführen, und überzeugte König Ludwig XVI., eine der zarten weißen Kartoffelblüten bei Hofe zu tragen. Seine Höflinge bekundeten untertänigst Bewunderung. Die Feinschmecker am Hof waren zudem fasziniert, als Parmentier ein Diner servieren ließ, bei dem jeder Gang auch *pommes de terre* enthielt.

1770 versetzte Parmentier den gallischen Vorurteilen den Todesstoß, als der König ihm gestattete, streng geheim auf den Ländereien von Schloss Versailles ein Feld mit Kartoffeln anzupflanzen. Wachen wurden demonstrativ rundherum aufgestellt, die die Pflanzung schützen sollten. Diese Sicherheitsvorkehrungen verdoppelten die Neugier der Leute, und im Schutz der Dunkelheit wurde das Feld immer wieder geplündert. Die Bürger gaben die verbotenen Kartoffeln unter der Hand weiter. Und so war die Kartoffel schließlich angekommen. Nachdem Ludwig XVI. von den Revolutionären hingerichtet worden war, grub man 1793 die Ziergärten des Monarchen um und bepflanzte sie mit der nützlicheren Kartoffel. Parmentier konnte seinen Kopf retten und ist mit seinem Namen in etlichen französischen, mit Kartoffeln zubereiteten Gerichten verewigt.

Pommes parmentiers
Antoine-Augustin Parmentier wollte die Franzosen mit List für die Kartoffel gewinnen und ihre Vorurteile überwinden. Es bedurfte schlauer Tricks, bis die französische Hausfrau *pommes de terre* in ihren Speiseplan aufnahm.

Kartoffelfäule

Ende des 18. Jahrhunderts war die Kartoffel Irlands wichtigste Feldfrucht und sein Hauptnahrungsmittel geworden. Das Land hatte als britische Kolonie schwer ums Überleben zu kämpfen, besonders seit der blutigen Niederlage, die ihm der Heerführer Oliver Cromwell zugefügt hatte, der im englischen Bürgerkrieg die Royalisten besiegte und die Monarchie durch eine Art Militärdiktatur ersetzte. Irlands Unterdrückung durch Cromwell und die Massaker nach der Belagerung von Drogheda und Wexford trieben die Landbevölkerung an den Rand der Vernichtung. Die meisten Bauern

Infiziert
Bei feuchtwarmem Wetter kann die Pilzinfektion durch *Phytophtora infestans* ganze Kartoffelernten vernichten, weil die Blätter absterben und die Knollen im Boden faulen.

hatten weitgehend von einer Naturalienwirtschaft gelebt, und das wichtigste Zahlungsmittel waren Rinder. John Worlidge schrieb 1669 in *Systema agriculturae*, die Kartoffel tauge gut als »Schweine- und Viehfutter«. Und: »In Irland und Amerika wird sie vielfach wie Brot verwendet, und sie kann armen Leuten sehr wohl zu deren Nutzen empfohlen werden.«

Mit dem Anbau von Weizen erwirtschaftete man in Irland nur geringen Ertrag, aber die Kartoffel, die am Karfreitag feierlich gepflanzt und mit reichlich Weihwasser besprüht wurde, um den Teufel fernzuhalten, sorgte gut für die Iren. Trotz aller Widrigkeiten (irische Pächter mussten der britischen Regierung Einfuhrzölle auf Alltagswaren wie Tee oder Zucker zahlen und wurden durch hohe Pachtzinsen an entfernt lebende Gutsherren zur Ader gelassen) wuchs die Bevölkerung. Um 1800 lebten fast 4,5 Millionen Menschen auf der Insel – dank der Kartoffel.

Die Familien ernährten sich von diesem Gemüse und aßen die Kartoffeln gemeinsam aus einer flachen Schale aus Korbgeflecht. Die Aufgabe der Frau des Hauses bestand darin, mit einem Pflanzholz die Saatkartoffeln zu stecken; mit einer breitzinkigen Gabel wurden die ausgereiften Kartoffeln später aus dem Boden gehoben. Im Laufe des Sommers wurden die Pflanzen mit einer Mischung aus Kupfersulfat und Natriumkarbonat gegen die Fäule besprüht. Aber 1845 konnte auch das die Ernte nicht mehr retten.

Auch 1846 gab es eine Missernte. Tausende verhungerten in den 1840er Jahren – trotz der guten Maisernte von 1847. Aber der Mais musste nach England ausgeführt werden.

Schuldzuweisung

✦

Zur Zeit des irischen *potato famine*, der Kartoffel-Hungersnot, kannte man die Ursachen der Fäulnis noch nicht. Man war schnell dabei, die Iren selbst für die Tragödie verantwortlich zu machen. James Shirley Hibberd, ein viktorianischer Gartenschriftsteller, meinte: »Mancher hat angeblich jedes Jahr die Fäule. Sie kommt im Herbst und nach feuchtem Wetter, und die schlampigsten Bauern leiden am meisten darunter. Wenn so einer jammert, er habe die Hälfte seiner Ernte verloren, obwohl er mit aller Sorgfalt vorgegangen sei, sage ich nur: »Nein, das sind Sie nicht!«

Es schmerzt auch heute noch, dass eine Million Menschen im Herrschaftsbereich der reichsten und mächtigsten Nation der Erde sterben mussten. Diejenigen, die damals in London regierten, haben es versäumt, ihrem Volk beizustehen, als sich eine Missernte zu einer gewaltigen menschlichen Tragödie ausweitete.

Tony Blair, britischer Premierminister, 1997

Die Kartoffel-Hungersnot zerstörte eine Nation im Innersten und veränderte das Landschaftsbild. Das System überhöhter Pachtzinsen, unbezahlbarer Hypotheken und planmäßiger Vertreibungen konnte sich nicht halten, schließlich wurden bei einer Landreform zwei Drittel des Grundes unter den früheren Pachtbauern verteilt. Bankrotte Großgrundbesitzer gaben ihre Herrenhäuser auf, und aus den großen Ländereien entstanden schmale Rechtecke von Acker- und Weideland, die sich hinter den Bauernhäusern aufreihten – die »Leiterfarmen«, wie man sie noch heute in Irland sehen kann.

Bitteres Elend
Bridget O'Donnel beschrieb 1849 in der *Illustrated London News* ihre persönliche Geschichte der Hungersnot. Man hatte sie vertrieben, »weil wir etwas Pacht schuldig waren. Meine ganze Familie erkrankte am Fieber, ein Junge starb an Unterernährung.« Bridgets Baby wurde tot geboren.

Grundnahrungsmittel
Die Kartoffel war das Grundnahrungsmittel der Armen, wie Vincent van Gogh 1885 es in *Die Kartoffelesser* zeigte. Die Verbitterung, die der irischen Kartoffel-Hungersnot folgte, hielt sich über Generationen.

Kakao

Theobroma cacao

Ursprungsgebiet: Regenwälder Südamerikas

Typus: immergrüner Baum

Höhe: bis 15 m

✦ ***Nahrung***
✦ Heilmittel
✦ ***Handelsware***
✦ Werkstoff

Schokolade, ob in flüssiger oder fester Form, war schon in aller Munde, als sich im späten 19. Jahrhundert ein neuer Schlag von Büromenschen ihrer bemächtigte: die Leute der Werbebranche. Sie machten aus *Theobroma cacao*, der »Speise der Götter«, einen Genuss ohne Reue.

Speise der Götter

Die Kakaobohne kommt aus dem tropischen Amerika und ist der Samen eines langen, dünnen Unterholzbaums, der auf fetten Böden gedeiht und viel Regen und Wärme, aber auch ausreichend Schatten braucht. Der Baum kann über 80 Jahre alt werden; mit etwa vier Jahren ist er erstmals erntereif. Bizarre rötliche oder gelbliche, fuchsienähnliche Blüten erscheinen in Büscheln am Stamm oder an den Ästen. Die gurkenförmigen Früchte enthalten die Kakaobohnen, die aus ihrer schleimigen Umgebung herausgelöst werden, um dann neben einem Stapel von Bananenblättern zu fermentieren und in der Sonne zu trocknen. Dann erst kann die Kakaobohne, die Koffein und das verwandte Alkaloid Theobromin enthält, weiterverarbeitet werden.

Wenn es im Himmel keine Schokolade gibt, will ich da auch nicht hin.

Greta Garbo

Kakao ist ein exotischer Luxus, nach Ansicht mancher gar ein göttliches Geschenk. Das scheint auch Carl von Linné im Sinn gehabt zu haben, als er der Pflanzengattung den Namen *Theobroma* gab: »Götter-Speise«. Im vorkolumbianischen Lateinamerika, wo man keinen Zucker kannte, bereitete man aus zerstoßenen Kakaobohnen eine dicke Flüssigkeit, in die Gewürze von anderen hiesigen Pflanzen – beispielsweise Pfeffer und Vanille – gerührt wurden, wodurch eine kräftige, sirupartige Sauce entstand, die an Festtagen serviert wurde. Archäologische Funde aus Honduras legen zudem nahe, dass man aus dem zuckerhaltige Fruchtfleisch der Kakaobohne ein alkoholisches Getränk zubereitete.

Die Azteken dürften die Kakaobohne geröstet, gemahlen und einem Gemüseeintopf mit Mais und Paprika beigegeben oder als bitteres Festtagsgetränk zu Ehren des gefiederten Schlangengottes Quetzalcoatl getrunken haben. Heute beginnen viele Spanier gerne den Tag mit einer *chocolate con churros*, so wie die Franzosen mit einer Tasse Kakao und einem *pain au chocolat*. Vor vier Jahrhunderten gab es nichts anderes als Brot und verwässerten Wein. Als die spanischen Konquistadoren nach Lateinamerika kamen, entdeckten sie nicht nur Gold und Silber, sondern auch Bohnen, Kartoffeln – und die Kakaobohne. Zunächst hatten sie keine Ahnung, wie diese fetthaltige, aber bittere Speise zuzubereiten wäre, bis jemand auf den Gedanken kam, es mit karibischem Zucker zu probieren. In Verbindung mit dem bitteren Aroma des Kakaos ergab sich eine wundervolle Überraschung: Schon Ende des 16. Jahrhunderts war der Geschmack dieses mit Zucker gesüßten Schokoladengetränks in aller Munde – sofern man es sich leisten konnte.

Liebelei

✦

Ob Casanova bei seinen Verführungskünsten Schokolade einsetzte? Liebe und Schokolade sind seit eh und je Bettgenossen. »Der Geschmack von Schokolade ist ein sinnliches Vergnügen, das in der gleichen Sphäre existiert wie Sex«, so die Therapeutin Ruth Westheimer. Nachweislich hat man bei Liebeskummer einen niedrigen Phenyläthylaminspiegel. Zwei Alkaloide im Kakao – Salsolinol und Phenyläthylamin – wirken antidepressiv, luststeigernd und beglückend.

Zunächst gelangte es an den spanischen Hof. Als Maria Theresia von Spanien 1660 den französischen »Sonnenkönig« Ludwig XIV. heiratete, brachte sie aus ihrer Heimat als Geschenk die Schokolade mit. Sie konnte diesen Tröster auch selbst gebrauchen, denn der Monarch neigte dazu, sein königliches Bett lieber mit anderen Damen zu teilen als mit ihr. Die damalige Mode seltsamer Frisur-Ungetüme und korbartiger Reifröcke, mit denen die Frauen den dreifachen Platz ihres natürlichen Umfangs beanspruchten, mag denselben Weg gegangen sein wie die Föhnfrisuren und Miniröcke des 20. Jahrhunderts, aber die Vorliebe für Schokolade überlebte alle Zeiten und Moden.

Die ersten europäischen Schokoladebars waren angesagte »Trinkhallen«, in denen man Kakao als dickflüssiges, heißes, süßes Getränk zu sich nahm – bis der Holländer Caspar van Houten eine neue Art der Herstellung entwickelte. Vormals wurden Kakaobohnen – wie

Liebesbohne
Die europäische Lust auf Schokolade ließ eine internationale Industrie entstehen. Armeen von Pflückern machten sich in die Wälder Ecuadors auf, um die kostbare Bohne für den Export einzusammeln.

seit Jahrhunderten in Amerika – gemahlen und mit Milch zu einem Getränk vermischt. Van Houten fand eine Methode, den Bohnen das Fett zu entziehen und eine feste Masse herzustellen, die zu feinem Pulver zermahlen wurde. Als Van Houtens Patent 1838 erlosch, trat der britische Schokoladenhersteller und Quäker Joseph Fry auf den Plan.

Die Quäker sind eine christliche Gemeinschaft; sie glauben, dass in jedem etwas Göttliches sei, lehnen aber den zeremoniellen Pomp der meisten Amtskirchen ab. Die Verbindungen zwischen ihnen und der Schokoladenherstellung im England des 19. Jahrhunderts waren eng. Henry Joseph Rowntree mit seiner Schokoladenfabrik in York, Joseph Fry in Bristol und ein gewisser Mr. Cadbury in Birmingham gehörten alle dieser Glaubensgemeinschaft an.

Van Houtens Sohn Conraad verfeinerte die Herstellung von Schokoladentafeln in dunkler, milder Qualität, und in der Schweiz entwickelte Rudolph Lindt das Verfahren des Conchierens, das eine noch zartere Schokolade hervorbrachte. Unterdessen war John Cadbury mit dem Nachtzug von London Victoria unterwegs zur Kanalfähre, um nach Holland überzusetzen. Es war das Jahr 1866, und Cadbury wollte eine Van-Houten-Schokoladenpresse direkt in der Fabrik kaufen.

Die Familie Cadbury kam aus dem Westen Englands. 1831 hatte John Cadbury in Birmingham, dem Zentrum des Industriezeitalters, begonnen, Trinkschokolade herzustellen, ein damals noch bitteres, schweres Gebräu, das von Frauen wegen seiner Heilwirkung bevorzugt wurde. 1875 begann Cadburys Van-Houten-Presse zu arbeiten.

Als Johns Söhne George und Richard den Betrieb von ihrem Vater übernahmen, erwiesen sie sich als geschickte Geschäftsleute und ebenso als mustergültige Arbeitgeber. Sie gewährten den Mitarbeitern halbe Urlaubstage und Unterricht im Radfahren. Die Frauen erhielten kostenlosen Baumwollstoff, damit sie sich die Arbeitskleidung selbst nähen konnten, anstatt sie teuer kaufen zu müssen. Und als Cadburys morgendliche Bibellesungen in der Fabrikhalle

Gut holländisch
Werbung für Van-Houten-Schokolade, gestaltet von Johann Georg van Caspel. Dank Casparus van Houtens revolutionärer Herstellungsmethode wurde Kakao zu einem unverzichtbaren Genussmittel.

eingestellt wurden, baten die Arbeiter mit Erfolg um ihre Wiedereinführung.

Jenseits des Atlantiks erholte sich um diese Zeit (1894) Milton Stanley Hershey in Derry Church, Pennsylvania, von seinem Bankrott und gründete in der Stadt eine neue Schokoladenfabrik. Das Geschäft lief gut. Bereits 1905 war seine Fabrik das weltweit größte Unternehmen der Branche. 1907 brachte Hershey kleine, in Folie gehüllte Schokoladenhäufchen mit flachem Boden auf den Markt, die berühmten »Hershey Kisses«. Die Küsschen steigerten den Erfolg nochmals, und der Ort Derry Church wurde in Hershey umbenannt. Als die Cadburys in den 1870er Jahren mit ihrer Fabrik »auf die grüne Wiese« an den Bach Bourn in der Nähe von Birmingham umzogen, nannten sie den neuen Ort – nein, nicht Cadbury, sondern Bournville und bauten hier eine moderne Gartenstadt für ihre Arbeiter.

Zu jener Zeit betrachteten es die meisten Fabrikbesitzer schon als Fortschritt, ihre Arbeiter in Reihenhaussiedlungen oder Mietshäusern wohnen zu lassen, die – wie ein scharfsinniger Beobachter schrieb – »so geplant waren, dass sie ihren Bewohnern die geringstmöglichen Annehmlichkeiten boten«. George Cadbury indes wollte für seine Leute das Beste und beteiligte sich minutiös an der Planung der Häuser von Bournville: Pro Morgen Land durften nicht mehr als sieben Häuser errichtet werden; jedes musste einen Garten haben, der dreimal so groß war wie die Grundfläche des Hauses, fertig bepflanzt mit sechs Obstbäumen und mit Platz für Gemüsebeete; jedes Haus hatte drei Schlafzimmer, ein Wohnzimmer, eine Küche und eine Spülküche mit Badwanne, die in einem Wandschrank verborgen werden konnte. In einer Broschüre erklärte Mr. Cadbury seinen Mietern: »In der hinteren Küche gibt es eine Badewanne, so dass man wenigstens einmal in der Woche warm baden und sich vor dem Kamin trocknen kann.«

Cadbury hatte noch andere Lebensweisheiten im Angebot: »Lassen Sie den Tee nie länger als drei Minuten ziehen, sonst entwickeln sich schädliche Tannine.« Oder: »Stellen Sie im Schlafzimmer Einzelbetten auf; Doppelbetten werden heute in zivilisierten Ländern außer in Großbritannien kaum mehr verwendet.« Wenn die Leute solch einfache Regeln befolgten, so versicherte er sei-

FAIRTRADE

✦

Seit den 1980er Jahren sind Fairtrade-Organisationen wie TransFair in Deutschland bestrebt, der Ausbeutung der rohstoffeproduzierenden Entwicklungsländer durch reiche Verbrauchernationen entgegenzuwirken. Das Konzept war nicht neu, wohl aber die Idee, zertifizierte Fairtrade-Produkte eigens und unter besonderen Markennamen abzupacken. Als Erstes erschien in den Regalen der Supermärkte ein Fairtrade-Kaffee. 2008 waren bereits 3000 Produkte – von Kakao und Schokolade bis hin zu Schnittblumen – mit dem Fairtrade-Symbol im Handel.

Süsses Vermögen Viele Unternehmer des 19. Jahrhunderts, wie Milton Heynes, Henry Rowntree, Joseph Fry und John Cadbury, hatten ihr Vermögen der Kakaobohne zu verdanken.

Süsser Erfolg
Während junge Frauen Arbeit beim Verpacken von Schokoladentafeln für ein naschhaftes Publikum fanden, verbesserten sozial engagierte Fabrikbesitzer die Arbeitsbedingungen, um ihren Leuten ein menschenwürdiges Dasein zu ermöglichen.

nen Lesern, »dürfen sie damit rechnen, mindestens zehn Jahre länger zu leben«.

Abgesehen von derart wohlmeinender Bevormundung, war das Bournville-Experiment seiner Zeit weit voraus. Fast ein Jahrhundert vor der Erfindung der Solarzelle errichtete man sogenannte »Sonnenschein-Häuser« – mit südlicher Ausrichtung, um das Sonnenlicht bestmöglich zu nutzen. Die vorderen Wohnräume mit größeren Fenstern lagen nach Süden, Küchen und Nebenräume mit kleineren Fenstern nach Norden. So gewann man mehr Licht und konnte den Kohleverbrauch senken.

Vor seinem Tod enterbte George Cadbury seine Kinder, um Bournville in eine Stiftung umzuwandeln, damit »Spekulanten keinen Fuß in die Tür bekommen« und weil »ich zu dem Schluss gelangt bin, dass es meine Kinder« (er hatte deren elf aus zwei Ehen) »ohne dieses Vermögen umso besser haben werden. Großer Reichtum ist nicht wünschenswert; nach meiner Lebenserfahrung ist er eher Fluch als Segen.« Noch mit über 70 fuhr Cadbury täglich drei Kilometer mit dem Fahrrad zur Arbeit und beantwortete seine gesamte Korrespondenz postwendend.

Als er und sein Bruder Richard 1861 die Firma übernommen hatten, war Cadbury's nahe an der Pleite gewesen. Sie führten das Schokoladenimperium wieder in die Gewinnzone, indem sie neue Herstellungsverfahren entwickelten und bei der Werbung völlig neue Wege einschlugen. 1869 brachten sie die erste verzierte Schokoladenverpackung heraus (auf die 150 Jahre weiterer Kitsch folgen sollte). Das hinlänglich bekannte Bild des Mädchens mit dem Kätzchen stammte aus der Feder Richard Cadburys, der ein talentierter Amateurmaler war.

Auch van Houten in Holland war in dieser Hinsicht nicht untätig. 1899 – die Welt des Kinos steckte noch in den Kinderschuhen – gab Caspar van Houten für seine Produkte einen der ersten Werbefilme der Geschichte in Auftrag: »Van Houtens Kakao – der Beste! Der lässt dich durchhalten!«. Der Film zeigte einen erschöpften Büro-

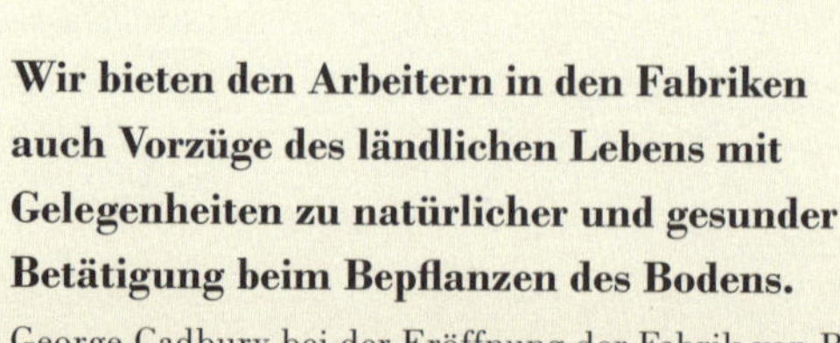

Wir bieten den Arbeitern in den Fabriken auch Vorzüge des ländlichen Lebens mit Gelegenheiten zu natürlicher und gesunder Betätigung beim Bepflanzen des Bodens.

George Cadbury bei der Eröffnung der Fabrik von Bournville, 1879

angestellten, der plötzlich neue Energiereserven entdeckt, nachdem er ein Stück Van-Houten-Schokolade gegessen hat. Die Welt der Werbung brach ins tägliche Leben ein. Schokolade als Frühstücksgetränk, als Gesundheitskost, als erotisierendes Aphrodisiakum – auch für Werbetexter wurde die Schokolade zum Lieblingsprodukt (siehe Kasten).

Die französische Tageszeitung *La Presse* nahm bereits seit 1836 Reklameinserate auf. 30 Jahre später hatte William James Carlton die Idee, ganze Anzeigenflächen zu verkaufen – daraus entstand JWT, die bis heute größte Werbeagentur der Vereinigten Staaten. In der zweiten Hälfte des 19. Jahrhunderts war es der Farbdruck, der auch das Erscheinungsbild der Schokoladenwerbung entscheidend veränderte. Zu sehen und zu lesen bekam man in den Zeitungen die seltsamsten Behauptungen. Die US-Marke Baker's Chocolate wurde als »ausgezeichnete Diät für Kinder und Kranke« gepriesen, und eine Anzeige für die spanische Chocolate de Matias López zeigte ein Paar, bevor (schwach und mager) und nachdem (stark und füllig) es sich an López-Schokolade gütlich getan hatte.

Leere Versprechungen Werbetexter hielten sich nicht immer an die Wahrheit, wenn es darum ging, die Produkte aus *Theobroma cacao* an eine leichtgläubige Kundschaft zu verkaufen.

Die Herren und Damen der Werbeindustrie (einer der ersten Branchen, in der Frauen etwas zu sagen hatten und zu gleichen Bedingungen wie Männer beschäftigt wurden) nahmen es mit der Wahrheit weiterhin nicht sonderlich genau. Hershey's Vollmilchschokolade wurde nun »ein nahrhaftes Konfekt« genannt, Fry's Kakaopulver war »ein Nahrungsmittel, das Stehvermögen und Nervenkraft verleiht (...) für Männer, die komplizierte und teure Maschinen beherrschen müssen«. Ein schwäbischer Schokoladenhersteller verankerte den Begriff »Sport« in seinem Markennamen. So sollten die Leute wohl glauben, der Genuss der kleinen Kalorienbomben hätte etwas mit Sportlichkeit zu tun. Schokolade wurde sogar als Gehirnnahrung beworben: »So gut kann ich mich erinnern! Und warum nicht Sie?«, erklärte der Filmkomiker Bob Hope in einer Anzeige und hielt eine Schachtel mit Whitman's Schokolade in die Höhe.

Das farbige Topmodel Naomi Campbell andererseits beschwerte sich kürzlich über eine rassistische Werbung von Cadbury, in der zwischen ihr und Schokolade eine deutliche Verbindung hergestellt wird.

Argumente

✦

Viele religiöse Gemälde sollten Menschen durch ihre Bildbotschaften beeinflussen. Die Darstellung der im Fegefeuer Schmorenden hielt eine Bevölkerung, die des Lesens nicht mächtig war, vom sündigen Leben ab. Auch die Reklame des 19. Jahrhunderts setzte vor allem auf die Wirkung der Bilder. Erst später erkannte man die Suggestivkraft des Wortes. 2005 legte die EU einen Gesetzesentwurf vor, der Markennamen, die fälschlicherweise als »gesundheitsbewusst« vestanden werden könnten, verbieten sollte. Es blieb beim Entwurf. Gut für »Ritter Sport«.

Weizen

Triticum aestivum

Ursprungsgebiet: Kleinasien und Naher Osten

Typus: aufrecht wachsendes Süßgras

Höhe: bis 1 m

✦ ***Nahrung***
✦ Heilmittel
✦ ***Handelsware***
✦ Werkstoff

Ohne das Brotgetreide Weizen wäre Europa wohl im Mittelalter steckengeblieben. Kulturen werden durch ihre Nahrungsmittel »angetrieben«, und in den gemäßigten Klimazonen war der Weizen dieser Treibstoff.

Saat der Revolution

Getreidepflanzen sind die wichtigsten Pflanzen der Erde. Jedes Körnchen ist ein säuberlich verpacktes Lebensmittellager mit energiespendender Stärke, Proteinen, Mineralstoffen und Vitaminen. Getreide kann man nicht nur essen, sondern auch gut transportieren, lagern und zu Brot verarbeiten. 5000 Jahre alte Brotlaibe wurden in altägyptischen Gräbern gefunden. Weizenkörner waren sicherlich die ersten Feldfrüchte, die von steinzeitlichen Menschen angebaut wurden, und sie haben seither einen Großteil der Menschheit und ihrer Nutztiere ernährt.

»Wenn sie kein Brot haben, dann sollen sie doch Kuchen essen!«, soll Marie Antoinette, Gattin Ludwigs XVI., ausgerufen haben, als man ihr sagte, die französischen Bauern hätten kein Brot und müssten sich von Gras ernähren, um nicht zu verhungern. Auch wenn es sich bei diesem berühmten Zitat ganz offensichtlich um eine Wanderanekdote handelt (es war bereits der ersten Frau Ludwigs XIV. in den Mund gelegt worden), offenbart es doch sinnbildhaft die Ignoranz und Arroganz der Herrschenden zur Zeit des Absolutismus. Die Königin spielte in ihrer Pseudolandwirtschaft in Versailles das bäuerliche Leben nach, vermochte aber die Not ihres Volkes nicht zu verstehen. Ihr Gemahl ließ sein Land in wachsende Schulden schlittern, und nach einer Folge schlechter Weizenernten steigerte sich das Murren der Unzufriedenen zur Französischen

Unser tägliches Brot gib uns heute.

Matthäus 6, 11

Revolution. Nach dem Sturm auf die Tuilerien wurde Ludwig XVI. 1793 mit Guillotins effizienter Maschine auf der Place de la Concorde hingerichtet. Marie Antoinettes Haupt folgte wenig später.

Weizen ist das grundlegende Mühlengetreide für die Herstellung von Feingebäck, Keksen, Kuchen und Brot – und zwar seit etwa 12 000 Jahren. Die Jäger und Sammler, die in Südwestasien, Äthiopien und am Mittelmeer sesshaft wurden, um Landwirtschaft zu betreiben, ernteten wildwachsenden Weizen und lagerten ihn mit anderen in der Wildnis gesammelten Lebensmitteln ein, wenn es im Herbst früher Nacht wurde. Über die Vorzüge dieser wunderbaren Ernte werden sie am abendlichen Feuer geredet haben: wie man die getrockneten und in einer Steinquetsche zu mehligem Pulver zermahlenden Körner mit Wasser mischen und zu haltbaren, lagerfähigen Broten backen konnte; oder wie, wenn man sie keimen und fermentieren ließ, Bier daraus wurde; oder dass die getrockneten Körner, die man geschützt vor Ratten in Tongefäßen aufbewahrte, im nächsten Frühjahr zu neuem Leben erwachten, wenn man sie in den Boden säte.

Marie Antoinette
Die Gemahlin Ludwigs XVI. war sich der Bedeutung des Brotes für das Überleben der Bauern nicht bewusst. Sie und der Herrscher sollten für ihre königliche Ignoranz mit dem Leben bezahlen.

Im Lauf der Jahrhunderte lernten die Bauern, bessere Pflanzensorten auszuwählen, solche, die nicht gleich im Moment der Reife ihre Samen ausstreuten, da man sonst bei der Ernte die Körner einzeln vom Boden klauben musste. Denn die Urweizenarten Einkorn *(Triticum monococcum)* und Emmer oder Zweikorn *(T. dicoccum)* hatten die Veranlagung, die Pflanze selbst in den kargsten Böden aufgehen zu lassen: Sobald der Weizen reifte, sprang das von einer schützenden Hülse umschlossene Korn von der Pflanze ab. Unter günstigen Bedingungen, wie etwa in einer warmen Herbstnacht, platzte die Hülse auf, und der Samen gelangte in die Erde, wo ihn die feinen Härchen seiner Hülse festhielten. Erst allmählich – in Schritten, die jeweils bis zu tausend Jahre dauerten – wurden Sorten ausgewählt, die sich leichter ernten ließen. Und so gedieh der Getreideanbau immer weiter.

Sollte ein Reisender im Jahr 330 v. Chr. von Frankreich nach Britannien gelangt sein, hätte er gesehen, dass im Südwesten Englands bereits Weizenfelder gediehen. Ein Jahrhundert später, als Rom seine Invasionsarmeen nach Sizilien und Sardinien, Nordafrika, Ägypten und Spanien entsandte, geschah dies auch mit der Absicht, das Imperium mit frischem Weizen zu versorgen. Als Vespasian nach Neros Tod 69 n. Chr. Kaiser wurde, lieferte allein Ägypten jährlich geschützte 20 Millionen Scheffel (6500 Tonnen) Weizen. Das Getreide war zum Machtfaktor geworden.

Mit dem Untergang des römischen Weltreichs ging der Verlust großer Weizenanbauflächen einher. Doch diese waren nicht verschwunden. In Europa arbeiteten nicht mehr Sklaven Roms auf den Feldern, sondern Leibeigene der Feudalherren. Unter deren Schutz bestellten sie das Land, und das Erzeugnis, das zur Handelsware und Währung wurde, war abermals der Weizen: althochdeutsch *hweizi*, altenglisch *hwaete*, altnordisch *hveiti* – und immer bedeutete der Name des Getreides »Weißer« im Gegensatz zu den dunkleren Gattungen wie Gerste oder Roggen. Weizen symbolisierte Wohlstand.

Der Weizen unterstützte auch die iberischen Seefahrer, die sich auf den scheinbar endlosen Weiten des Atlantiks hinauswagten, um zu den sagenhaften Reichen im Westen zu gelangen. Sie fuhren mit dem Wind in den Segeln und den Weizensäcken im Laderaum ihrer Schiffe. Auf

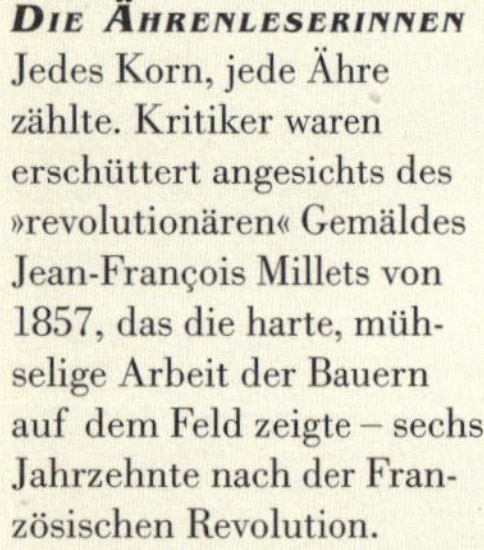

Die Ährenleserinnen
Jedes Korn, jede Ähre zählte. Kritiker waren erschüttert angesichts des »revolutionären« Gemäldes Jean-François Millets von 1857, das die harte, mühselige Arbeit der Bauern auf dem Feld zeigte – sechs Jahrzehnte nach der Französischen Revolution.

Zwischenstationen wie den Kanarischen Inseln säten und ernteten sie Weizen, um sich für die nächste Etappe ihrer Reise zu versorgen.

SZENENWECHSEL
Als sich Weizenfelder in Europa auszubreiten begannen, veränderten sie nachhaltig das Gesicht der Landschaft.

Symbol der Demeter

Die Weizengarbe wurde zum Zeichen des Ackerbaus und der Fruchtbarkeit, der Ernte und des Erntedanks, des Sterbens im Winter und der Wiedergeburt im Frühjahr. Das Säen und Ernten des Brotgetreides Weizen wurde mit besonderen Ritualen umgeben, denn wenn diese Ernte missriet, drohte eine Hungersnot. Gingen Hopfen, Trauben oder Gerste zugrunde, waren dies Rückschläge. Eine Weizenmissernte hingegen bedeutete eine lebensbedrohliche Katastrophe.

Die griechische Göttin Demeter und ihre römische Entsprechung Ceres wurden stets mit diesem Getreide in Verbindung gebracht. Demeter hatte eine eigene Kultstätte in Eleusis südlich von Athen, wo sie und ihre Tochter Persephone auf einem Relief zu sehen sind, wie sie Triptolemos Ähren schenken, damit er die Griechen im Getreideanbau unterweisen kann. Seither waren Weizenfelder von Ritualen und Aberglauben umgeben; so glaubte man, dass es dem Gelingen der Ernte diene, wenn man den Armen Almosen gibt oder Weizen schenkt. Der erfahrenste Erntearbeiter schenkte dem Grundherrn kleine »Ernteglück«-Garben, die im Winter über dem Herd aufgehängt wurden, um ein Gelingen der Aussaat im Frühjahr zu sichern. Auf heutigen Weizenfeldern gelten Wildblumen als Unkraut, aber wenn im Mittelalter ein Fremder während der Ernte vorbeikam, gehörte es sich, dass er aufs Feld geholt und mit einem Blumensträußchen oder einem Bündel Wildblumen beschenkt wurde. Heutigen Landwirten fiele es schwer, ein paar Wildblumen zu finden, um sie ans Armaturenbrett des Traktors zu stecken, aber noch in den 1950er Jahren gab es genügend Blumen auf den Feldern, um damit den letzten Wagen zu schmücken, der die Weizengarben einbrachte.

Wenn auf der Nordhalbkugel vor der herbstlichen Tag-und-Nacht-Gleiche der große rote Erntemond am Abendhimmel erschien, wurde feierlich der erste Laib

Weizen-Architektur

✦

Keine Pflanze hat das bauliche Erscheinungsbild auf dem Land so sehr verändert wie der Weizen. Abgesehen von Mühlen, Scheunen, Kornspeichern und Silos zum Lagern und Verarbeiten des Getreides, entstanden Kornhäuser, die so groß wie Dorfkirchen waren und Lagerbuchten für den Weizen sowie in der Mitte – zwischen zwei großen Toren – einen Dreschbereich hatten. Während der Dresch- und Worfelarbeiten, bei denen Korn und Spreu getrennt wurden, öffnete man die beiden Tore, um Spreu und Getreidestaub vom Luftzug wegblasen zu lassen.

Pferdestärken
Im 19. Jahrhundert stürmten amerikanische Farmer beim Pflanzen und Ernten mit ihren von Pferden gezogenen Maschinen über die Prärien des Westens. Sie verwandelten einen großen Teil der Great Plains in Weizenanbauflächen.

Brot gebacken. Dem Dorf wurden Garben geschenkt, und eine Weizenversteigerung erbrachte Geld für die Gemeinde, um Verbesserungsmaßnahmen oder das Erntedankfest zu finanzieren. Was einst heidnischer Brauch war, wurde zum aufwendigen, üppigen Kirchenfest, obwohl sich da und dort mancherlei heidnische Relikte gehalten haben.

Infolge technischer Entwicklungen in der Landwirtschaft – und weniger dank geheimnisvoller Rituale – waren die Weizenerträge bereits um 1750 auf das Zweieinhalbfache der Ernten im Mittelalter gestiegen. In ganz Europa wurde unterdessen die mittelalterliche Feudalherrschaft durch neue Gesellschaftsformen abgelöst. War das 17. Jahrhundert durch die Entfaltung der ersten wirklich internationalen Wirtschaft gekennzeichnet und das 18. Jahrhundert durch den Kampf um Kolonien und Handelsplätze, bestimmten soziale Umstürze das 19. Jahrhundert: Frankreich musste sich nach der Revolution erst wieder finden, Amerika geriet in einen Bürgerkrieg, und Russland rüstete sich für seine eigene Revolution. Große Teile englischen Gemeindelands wurden unter den Einhegungsgesetzen parzelliert, mit Hecken umgeben und privater Nutzung für höhere Weizenerträge zur Verfügung gestellt. Englische Bauern fanden es gewöhnlich besser, für ihre Arbeit schlecht bezahlt zu werden, als Leibeigene zu bleiben. Und im Laufe der Jahrhunderte waren Bauern mit Weizenfeldern besser dran als diejenigen, die keine hatten.

Zu Beginn des 19. Jahrhunderts hatte sich der Weizenanbau über alle gemäßigten Zonen der Erde ausgebreitet, und die industrielle Revolution läutete auch den Beginn einer Revolution auf dem Gebiet der Ernährung ein, die schließlich die Vereinigten Staaten von Amerika und zahlreiche Länder Europas zu den reichsten Staaten der Erde machte.

Brotkorb

Brot ist das Grundnahrungsmittel schlechthin, und so wird auch seine lebenserhaltende Rolle stets apostrophiert: vom biblischen Vaterunser bis zum modernen Manager, der sein Brot in einem Konzern verdient. Und wem man den Brotkorb höherhängt, dem wird erst einmal strenger seine Pflichterfüllung abverlangt, bevor er in der Genuss von Vorteilen kommt. Umgangssprachlich wird manches ländliche Gebiet, auf dessen Feldern reichlich Weizen gedeiht, als Kornkammer oder Brotkorb bezeichnet. So heißt die Beauce im Norden Frankreichs auch »Brotkorb von Paris«.

1857 schuf der französische Maler Jean-François Millet sein berühmtes Erntebild *Die Ährenleserinnen*. Drei Frauen mit Kopftüchern klauben in gebückter Haltung mit flinken Fingern die goldenen Körner, die zu Boden gefallen sind, als die Schnitter das Getreide ernteten, aus der Ackerkrume. Das Gemälde schockierte manche Kunstkritiker, weil es so hautnah die Mühsal der Bauern darstellte, die knapp 70 Jahre zuvor in ihrem gemeinsamen Klassenkampf das *Ancien Régime* zu Fall gebracht hatten.

Weissbrot

✦

Weißbrot wird mit Weizenmehl gebacken, das weitgehend von Ballaststoffen befreit und dann gebleicht wurde. Weißbrot ist seit dem perikleischen Zeitalter im alten Athen beliebt, besonders geschätzt wird es in England und natürlich auch in Italien und Frankreich, wo ein Tag ohne *baguette* undenkbar wäre. Dies mag mit der Gewöhnung an Zucker (siehe Seite 172) zu tun haben. Leute, die viel raffinierten Zuckern kon-sumierten, fanden Vollkornbrot ungenießbar, weil ihr Verdauungssystem nicht mehr mit ballaststoffreicher Nahrung umgehen konnte. Sie verlangten Weißbrot.

Dieselbe Szene 150 Jahre später: Pferde, Wagen und die meisten Männer und Frauen sind verschwunden, während Formationen gewaltiger Maschinen-Ungetüme über riesige Felder ziehen. Dieses Land braucht

Brot und Brötchen
Bedürfte es noch eines Beweises für die elementare Rolle des Brotes in unserem Leben, braucht man sich nur den überquellenden »Brotkorb« landschaftlicher Bezeichnungen anzuschauen. Das Brötchen etwa heißt: Semmel, Schrippe, Rundstück, Weck, Wecken oder Weckerl, Laibchen oder Laberl, Passauer, Wachauer, Knüppel, Baunzerl, Kaisersemmel, Kipferl, Gipfel, Beugel ...

Die Ernte einbringen
Das mühsame Geschäft des Säens, Erntens, Worfelns und Lagerns des Weizens wurde im Laufe des 20. Jahrhunderts durch die Mechanisierung verdrängt. Waren erst einmal die Pferde verschwunden, sollte die Arbeit auf dem Feld nie mehr so sein wie früher.

nicht mehr die vielen Hände, den Mist aus den Ställen und die Jahre der Brache, in denen sich der Boden erholte. Heute erfordert ein hoher Ernteertrag große Mengen anorganischen Düngers und tonnenweise Schädlingsbekämpfungs- und Pflanzenschutzmittel.

In der Zwischenzeit hatte der technische Fortschritt die Bauern mit dampfgetriebenen Metallmuskeln ausgestattet, um die großen Flächen neuen Landes zu beherrschen: Die nordamerikanischen Plains, die südamerikanischen Pampas, die gemäßigten Regionen Australasiens, Osteuropas und Russlands kamen alle unter den Pflug. Ab der Mitte des 19. Jahrhunderts erfreute sich der kleine Gutsbesitzer hoher Weizenpreise, einer ganzen Truppe von Landarbeitern und reicher Gewinne, die er in neue Maschinen investieren konnte. Als später der Diesel den Dampf ersetzte, machte die Weizenrevolution aus kleinen Bauern und Handwerkern Büroangestellte und Maschinenwärter.

Fein gemahlen
Der Müller und seine Mühle (hier ein Bild aus Schweden) spielten eine zentrale Rolle im Weizengeschäft. Die frühen Unternehmer, die den Wettbewerb unter den Mühlen überstanden, machten ein Vermögen damit.

Der ehrbare Müller

Wie so oft war es nicht der Erzeuger, der am meisten vom Weizen profitierte, sondern der Zwischenhändler, in diesem Fall der Müller. Die Ingenieure, die die von Wasser oder Wind angetriebenen Mühlen ersannen, die das Getreide mahlen konnten, hatten eines der ersten industriellen Verfahren bewerkstelligt. Im vormechanischen Zeitalter benutzten die dörflichen Familien handbetriebene steinerne Quetschmühlen. In Mittel- und Nordeuropa wurden die frühen Mühlen mit Wasserkraft betrieben. Man baute sie an den oberen Abschnitten der Flüsse, wo das Wasser am schnellsten floss, oder weiter unten, wo man große Wasserflächen für die Energiegewinnung nutzen konnte. Das Mühlrad war entweder unter oder an einer Seite der Mühle angebracht.

Im Nahen Osten und im Mittelmeerraum nutzte man die Windkraft, und diese Technik breitete sich mithilfe der Kreuzfahrer langsam auch nach Nordeuropa aus. Nach und nach wurde die Wassermühle durch die effizientere Windmühle ersetzt. An der typischen Windmühle des 19. Jahrhunderts, wie wir sie zum Beispiel von den küstennahen Gebieten

Hollands kennen, drehten sich vier mit Segeltuch bespannte Arme wie riesige Fächer um eine Achse – Cervantes' *Don Quijote* hielt sie bekanntlich für die Arme feindseliger Riesen. Diese Segel trieben die Welle an, auf der die genuteten Mühlsteine saßen, die das Korn mahlen und in die Säcke des Müllers darunter befördern sollten. Die Müllerei war ein hochspezialisiertes Handwerk, das besondere Fertigkeiten für das Zurichten und die Pflege der Mühlsteine erforderte. Ob diese Steine aus den berühmten französischen Steinbrüchen an der Marne stammten, wo sie aus Quarzstücken zusammengesetzt und mit Eisenringen gebunden wurden, oder von dem vulkanisch gehärteten Sandstein aus Jonsdorf in Sachsen ..., wenn der Müller den Steinmetz herbeirief, um den Stein zu schleifen, legte dieser mit seinem Werkzeug kundige Hand an. Aber die alten Müller verwehten wie der Wind, der ihre Mühlen trieb, und aus den Maschinenfabriken kamen Dieselaggregate und rotierende Stahlwalzen, die die alte Mühle überflüssig machten. Verfolgt man das Gewerbe über Generationen hinweg, so waren es die Müller, die einige der reichsten Dynastien und schließlich multinationalen Konzerne der modernen Lebensmittelindustrie begründeten.

Pasta und Pizza

✦

Für Millionen von Italienern – und nicht nur diese – sind Pastagerichte eine tägliche Kost. Im 19. und 20. Jahrhundert ließen Auswanderer ihr verarmtes Land hinter sich und nahmen ihre Pasta und Pizza mit nach Nordamerika. Britische Fernsehzuschauer fielen einmal auf einen Aprilscherz der BBC herein: einen Bericht über Italiener, die Pasta von einem Spaghettibaum ernteten. Sie wussten nicht, dass Pasta aus Hartweizenmehl *(T. durum)* gemacht wird, das wegen seines hohen Glutengehalts auch im feuchten Zustand elastisch bleibt. Hartweizen kommt in seiner Bedeutung gleich an zweiter Stelle nach Brotweizen und wird am Mittelmeer, in Russland, Asien und Nord- und Südamerika angebaut.

Steinofenbrot

Eine Wandzeichnung im Grab Pharaos Ramses III., der von 1188 v. Chr. an Ägypten regierte, zeigt die königlichen Bäcker bei der Arbeit mit Weizen. Nachdem sie das Getreide gedroschen haben, sieht man, wie sie Weizen zu Mehl mahlen, zu Teig verarbeiten und diesen in einem Steinofen backen, wie er auch heute noch in einer italienischen Pizzabäckerei stehen könnte. Leider hatte das Getreidemahlen mit einem Handmahlstein die Folge, dass kleine Steinsplitter ihren Weg in die Brotlaibe fanden. So kam es, dass Archäologen nicht nur alte Laibe fanden, die man den Hingeschiedenen für ihre Reise ins Jenseits ins Grab gelegt hatte, sondern auch Zahnschäden bei den Verstorbenen selbst feststellten, die von dem »steinigen« Brot herrührten.

Proteinpakete
Weizenkörner sind vollgepackt mit lebenswichtigen Vitaminen, Mineralstoffen, Stärke und Proteinen. Diese gut zu transportierenden und lagerfähigen Kraftpakete ernähren die Welt schon seit der Steinzeit.

Tulpe

Tulipa spp.

Wenn der Frühling kommt,
dann schick' ich dir Tulpen aus Amsterdam …

… sang Mieke Telkamp in den 1950ern.

Ursprungsgebiet: Bergregionen in Asien, auch Südeuropa und Nordafrika

Typus: früh blühendes Zwiebelgewächs

Höhe: bis 1 m

- Nahrung
- Heilmittel
- ***Handelsware***
- Werkstoff

Sie war die erste »Floristenblume« der Welt und Gegenstand der »Tulpenmanie« im Holland des 17. Jahrhunderts, als astronomische Beträge für eine einzige Tulpenzwiebel bezahlt wurden. Die Tulpe inspirierte holländische Maler und steht noch immer im Mittelpunkt von Blumenausstellungen in aller Welt.

Echt holländisch

Der flämische Meister Peter Paul Rubens hatte 1629 für seine junge Braut Hélène Fourment ein faszinierendes Gesprächsthema: den exorbitant hohen Preis der Tulpenzwiebeln. Rubens war 53, Hélène 16. Trotz des großen Altersunterschieds sollte es eine gute Ehe werden. Hélène erfüllte Rubens' letztes Lebensjahrzehnt mit Glück und schenkte ihm fünf Kinder. Der Künstler sann darauf, den Garten des »Rubenshuis« im Zentrum Antwerpens zu verschönern.

Ein frischer Wind wehte über die Niederungen Flanderns und durch die ordentlichen holländischen Gärtchen. Das Heim war längst nicht mehr von einem praktischen Küchen- und Kräutergarten umgeben. Der italienischen Mode folgend, schuf man in den Niederlanden Formengärten mit geometrischen Mustern, Lauben, Loggien und plätschernden Brunnen – alles, was sich als Rahmen für die neuen Pflanzen eignete, die jetzt den Weg ins Land fanden: allen voran die Tulpe.

Heutzutage strömen in jedem Frühling die Menschen nach Holland, um die Blüte auf den Tulpenfeldern zu bewundern. Tulpen wachsen dort auf mehr als 10 000 Hektar und liefern 60 Prozent des Exports von Schnittblumen weltweit – und an die zehn Milliarden Blumenzwiebeln.

Im frühen 17. Jahrhundert, noch bevor die Tulpen in Mode kamen, veränderten sich die Gärten. Blumen, für die bislang nur Ärzte und Köche zuständig waren, wurden »botanisiert« und wegen ihres dekorativen Aussehens geschätzt. Und Holland sollte die »geistige Heimat« der Zwiebel werden. Die Tulpe, die in Fülle in den zentralasiatischen Gebirgszügen des Tien Shan und Altai gedieh, hatte sich in China und der Mongolei verbreitet, bevor sie Europa erreichte. Vor etwa 1000 Jahren sollen türkische Gärtner die Tulpen, die heute die Niederlande schmücken, angebaut und zur Blüte gebracht haben.

Als Charles de L'Écluse 1593 Professor für Botanik in Leiden wurde, führte er hier die Tulpe ein. 1594 blühte sie zum ersten Mal in den Niederlanden. (L'Écluse selbst berichtete von einem törichten Antwerpener

Kaufmann, der ein paar Jahre zuvor eine Lieferung Tuch aus dem Osten erhalten hatte. Dabei fanden sich auch einige Tulpenzwiebeln. Er kaute ein wenig darauf herum und soll den Rest angewidert in seinen Garten geworfen haben, wo sie möglicherweise aufgingen.)

L'Écluse erhielt seine Zwiebeln von einem Freund namens Ogier Ghiselin de Busbecq, der als flämischer Botschafter in Istanbul weilte. Er oder ein Kollege reisten in der Türkei umher und stießen auf einige wildwachsende Tulpen. Er zeigte auf die Pflanze und fragte einen Bauern mit Turban auf dem Kopf nach deren Namen. Der jedoch glaubte, der Besucher bewundere seine Kopfbedeckung, und antwortete »tulipand«, was Turban bedeutet. Der Diplomat notierte den Namen. Erst später erfuhr er, dass der wirkliche Name *laâle* war. Das Osmanische Reich bezeichnete die beste Zeit seines Bestehens als *Lale Devri*, die Tulpenära.

Tulpenwahn
Floras Narrenwagen von Hendrik Pot (um 1637) ist eine Allegorie auf die Tulpenmanie. Flora, die Göttin der Blumen, und ihre Anhängerschaft werden ihrem Untergang entgegen ins Meer geblasen.

In Leiden verteilte L'Écluse weiterhin Tulpenzwiebeln im Interesse der Wissenschaft großzügig an Blumenfreunde und Künstler wie Rubens, dessen Werk er sehr bewunderte. Aber er weigerte sich, seine Zwiebeln geldgierigen Händlern zu überlassen. Denn das Geschäft mit Tulpenzwiebeln war völlig außer Kontrolle geraten. 1637 wurde eine Zwiebel für 6700 Gulden verkauft, was dem Wert eines Hauses mit Garten an einer Amsterdamer Gracht oder dem Fünfzigfachen des durchschnittlichen Jahreseinkommens entsprach. Enttäuschte Kaufinteressenten fanden jedoch Wege, L'Écluses Prinzipientreue zu umgehen. Sie stahlen seine Tulpensammlung – und schufen mit diesem Diebstahl die Grundlage für die zukünftige holländische Blumenindustrie.

1630 hatte Rubens mit seinen letzten großen Arbeiten begonnen, in denen er vor allem seine häusliche Umgebung darstellte: seine Frau, seinen Garten und seine neuen Blumen. Eines der liebevollsten Bilder zeigt seine Familie, wie sie durch den Garten in Richtung auf den Barockvorbau des Rubenshuis schlendert. So, als sähe er den kommenden Tulpenrummel voraus, der zur ersten Spekulationsblase der Geschichte führte, setzte Rubens einige Büschel Tulpen in das Bild.

Dankesgabe

✦

Die holländische Königsfamilie floh 1940 nach Kanada, als die Deutschen in die Niederlande einmarschierten. Prinzessin Margriet wurde im Civic Hospital in Ottawa geboren. 1945 kehrte die königliche Familie zurück und schenkte der kanadischen Regierung zum Zeichen ihrer Dankbarkeit 100 000 Tulpenzwiebeln. Das war die Grundlage für die jährliche Tulpenschau in Ottawa, eine Veranstaltung, die weltweit Nachahmung gefunden hat: in vielen Ländern Europas ohnehin, aber auch im US-Staat Washington und in den Royal Botanical Gardens in Bowral, Australien.

Vanille

Vanilla planifolia

Ursprungsgebiet: Regenwälder an der Küsten von Mexiko und Mittelamerika

Typus: tropische Kletterorchidee

Höhe: bis 30 m

✦ ***Nahrung***
✦ Heilmittel
✦ ***Handelsware***
✦ Werkstoff

Sie wurden im 16. Jahrhundert vom letzten Aztekenherrscher den Spaniern geschenkt und gelangten bis zu den Inseln im Indischen Ozean: Die getrockneten Schoten von *Vanilla planifolia* sind eine einträgliche Ware geworden, und Vanilleextrakt ist ein vielseitig verwendeter Geschmacksstoff der modernen Küche.

Langwierige Ernte

Touristen schlendern über den Markt von Antananarivo, der Hauptstadt Madagaskars. Hartnäckig werden sie von Frauen und Kindern verfolgt, die ihnen Plastiktüten mit ein paar verdorrt aussehenden Stöckchen anbieten. Der Preis erscheint selbst Touristen ungewöhnlich hoch. Aber Vanilleschoten gehören zu den teuersten Gewürzen der Welt, und infolge einer Laune der Natur erfordert ihre Verarbeitung viel Zeit.

Als 1519 die Nachricht von der Ankunft einer Gruppe bewaffneter Männer zu Montezuma vordrang, verstanden der mächtige Aztekenherrscher und seine Berater dies als Zeichen der Wiederkehr ihres Schöpfers. Von der Hauptstadt Tenochtitlán aus regierte er seit 17 Jahren sein Reich, stets darauf bedacht, den Schlangengott Quetzalcoatl durch Menschenopfer im Großen Tempel zu besänftigen.

Montezuma ließ einige der wertvollsten Gaben der Stadt als Geschenke für diese blasshäutigen Götter herbeischaffen (die ihn bald darauf ermorden sollten) und dem Anführer Hernán Cortés das köstlichste Getränk des Landes reichen: *chocolatl*. Obwohl es vor allem aus gemahlenem Kakao (siehe Seite 184) bestand, enthielt Cortéz' Getränk geheimnisvolle Geschmacksbeigaben aus exotischen Pflanzen, die zuvor noch kein Europäer gekostet hatte: Annatto- oder Orleanssamen, Cayennepfeffer und als größte Kostbarkeit: Vanille.

Von dem unglücklichen Montezuma ist es ein großer historischer Sprung zu einem Hafenkai in Florida, Sydney oder Wellington, wo – rein statistisch – weltweit am meisten Eiscreme verzehrt wird. Das von allen bevorzugte Aroma ist Vanille. In vielen Speisen kann man zwischen echter Vanille und künstlichem Vanillearoma nur schwer unterscheiden, aber Tests bei Eis haben ergeben, dass hier die echte Vanille nicht zu schlagen ist.

Vanille enthält über 250 wirksame Bestandteile, darunter Vanillin, das den unwiderstehlichen Geschmack erzeugt. Der Preis der Vanille legt eine sparsame Verwendung nahe, aber ihr Geschmack ist so einzigartig, dass sie sich weite Bereiche erobert hat: von Lebensmitteln wie Schokolade oder Pudding bis hin zu Parfüm und Zahnpasta. Der weltweit größte Abnehmer von Vanille ist Coca-Cola.

Warum ist echte Vanille so teuer? Die Antwort liegt in der Art ihres Anbaus. In Südamerika bildet sich die Vanilleschote, nachdem die Blüten der Orchidee *Vanilla planifolia* von Bienen oder Kolibris bestäubt wurden. Nach Montezumas allzu frühem Tod behielten sich die Spanier so weit wie möglich die Kontrolle über die Herstellung der Vanille vor, die sie neben ihren Schokoladefabriken betrieben. So wurden beide zu wesentlichen Bestandteilen der traditionellen *churros*, ausgebackenen Teigstreifen, die man in dickflüssige heiße Schokolade taucht.

Trügerische Erscheinung
Vanilla planifolia ist die einzige Orchidee, die wegen ihres praktischen Nutzens als Speisegewürz gezüchtet wird. Das unansehnliche Äußere der getrockneten und fermentierten Vanilleschoten täuscht über das darin enthaltene unvergleichliche Aroma hinweg.

Anfang des 19. Jahrhunderts war die *Vanilla*-Orchidee nach Mauritius und von hier nach Indonesien, auf die Bourbon-Insel (Réunion), nach Tahiti und Madagaskar gelangt. Aber die Züchter stießen auf ein Problem: Die blassgrünen Orchideenblüten hatten in ihrer neuen Umgebung keine natürlichen Bestäuber. Alle Pflanzen mussten deshalb mit einem kleinen, spitzen Stäbchen, das in jede einzelne Blüte eingeführt wurde, von Hand bestäubt werden. Die Schoten konnten dann sechs bis neun Monate lang an den Ranken reifen, wurden vor der vollen Reife geerntet, zum Trocknen in die Sonne gelegt und dann in besondere Wolldecken gewickelt, um die Fermentation des Milchsafts der Schote zu einer schwarzbraunen Masse mit intensivem Duft zu fördern. In den nächsten sechs Monaten wurden sie in luftdichten Metallkästen weitergetrocknet und haltbar gemacht.

... und mischen, dass sie fast davon verschwimmt,
die Stille mit Vanille und mit Zimt.

Rainer Maria Rilke, »Persisches Heliotrop«, 1908

Der hohe Preis der Vanille führte zu einer intensiven Suche nach einem brauchbaren Ersatz. Es ist ja nicht einfach, den jährlichen Bedarf von etwa 5,5 Millionen Tonnen Vanille zu decken. Die Versuche, Vanille aus anderen Quellen zu gewinnen – aus Nelkenöl, Lignin oder mithilfe eines Bodenbakteriums, das einen in Obst oder Rüben enthaltenen Stoff in Vanillin umwandelt –, lassen befürchten, dass den Straßenverkäufern in Madagaskar eine ungewisse Zukunft bevorsteht.

Vanille eiskalt

✦

Speiseeis gab es schon im antiken China, Griechenland und Rom; Marco Polo brachte die Kunde der Eisherstellung mit; das Kochbuch der Anna Wecker von 1597 enthielt ein Rezept für Milcheis. Vanilleeis genoss man am englischen Königshof wohl schon im 17. Jahrhundert. Und 1843 erfand Nancy Johnson die erste Eismaschine.

Weinrebe

Vitis vinifera

Ursprungsgebiet: westliches Asien

Typus: rankender Kletterstrauch

Höhe: bis zu 15 m, je nach Art des Anbaus

✦ ***Nahrung***
✦ Heilmittel
✦ ***Handelsware***
✦ Werkstoff

Seit mindestens 5000 Jahren lagert der Landmann im Herbst seinen Wein ein. Doch erst seit die Römer die Weinrebe richtig nutzten, wurde eine weltweite Angelegenheit daraus.

Big Business

Aus Weinbeeren kann man Rosinen, Essig und vor allem Wein herstellen. Die alten Ägypter verstanden den Wein als Tränen des Himmels- und Lichtgottes Horus. Etwa 3000 Jahre später, zu Beginn des 21. Jahrhunderts, befinden sich 30 Milliarden Flaschen im Wert von 80 Milliarden Euro auf dem Markt. Die Früchte der Reben sind ein großes Geschäft.

Heutzutage ist es fast unmöglich, einen Ort auf dem Globus zu finden, wo man nicht ein Glas Wein – egal welcher Qualität – bekommen kann. Wein wird nicht nur weltweit in jedem nichtislamischen Land getrunken, sondern in den meisten Ländern auch erzeugt. Die klassischen Weinregionen Europas und die Anbaugebiete in Kalifornien, Australien, Neuseeland, Südafrika und Südamerika summieren sich zu einer Fläche von acht Milliarden Hektar. Wenn es die Sonne gut meint, bringen sie einen jährlichen Ertrag von 60 bis 70 Millionen Tonnen Trauben – und damit eine Menge Wein.

Die formenreiche Art der Echten Weinrebe *Vitis vinifera* hat eine schier unendliche Vielfalt von Unterarten: typisch deutsche Rebsorten wie Riesling, Müller-Thurgau oder Spätburgunder, den österreichischen Grünen Veltliner, Zweigelt oder Blaufränkisch, den Südtiroler Vernatsch, den Merlot aus Italien oder Frankreich, den spanischen Rioja … nicht zu vergessen: Weine aus der Neuen Welt und von »Down under«! Diese Industrie hat ihr Ziel erreicht: Die Weinregale im Supermarkt biegen sich unter der Last verschiedenster Weine, von denen die meisten aus Massenproduktion stammen, um den halben Globus verschifft und in Lkw-Ladungen zum Handel gekarrt wurden – zu niedrigen Preisen, die im Widerspruch zu ihrer fernen Herkunft stehen.

2004 schätzte die Weltgesundheitsorganisation WHO, dass übermäßiger Alkoholgenuss mehr als drei Prozent der Weltbevölkerung töte und weitere vier Prozent schädige. Nach ihren Zahlen ist Alkohol für 20 bis 30 Prozent aller Fälle von Leberzirrhose, Epilepsie, Speiseröhren- und Leberkrebs verantwortlich. Neben Schnaps (siehe Seite 104) und Bier (siehe Seite 110) ist zweifellos der Wein einer der Übeltäter.

Pummeliger Putto
Bekränzt mit Laub und Ranken von *Vitis vinifera* – so stellte Guido Reni 1623 seinen Bacchus beim ernsten Geschäft des Weintrinkens und Pinkelns dar. Damals wie heute ist Italien das führende Weinland des Mittelmeerraums.

Massenmarkt

Die Weinbeere ist ein kleines fruchtiges Wunder, das vor 60 Millionen Jahren in der Gestalt von *V. sezannesis* aufkam. Ihr wildwachsender Nachkomme *V. vinifera* ssp. *sylvestris*, die Wilde Weinrebe, fasste in Osteuropa Fuß, erwies sich aber als unzuverlässig für die Weinherstellung. Weil sie zweihäusig ist, also entweder männliche oder weibliche Blüten trägt, musste sie bestäubt werden, um Früchte zu tragen. Die Zuchtform der Echten Weinrebe *V. vinifera* ist ein Hermaphrodit, also einhäusig, und versorgte die Winzer freigebiger mit ihren Früchten.

Wann und wo der Weinbau begann, ist umstritten. Vielleicht wurde vor 5500 Jahren in der Region zwischen Kaukasus und Hindukusch erstmals Wein gekeltert, vielleicht auch schon 2000 Jahre früher in der Gegend der heutigen Türkei oder Georgiens. Bilder und Skulpturen aus dem alten China und Ägypten zeigen, wie Wein erzeugt und getrunken wurde – noch bevor die alten Griechen den Weinbau zu einer profitablen Unternehmung machten.

Die ersten Weine waren vermutlich Zufallsprodukte. Da Weinbeeren wie viele andere Früchte Saft und Zucker enthalten, neigen sie zur Gärung. Die zerdrückte Frucht braucht nur mit freien Hefepilzen in Berührung zu kommen, damit die Fermentierung beginnt. Die Kunst der Winzerei besteht darin, das Getränk zu stabilisieren, sobald die Fermentation oder Gärung beendet ist, und in Flaschen oder Fässern zu lagern. Dies ist entscheidend für gute oder mindere Qualität.

Wo auch die Ursprünge des Weins gewesen sein mögen – er sollte das verbreitetste Getränk Südeuropas werden, bevor Tee und Kaffee Einzug hielten. Außerhalb der islamischen Welt, wo den Muslimen der Genuss von Alkohol verboten ist, war der Weinbau eine klassische »Heimindustrie«, ländlich wie das Bierbrauen und schlicht wie die Herstellung von Apfelmost. Am Markttag ratterten die Flaschen mit dem Getränk auf Bauernwagen in die Stadt oder sie wurden vom *burro*, dem Packesel, in die *bodega*, die Weinschenke, des Dorfes getragen. Kinder stillte man mit dem gleichen, allerdings verdünnten Wein ab, den ihre Großeltern tranken, und man begrüßte Gäste mit einem Becher Wein.

Außerhalb der typischen Cidre-Gebiete wie der Normandie oder Bretagne, Asturien oder Galicien war der Weinberg einer der wichtigsten dörflichen Betriebe. Der Anwalt, der Doktor und der Bürgermeister mussten vielleicht etwas mehr für ihren Wein bezahlen, aber ein jeder – vom *vigneron*, dem Winzer, bis zum Waldarbeiter – zeigte sich als Weinkenner, wenn alljährlich der neue Landwein, *vin du pays*, zu beurteilen war.

Die Fertigkeiten des Weinbaus sind von den großen Weinhändlern des Mittelalters vervollkommnet worden: den Klöstern. Bei der Messe oder Abendmahlsfeier stehen Brot und Wein für Leib und Blut Christi. Infolgedessen widmete man sich in den großen Klöstern gleichermaßen dem

Antike Kunst
Dieses römische Relief zeigt die schon in der Antike geübte Fertigkeit des Zerstampfens der Trauben vor der Gärung. Die Tradition der Weinherstellung reicht aber bis 3500 v. Chr. zurück.

Dienst Gottes wie der Traube. Nicht von ungefähr ließen sich zum Beispiel die Zisterzienser im Burgund nieder, einer der besten Weinanbaugegenden Frankreichs. Hier verwendeten die Mönche größte Sorgfalt auf die Pflege der Weinstöcke und bauten mauerumfasste Weingärten, um die Reben zu schützen.

Bring mich heim! Der italienische Kupferstecher und Drucker Marcantonio Raimondi (um 1480–1530) stellte den betrunkenen Dionysos, den griechischen Gott des Weines, dar, wie er sich schwankend auf einen Satyr stützen muss.

Und sie lernten, die geografischen Verhältnisse der Umgebung zu ihrem Vorteil zu nutzen: Im nördlichen Europa wurden die Weinstöcke reihenweise an Südhängen gepflanzt, damit sie möglichst viel Sonnenlicht erhielten. Und sie standen dicht beieinander, um nachts die Wärme besser zu halten. Im wärmeren südlichen Klima wurden die Rebstöcke so gepflanzt, dass sie einander Schatten spendeten, und so gezüchtet, dass die Trauben höher am Stamm hingen und darunter ein kühlender Wind leichter hindurchwehen konnte.

Die Kirche, Großgrundbesitzer und Monopolist in Sachen Wissenschaft und Forschung, spielte eine entscheidende Rolle in der Entwicklung des Weinbaus. Im Lauf von Jahrhunderten wurden mehr als 5000 verschiedene Unterarten kultiviert, von denen etwa 30 bis heute für die Weinbereitung verwendet werden, darunter Cabernet Sauvignon, Pinot noir, Merlot, Chardonnay, Riesling, Muskateller, Silvaner und Sémillon.

Auch nach dem Niedergang der Klöster ernährten die Weinberge Land und Leute. Im 15. Jahrhundert waren die burgundischen Weinherzöge so mächtig geworden, dass sie die Machtverhältnisse in Frankreich ins Wanken brachten. Erst mit dem Tod Karls des Kühnen, des Herzogs von Burgund, 1477 konnte die Provinz Bourgogne in ein profitables Juwel der französischen Krone verwandelt werden. Ungeachtet der zynischen Behauptung, Burgunderweine seien nur deshalb so beliebt, weil Ausländer Namen wie Chablis, Chambertin, Pommard und Mâcon gerade noch aussprechen könnten, kann sich Burgund heute einer größeren Zahl von *appellations d'origine contrôlées* rühmen als jede andere Region Frankreichs.

Weingötter

✦

Der Sage zufolge war es der griechische Gott Dionysos, der zweitgeborene Sohn des Zeus, der den Griechen den Weinstock aus Kleinasien brachte. In orgiastischen Dionysoskulten wurde der als jugendlich und schön dargestellte Gott des Weines – mit seinem Gefolge ekstatischer Frauen, der Mänaden – gefeiert. Die römische Mythologie nannte ihn Bacchus. Früher, im alten Ägypten, war Osiris der Gott des Weines, und noch viel früher verehrten die Sumerer Gestin, die »Mutter des Rebstocks«.

Lausig
»Die Reblaus ist ein wahrer Weinkenner. Sie findet die besten Weinberge und hält sich an die feinsten Reben«, lautete 1890 die Unterschrift zu dieser Zeichnung in der satirischen Zeitschrift *Punch*.

Weine weltweit

Voraussetzung für die Erfolgsgeschichte edler Weine waren Korken (siehe Seite 158) und Flasche. Die Erfindung einer Glasflasche, die seitlich gelagert werden konnte, damit der Korken feucht blieb, brachte einen wichtigen Fortschritt.

Im 18. und 19. Jahrhundert schnellten die Verkaufs- und Exportziffern von Flaschenweinen in die Höhe. Damals arbeiteten acht von zehn Italienern im Weinbau, während man in Frankreich auf Gütern wie Latour, Lafite und Margaux in Bordeaux dem Beispiel von Arnaud III. de Pontac gefolgt war. Als Eigentümer des Château Haut-Brion war Pontac im 17. Jahrhundert zum Wegbereiter der Erzeugung edler Weine geworden, weil er vor allem die Arbeit im Weinkeller penibel überwachte. Trotz der langanhaltenden Feindschaft zwischen England und Frankreich konnten die Briten der Verlockung französischer Weine nicht widerstehen, auch wenn der beste Bordeaux dreimal so teuer war wie manch anderer Wein.

V. vinifera hinterließ auch in anderen Teilen der Welt Spuren. Während die Spanier die Rebe in die eroberten Gebiete Lateinamerikas brachten, begann der australische Weinbau mit Ablegern, die 1788 Captain Arthur Phillip hier einführte. In den 1850er Jahren legte die Kirche in Hawke's Bay den ersten und heute ältesten Weinberg Neuseelands an.

Die Ansiedlung der Weinrebe in den USA war die Grundlage einer Industrie, die das Land nach Frankreich, Italien und Spanien zum weltweit viertgrößten Weinerzeuger machen sollte. Doch ergab sich ein unge-

Abgelagert
Die einfache Technik des Verkorkens lagerfähiger Weinflaschen eröffnete das Zeitalter edler Weine. Doch die Reblausplage brachte den europäischen Winzern im 19. Jahrhundert einen dramatischen Rückschlag.

Blut Christi
Das Kommunionszeugnis (der Kirche Santa Croce in Greve in Chianti südlich von Florenz) aus dem Jahr 1894 für Emma Mugnai stellt das Sakrament der Kommunion (Teilnahme am Abendmahl) mit Brot und Wein bildlich dar.

ahntes Problem – in Gestalt der Reblaus. Sie ist ein stecknadelkopfgroßes Insekt mit beträchtlichem Appetit, allerdings nicht für die amerikanische *V. riparia*, sondern für die europäische *V. vinifera*. Es hätte ein amerikanisches Problem bleiben können, wäre nicht das Dampfschiff erfunden worden.

1837 sah der britische Ingenieur Isambard Kingdom Brunel die *Great Western*, sein für die Transatlantikschifffahrt gebautes erstes Dampfschiff, in Bristol vom Stapel laufen. Im Jahr darauf überquerte sie den Atlantik und erreichte New York in Rekordzeit. Die Dampfschifffahrt verkürzte die Reisedauer zwischen Europa und Amerika, so dass die gefährliche Reblaus, die die längere Reise mit dem Segelschiff nicht überlebt hätte, nach Europa gelangte. In den 1860er Jahren schlug die Reblauskatastrophe zu. Verschärft durch einen Mehltaubefall der Weinreben, führte sie zu dramatischen Verwüstungen im europäischen Weinbau. Die Lösung des Problems, *V. vinifera* auf reblausresistente amerikanische Wurzelstöcke zu pfropfen, kam zu spät, um die meisten europäischen Weinbaugebiete zu retten, und es dauerte fast ein Jahrhundert, bis man sich von der Katastrophe erholt hatte. Dank technischer und wissenschaftlicher Fortschritte entwickelten sich die Weinkulturen in Amerika, Australien, Südafrika und Neuseeland und konnten teils die Lücken füllen. Auch wenn es in den europäischen Weinbergen nie mehr so sein sollte wie zuvor, schafften es die großen vier – Frankreich, Italien, Deutschland und Spanien – bis zum Ende des 20. Jahrhunderts, wieder mehr Wein zu erzeugen als andere Länder der Erde.

Wer pflanzt einen Weinberg und isst nicht von seiner Frucht?

1. Korinther 9,7

Champagnerrevolte

✦

1910 und 1911 brachen Arbeiter von Champagnerkellereien in ihre Betriebe ein, zerschlugen Flaschen und warfen Wagenladungen voller Trauben in den Fluss. Sie machten ihrer Wut über die Entscheidung Luft, Trauben von außerhalb der Region herbeizukarren, um die Einbußen durch die Reblausplage und mehrere schlechte Ernten auszugleichen. Die französische Regierung sah sich veranlasst, Militär einzusetzen – und die *appellation d'origine contrôlée* allein der Provinz Champagne zuzubilligen. Seither darf sich kein anderer Schaumwein »Champagner« nennen.

Warum war Wein in Europa so ein großes Geschäft, nicht aber etwa in China oder Indien? Die Maya und Inka besaßen wildwachsende Weinreben, stellten aber keinen Wein her. Indien baute vor 2000 Jahren Wein an, aber entwickelte keine Industrie daraus. Chinas Winzer hatten sogar eine noch längere Tradition, aber Wein war nie ein so wichtiger Bestandteil dieser Kultur wie in Europa.

Römischer Einfluss
Als die Römer ihr Imperium in Europa und im Mittelmeerraum ausdehnten, legten sie überall Weinberge an: in Spanien, Frankreich, Deutschland, Österreich, Ungarn – selbst in Algerien.

Der Grund für den Erfolg der europäischen Weine ist bei jener Hochkultur zu suchen, die nicht nur Fußbodenheizungen, Badeanstalten, gepflasterte Straßen und große geistige und politische Errungenschaften hervorbrachte, sondern auch die ersten Christen umbrachte: bei den Römern.

Bevor Julius Cäsar 44 v. Chr. ermordet wurde, entwarf er einen Achtjahresplan, um Gallien zur römischen Provinz zu machen. Sein Großneffe und Adoptivsohn Augustus führte Cäsars Werk fort, und während der *Pax Romana*, der Friedenszeit im 1. und 2. Jahrhundert n. Chr., legte das Imperium überall Weinberge an. Auch wenn man natürlich die eigenen Weine – wie etwa den berühmten Falerner aus der Gegend südlich von Rom – bevorzugte, pflanzte man im gesamten Imperium Wein an: in Hispania (Spanien), im biblischen Palästina, in Griechenland, Gallien (Frankreich), Germanien (Deutschland und Österreich) und im südlichen Britannien (England). Mit dem Untergang des römischen Weltreichs hätte der *vinum* der Römer auch den Weg der Bodenheizung gehen und für ein oder zwei Jahrtausende in Vergessenheit geraten können, wäre da nicht die Ausbreitung des Christentums gewesen.

Mit der Kreuzigung Jesu sicherten die Römer unbeabsichtigt den Fortbestand des Weines. Beim letzten Abendmahl Jesu mit seinen Jüngern, als er ihnen Brot und Wein reichte, begründete er die künftige Wiederholung des Brauchs: »… das tut zu meinem Gedächtnis.« Die Römer wurden Christen und machten das Sakrament des Abendmahls zu einem wesentlichen Element der abendländischen Kultur.

Das Christentum forderte und förderte Menschlichkeit und Nächstenliebe – und ein gutes Glas Wein unterstützt gewiss diese Einstellung. *In vino veritas!*

Weinbergkirchen

✦

Die Verbindung von Wein und Christentum wurde in den 1970er Jahren mit der Gründung der evangelikalen Vineyard Churches erneut verdeutlicht. Die Bewegung entstand aus Bibelkreisen, die sich bei kalifornischen Musikern trafen (vorübergehend soll auch der berühmte Singer/Songwriter Bob Dylan fasziniert gewesen sein). In Deutschland gibt es bereits seit 1569 eine evangelische Weinbergkirche – »Zum Heiligen Geist« in Dresden-Pillnitz.

Wasser zu Wein
Das Johannesevangelium (2,1–11) berichtet vom ersten Wunder Jesu, geschehen auf der Hochzeit zu Kana in Galiläa, wo er das Wasser in sechs Krügen in Wein verwandelte.

Mais

Zea mays

Ursprungsgebiet: Amerika

Typus: einjährige Getreidepflanze (Süßgras)

Höhe: bis 2 m

✦ ***Nahrung***
✦ Heilmittel
✦ ***Handelsware***
✦ ***Werkstoff***

Bei Tagesanbruch strebt ein junger, bis zur Taille unbekleideter Arbeiter den Feldern entgegen. Er ist ein Bild von Kraft und Gesundheit, lebendes Zeugnis der nahrhaften, proteinreichen Feldfrucht, die er ernten wird: Mais.

Rätselhafte Herkunft

Nach Weizen und Reis ist Mais das drittwichtigste Getreide der Erde. Er trug zum Gedeihen der bedeutendsten Hochkulturen Südamerikas bei, bevor er per Schiff ins alte Europa gelangte. Innerhalb von zwei Jahrhunderten wurde das goldene Korn zu einem industriellen Produkt und fast so vielseitig wie Erdöl. Während fossile Brennstoffe zur Neige gehen, könnte *Zea mays* einer der Treibstoffe der Zukunft werden.

Mais – in Österreich auch Kukuruz genannt – wurde zuerst von den Ureinwohnern Amerikas angebaut. Er ernährte nicht nur die Menschen der großen Kulturen der Tolteken, Azteken, Maya und Inka, sondern auch die »neue« amerikanische Zivilisation. Wie William Cobbett 1821 in *Cottage Economy* schrieb, war »dieses Getreide das beste der Welt für die Schweinemast«. Aber auch die Menschen selbst ernährte es vortrefflich. 1810 hatte die Bevölkerung der USA sieben Millionen erreicht. Sie ernährte sich großteils von Mais und wuchs binnen eines Jahrhunderts auf 92 Millionen an. Auch Spanien verhalf der Mais vom 18. Jahrhundert an zu einem beachtlichen Bevölkerungswachstum.

Mais wird alljährlich neu ausgesät und braucht zwischen drei und fünf Monaten bis zur Blüte. Zuerst erscheinen die Rispen der männlichen Blüten an der Spitze des Halms. Durch Windbestäubung werden die weiblichen Blüten, die sich in Hüllblättern weiter unten an den Halmen befinden, befruchtet. Hier wächst dann der Kolben heran, an dem die Früchte, die prallen gelben Körner, in Längszeilen sitzen. Jede Pflanze trägt bis zu zwei Kolben. Die Erntearbeiter gehen durch die Reihen der Maispflanzen und brechen die Ähren aus den Hüllblättern, also die Kolben mit den schimmernden Zeilen süßer, eiweißreicher Körner. Da der Zucker im Mais sich vom Moment der Ernte an in Stärke umzuwandeln

DAS MAISRÄTSEL
Obwohl schlüssige Beweise fehlen, kann man davon ausgehen, dass Mais zuerst im südlichen Mexiko angebaut wurde, von wo aus er sich nach Nord- und Südamerika ausbreitete.

beginnt, schmecken Maiskörner am besten, wenn man sie frisch verzehrt. Die Kolben können in den Hüllblättern gebraten oder ohne diese gedämpft oder gekocht werden. Ob roh oder gekocht, getrocknet oder gemahlen und zu Frühstückflocken verarbeitet, als Maismehl für Tortillas oder Ähnliches verwendet oder in einer heißen Pfanne in Popcorn verwandelt – Mais ist ein unglaublich vielseitiges, nahrhaftes und gesundes Getreide.

Durch seinen »Körperbau« ist Mais jedoch biologisch benachteiligt: Er sät sich nicht auf natürliche Weise aus. Um die Generation des nächsten Jahres entstehen zu lassen, muss jemand ein Maiskorn herausklauben, bis zur kommenden Pflanzzeit aufbewahren und es dann in ein Loch im Boden fallen lassen. Diese gegenseitige Abhängigkeit von Mensch und Pflanze ist der Schlüssel zur Geschichte des Maisanbaus und die Erklärung dafür, wie und warum die Menschen lernten, das Beste aus dieser wunderbaren Pflanze zu machen.

Die frühesten Kulturformen von Mais dürften im Südwesten von Mexiko bei Oaxaca angebaut worden sein. Die Maisfelder erstreckten sich wohl über das Tehuacántal, dann entlang dem Golf und der Pazifikküste, nördlich in den Südwesten der heutigen USA und südwärts in die Gebirge Südamerikas. Stets klaubten die Bauern die Körner von den Kolben und wählten die besten aus, die im kommenden Jahr gesät werden sollten. Durch diese Auswahl konnte sich das Getreide überall, wo es angebaut wurde, bestens entwickeln.

Reis kann bis auf seine Wildformen im Hupeibecken und Jangtsedelta über 6500 Jahre zurückverfolgt werden. Weizen hat mit Emmer und Einkorn bestimmbare Vorfahren. Aber die genetische Verbindung zwischen der Kulturpflanze Mais und wildwachsenden Urformen

MAIS, CORN, KUKURUZ?

✦

Die alten Mexikaner gaben ihm zu Ehren ihres Mais-Gottes *Cinteotl* den Namen *cintli*, auf Kuba hieß er *maisi*. Kolumbus schrieb über die Pflanze, dass »die Indianer sie als *maiz* bezeichnen, die Spanier als *panizo*«. Für die Europäer war er zuerst nur ein Getreide unter vielen, *polenta* in Italien und für die Engländer fremdes Zeug: »Indianer-« oder »Türkenkorn«. Aber der Botaniker Carl von Linné hatte eine Ahnung von dem Potenzial, das im Mais steckt, und änderte die ursprüngliche Klassifizierung von 1536, *Turcicum frumentum*, in *Zea* (griechisch: »Lebensgrund«) *mays* (indianisch: »unsere Mutter«) um. In Europa bürgerte sich der Name Mais ein, die Amerikaner nennen ihn schlicht *corn*. Das österreichische »Kukuruz« stammt aus dem Serbischen.

Milpa

✦

Milpa nannten die Azteken ein »Feld«, ein Stück gerodeten Waldes. Hier bauten sie Mais an, der jedoch noch nicht so eiweißhaltig war wie heute. Zum Ausgleich pflanzten sie auf diesem Feld Süßkartoffeln, Avocados, Melonen, Tomaten, Kürbisse, Bohnen und Paprika. Unter solch intensiver Nutzung waren die *milpa* bald ausgelaugt, und die Felder mussten ruhen: Der Zyklus umfasste zwei Jahre Anbau, acht Jahre Brache. Andernfalls gab man die *milpa* auf und rodete neue Flächen.

(vermutlich den Teosinte-Wildgräsern) muss erst noch nachgewiesen werden. Eine durchgängige biologische Geschichte fehlt also. Kann man den Geschichten über die legendären Ursprünge Glauben schenken?

Eine der Sagen berichtet von einem nordamerikanischen Indianer, der es leid war, nach Wurzeln zu graben, und sich träumend ins Präriegras legte. Da erschien ihm eine schöne Frau mit langem, blondem Haar. »Wenn du mich bittest«, sagte sie, »bleibe ich immer bei dir.« Sie nahm Stöckchen zur Hand und zeigte ihm, wie man sie aneinanderreiben und damit ein Büschel trockenes Gras anzünden konnte, um den Boden abzubrennen. »Wenn die Sonne untergeht«, sagte sie, »zieh mich an meinen Haaren über die heiße Glut.« Das tat er, und wohin er sie auch zog, spross hinter ihr eine grasähnliche Pflanze aus dem Boden. Dank dieses Geschenks brauchten er und sein Volk nicht mehr im Boden nach Wurzeln zu graben.

In einer anderen Sage sorgt sich der Indianerhäuptling Hiawatha um seine Leute, denn die Nahrung wird knapp, und sie drohen zu verhungern. Er verlässt sein Dorf und beginnt zu fasten. Am vierten Tag erscheint ihm der Gott Mondamin. Er fordert Hiawatha zum Zweikampf heraus und verspricht, Hiawathas Volk zu retten, wenn dieser ihn besiegt. Drei Tage lang ringen die beiden. Hiawatha ist schwach vom Hungern, aber schließlich bezwingt er seinen Gegner. Mondamin wird getötet und bestattet, und bald sprießt Mais aus seinem Grab.

Mais faszinierte bereits vor 4500 Jahren die Ureinwohner von Peru. Er wurde fortan gezüchtet und angebaut, bis die Azteken auf ihrer Wanderung im 13. Jahrhundert im Hochtal von Mexiko ankamen. Um 1325 erbauten sie ihre Hauptstadt Tenochtitlán, das heutige Mexico City, und siedelten auf zwei sumpfigen Inseln im Süden des Texcocosees. Mit großen Körben voller Erde befestigten sie das Land, und die Bauern schufen *chinampas*, erhöhte fruchtbare Felder für den Maisanbau. Die Azteken bewahrten den Frieden, indem sie mit ihren Nachbarn politische Bündnisse schlossen, während ihre Bauern gewissenhaft ihren 365-Tage-Plan des Pflanzens und Erntens befolgten. Sie teilten das Jahr in 18 Monate zu 20 Tagen und übersprangen fünf Tage, die als Unglückstage galten. Ein weiterer Aberglaube forderte regelmäßige Menschenopfer, damit nicht der Sonnengott Huitzilopochtli von ihnen und ihren Feldern ging.

Vielseitiges Getreide
Neben Weizen und Reis ist Mais die bedeutendste Getreidepflanze der Erde. Man kann ihn roh essen, aus seinem Mehl Brot backen oder *chica* – Bier – daraus brauen.

Unterdessen ließen sich südamerikanische Handwerker und Bauern, die Inka, im Tal von Cuzco im peruanischen Andenhochland nieder. Sie legten Terrassen an und bauten Aquädukte für ihren Mais und ihre andere Feldfrucht, die Kartoffel, die in größeren Höhen wuchs. Im 15. Jahrhundert dehnte sich das Inkareich unter dem König Pachacuti bis nach Bolivien und Chile im Süden und im Norden nach Ecuador aus. So entstand ein Reich mit einem Straßennetz von 30 000 Kilometern, auf dem Kuriere mit der erstaunlichen Geschwindigkeit von 240 Kilometern am Tag Verwaltungsnachrichten verbreiten konnten.

1519 deuteten die Astrologen der Azteken einen Kometen über der Hauptstadt Tenochtitlán als Zeichen einer drohenden Katastrophe. Sie kam in Gestalt eines spanischen Soldaten mit Namen Hernán Cortés, der wie die 500 Männer, die ihm folgten, einen metallenen Helm und Brustpanzer trug, Waffen mitführte und zu Pferde ritt.

Der amerikanische Doppelkontinent, auf dem vor den Ankunft der Europäer schätzungsweise 25 Millionen Menschen lebten, war die größte und fruchtbarste Landmasse der Erde. Cortés erreichte mit seiner Truppe Tenochtitlán und schlachtete – kaum waren die Begrüßungsfeierlichkeiten vorbei – die indianische Führungsschicht ab. 1520 war Montezuma, der große Aztekenherrscher, tot, und Cortés wurde Statthalter von Mexiko.

Köchinnen
Indiofrauen in einer mexikanischen Hütte um 1830: Sie mahlen Mais und backen ihre Fladenbrote. Erst wurde das Korn in Lauge eingeweicht und gekocht, dann die getrocknete Masse zu Mehl vermahlen.

1532 waren die Inka an der Reihe: Francisco Pizarro metzelte alle Inkaführer mit Ausnahme des Herrschers Atahualpa nieder. Ihm bot man die Freilassung für ein Lösegeld in Form von Gold- und Silberbarren an. Kaum waren diese übergeben, wurde Atahualpa hingerichtet. Innerhalb von 30 Jahren waren zwei bedeutende südamerikanische Hochkulturen vernichtet und durch die spanische Kolonialherrschaft ersetzt worden.

Die amerikanischen Ureinwohner gingen so ehrfurchtsvoll mit ihren Getreidegottheiten um wie die Römer mit Ceres, der Göttin des Ackerbaus. Sie vollzogen zeremonielle Rituale, wenn sie Fische im Boden vergruben (die als Langzeit-Biodünger wirkten), Mais und später Kürbisse und Bohnen pflanzten, die sich an Maishalmen emporrankten. Wenn die ersten Kolben geerntet werden konnten, wurden sie feierlich in der Glut der Feuer für das Maisfest gebacken.

Der Mais auf Wanderschaft

Kolumbus war es, der diese Pflanze aus der Neuen Welt (die er als solche nicht wahrnehmen wollte) nach Europa brachte, und binnen eines Jahrhunderts hatte sie China erreicht. Sie gelangte nach Russland, wo sie für *mamaliga*, eine Art Maisgrießbrei wie Polenta, verwendet wurde, und nach Ghana, wo man *sofki* aß. Sie kehrte nach Amerika zurück, als die Kolonisten von Jamestown gegen die Hungersnot kämpften und auf den hiesigen Mais zurückgriffen, den sie früher als »Barbarenfraß« abgelehnt hatten. John Gerard schrieb 1597 in *The Herball*, dass das »Türkenkorn nicht (wie manche vermuten) aus Kleinasien kommt, wo die Türken herrschen, sondern aus Amerika und den dortigen Inseln. Es wird in unseren

Von der Hand in den Mund
Maiskörner wurden einzeln von Hand gesät. Waren die Samen im Boden versenkt, konnten sich die hier abgebildeten Ureinwohner Floridas auf die Ernte, das Maisfest und den Beginn eines neuen Jahres freuen.

Letzten April sandte ich Päckchen mit Samenkörnern in etliche Länder, damit man sie an arbeitende Menschen verteile. Dieses Getreide ist das beste der Welt für die Schweinemast.

William Cobbett, *Cottage Economy*, 1821

Mais-Befürworter
Der englische Landwirt und Reformer William Cobbett war ein Verfechter des von ihm so genannten »Indianerkorns«.

nördlichen Gegenden in den Gärten gepflanzt, wo es zur Reife gelangt, wenn der Sommer schön und warm ausfällt, wofür ich selbst in meinem Garten Beweise gesehen habe.«

Mais war immer noch eine vergleichsweise neue Pflanze, als der Landwirtschaftsexperte William Cobbett 1821 *Cottage Economy*, sein Buch für englische Landleute, schrieb: »Die Ähren kommen seitlich aus dem Halm der Pflanze, welche über einen Meter hoch wächst, und sind von Blättern wie Fähnchen umhüllt.« Er erwähnte nicht, dass in Mexiko die Maiskörner erst in Lauge eingeweicht und dann zu Maismehl vermahlen wurden, aus dem man Fladenbrote backte. Mangels Gluten kann beim Maisbrot Hefe nichts ausrichten. Cobbett mahnte auch, dass man durch Mais Schaden nehmen könne: mit der Vitaminmangelkrankheit *Pellagra* (Hautentzündung) bei einseitiger ausschließlicher Maisernährung, und zwar wegen des Fehlens von Niacin (Vitamin-B-Komplex). Trotzdem war das goldene Korn lukrativ – je mehr, desto besser.

Im Norden Amerikas waren die vier Voraussetzungen vorhanden, die die Ausbreitung des Maisanbaus ermöglichten: der Pflug, das Dampfross, die Mühle und die Saatauswahl. Im Süden wurde Mais in Sklavenarbeit als nützlicher Begleiter der Baumwolle angebaut. Diese beiden wichtigsten Pflanzen des Südens lieferten das ganze Jahr über Arbeit für die Sklaven, von denen jeder pro Jahr an die zweieinhalb Hektar Baumwolle und dreieinhalb Hektar Mais bearbeiten konnte.

Eine Frage der Sichtweise

✦

Verfechter der Biotechnologie behaupten, genetisch verändertes Getreide steigere die Ernteerträge um 25 Prozent und ermögliche die Ernährung weiterer drei Milliarden Menschen. Gegner wenden ein, der Anbau von Monokulturen wie Genmais hätte einen Verlust der Artenvielfalt zur Folge, ungeahnte Nebenwirkungen wie die Entstehung von Unkräutern, die sich mit gängigen Mitteln nicht mehr bekämpfen lassen, und zunehmende Abhängigkeit von Herbiziden und Pestiziden. Sie plädieren für eine ausgewogenere Landwirtschaft.

Bevor der Mais aus der Neuen in die Alte Welt gelangte, war die Evolution der Pflanzen und Tiere in beiden Erdteilen unterschiedliche Wege gegangen. Nachdem Kolumbus den gegenseitigen Austausch von Pflanzen ausgelöst hatte, griff der Mensch in die natürliche Evolution ein. Mais verschob die Gewichte der Weltwirtschaft: weg von China, hin nach Westeuropa. Als Folge gelangte das Christentum zu höherem Ansehen, weil die Missionare die Lehren der Bibel in die Neue Welt trugen. Der Mais erwies sich als große verändernde Kraft in der Geschichte.

Ingwer

Zingiber officinale

Ursprungsgebiet: Ostasien, Malaiischer Archipel

Typus: bambusartige Pflanze mit essbarem Wurzelstock

Höhe: bis 1 m

Ingwer, der zur gleichen Pflanzenfamilie gehört wie Kurkuma und Kardamom, war im Mittelalter ein beliebtes Gewürz und wurde wegen seiner scharfen Süße geschätzt, besonders in eingelegter Form. Aber er war teuer. Im 14. Jahrhundert kostete ein Pfund Ingwer so viel wie ein Schaf.

- ***Nahrung***
- ***Heilmittel***
- Handelsware
- Werkstoff

Religiöse Erweckung

Ingwer war im griechischen und römischen Altertum ein bekanntes Gewürz. Im nördlichen Indien nannte man ihn *srngaveram*, »gehörnte Wurzel«. Die Römer, zu denen er aus seinen ostasiatischen Herkunftsländern über Südosteuropa gelangte, sagten *zingiber* zu ihm. Die Bewohner des Mittelmeerraums schätzten den knotigen Wurzelstock, sie wuschen, kochten, schälten und vermahlten die Ingwerwurzel, um ihre scharfen, aromatischen Eigenschaften freizusetzen und damit Speisen zu würzen. In jenen Zeiten, in denen es kaum Zucker gab, waren junge, in Honig eingelegte Ingwerwurzeln eine besondere Köstlichkeit.

Nach dem Niedergang des römischen Weltreichs vegetierten die knotigen Wurzeln im flachen indischen Boden vor sich hin, und die Ingwerbauern waren ärmer denn je. Allerdings nur, bis eine neue Religion auf den Plan trat: der Islam. Bis zum 7. Jahrhundert gab es drei große Religionen in Asien und Südeuropa: Hinduismus, Buddhismus und Christentum. Nach dem Tod des Propheten Mohammed im Jahr 632 und dem Aufstieg der Kalifen Abu Bakr und Omar griff die neue Religion um sich, bis sie im 14. Jahrhundert den ganzen Nahen Osten, die arabische Halbinsel, Spanien, den Balkan, Zentralasien, den indischen Subkontinent, Südostasien und Nordafrika erfasst hatte.

Selten bedeutete die Entstehung eines solchen Imperiums etwas Gutes für die Länder, die das Joch der Besetzung zu erdulden hatten, mit einer Ausnahme: sichere Handelswege. Die Festigung des islamischen Herrschaftsbereichs ermöglichte die Wiedereröffnung der traditionellen Ost-West-Handelsrouten auf dem Landweg. Würde man auf einer Landkarte Afrikas aus dem 16. Jahrhundert den islamischen Herrschaftsbereich mit dem Bleistift schraffieren, wären die größten Teile der Ostküste des heutigen

Nase, der Mörserkeule Nase,
wovon bist du nur so rot?
Muskat, Ingwer, Zimt und Nelken …

Francis Beaumont, *The Knight of the Burning Pestle*, 1607

Eritrea über Somalia, Kenia, Tansania bis Malawi geschwärzt. Dazu gehörten die Häfen von Gedi, Kilwa und Sofala, wo Elfenbein und Salz, dazu Kupfer und Gold aus Simbabwe nach China und Indien ausgeführt und gegen Töpferwaren, Perlen und Kaurimuscheln getauscht wurden. Fast ein Drittel Nordafrikas von Marokko bis Timbuktu unterstand ebenfalls islamischer Herrschaft, und auf den Märkten von Dschenne, Gao oder Timbuktu – das damals ein Zentrum muslimischer Gelehrter und ein belebter Handelsplatz war – tauchten Seide, Keramik und Gewürze auf, die aus Indien auf dem Weg über Iran, Irak, Jordanien und Ägypten hierhergelangt waren.

Klassische Heilmittel

✦

Ingwer war Bestandteil der »vier klassischen Heilmittel« der antiken Medizin, deren Rezepturen schon vor Christi Geburt entstanden. *Mithridat* war ein Universalheilmittel und Gegengift, das 54 teils magische Ingredienzen enthielt. Es wurde bei fast jeder Krankheit gegeben. Dann: *Theriak*, eine Variante von Mithridat mit über hundert, oft scheußlichen Zutaten. Sodann: *Philonium*, ein Medikament gegen Schmerzen, das unter anderem Safran, Pyrethrum, weißen Pfeffer und Honig enthielt. Und schließlich: *Dioscordium*, ein Mittel gegen die Pest, das aus Ingwer, Zimt, Kassie, Ehrenpreis, Opium, Sauerampfersamen, Enzian und Honig bestand.

Liebeszauber

Bald ächzten die Dromedare und Kamele, mit deren Unterstützung die Armeen Allahs immer neue Gebiete unterwarfen, unter dem Gewicht von Ingwer und anderen Lasten wie Kolanüssen und Elfenbein. Begleitet von jener anderen »Handelsware« der Araber, den schwarzafrikanischen Sklaven, strebten die Karawanen der nordafrikanischen Küste zu, von wo die Waren nach Europa verschifft wurden. Der Ingwer ging dabei durch zahllose Hände arabischer Händler und wurde immer teurer, aber Europa war begierig auf diese köstliche Gewürzpflanze, auf die man so lange verzichtet hatte.

Gerüchte, wonach Ingwer ein verlässliches, innerlich wie äußerlich anzuwendendes Aphrodisiakum sei, trugen nicht unwesentlich zur Preissteigerung bei. Noch im 19. Jahrhundert wurde behauptet, dass ein Verführer, der seine Hände mit Ingwer einrieb, ganz sicher Erfolg im Schlafzimmer haben würde. König Heinrich VI. von England empfahl eine eher prosaische Verwendung: Er wies den Bürgermeister von London an, Ingwer jedwedem Heilmittel im Kampf gegen die Pest beizumischen.

Rund ein Jahrhundert später soll eine Frau auf dem englischen Thron, Elisabeth I., ein Gebäck ersonnen haben, das mit Ingwer gewürzt war und bis heute die Kinderherzen erfreut: den Honigkuchenmann.

Ginger Ale
Das warme, scharfe Aroma des Ingwers beflügelte den Gewürzhandel. Während der amerikanischen Prohibition gewann das alkoholfreie Erfrischungsgetränk mit Ingwergeschmack rasant an Beliebtheit.

Literatur

Beerling, David: *The Emerald Planet – How plants change Earth's History*, OUP, Oxford 2007

Blackburne-Maze, Peter: *The Apple Book*, Collingridge Books, London 1986

Brentano, Clemens: *Gedichte und Erzählungen*, WBG, Darmstadt 1986

Brickell, Christopher (Hg.): *The Royal Horticultural Society – Die neue Garten-Enzyklopädie*, Dorling Kindersley, München 2003

Campbell-Culver, Maggie: *The Origins of Plants*, Headline, London 2001

Carroll, Lewis: *Alice hinter den Spiegeln*, aus dem Englischen von Christian Enzensberger, © Insel Verlag, Frankfurt am Main 1974

Cheers, Gordon (Hg.): *Botanica. Das ABC der Pflanzen*, Edition Könemann, Königswinter 2003

Cobbett, William: *Cottage Economy*, Kanitz Publishing, Herefordshire 2000

Crouch, David und Ward, Colin: *The Allotment*, Faber and Faber, London 1988

Culpeper, Nicholas: *Complete Herbal and English Physician*, 1826

Dájun, Wang und Shao-Jin, Shēn: *Bamboos of China*, Christopher Helm, London 1987

Dalby, Andrew: *Dangerous Tastes: the Story of Spices*, British Museum Press, London 2000

Dauthendey, Max: *Lieder der Vergänglichkeit*, Langen, München 1910

Doughty, Robin W.: *The Eucalyptus: A Natural History of the Gum Tree*, John Hopkins University Press, Baltimore 2000

Drège, Jean-Pierre und Bührer, Emil: *The Silk Road Saga*, Facts on File, New York 1987

Eastwood, Antonia, Lazkov, George und Newton, Adrian: *The Red List of Trees of Central Asia*, Fauna and Flora International, Cambridge (UK) 2009

Farrelly, David: *The Book of Bamboo*, Sierra Club Books, San Francisco 1984

Feldmann, C.: *Hildegard von Bingen. Nonne und Genie*, Freiburg 1995

Fernández-Armesto, Felipe: *Pathfinders*, OUP, Oxford 2006

Frey, William H. mit Langseth, Muriel: *Crying: The Mystery of Tears*, Winston Press Minneapolis 1985

Frost, Louise und Griffiths, Alistair: *Plants of Eden*, Alison Hodge, Penzance 2001

Fukouka, Masanobu: *The one-straw revolution*, Frances Lincoln, London 2009

Girardet, Herbert: *Cities People Planet: Urban Development and Climate Change*, John Wiley & Sons, Oxford 2008

Goerke, H.: *Carl von Linné 1707–1778. Arzt, Naturforscher, Systematiker*, Wiss. Verl.-Ges., Stuttgart 1989

Grigson, Geoffrey: *A Dictionary of English Plant Names*, Allen Lane, London 1974

Hammond, Claudia: *Emotional Roller Coaster*, Fourth Estate, London 2000

Harris, Esmond, Harris, Jeanette und James, N. D. G.: *Oak: A British History*, Windgather Press, Cheshire 2003

Harrison, S. G., Masefield, G. B. und Wallis, Michael: *The Illustrated Book of Food Plants*, OUP, Oxford 1969

Hibberd, Shirley: *Profitable Gardening*, Groombridge & Son, London 1863

Hildegard von Bingen: *Heilkraft der Natur – Physica*, Pattloch, Augsburg 1991

Hobhouse, Henry: *Seeds of Change*, Pan, London 1985

Huxley, Anthony: *An Illustrated History of Gardening*, Paddington Press, New York 1978

Hyams, Edward: *Plants in the service of man*, J. M. Dent, London 1971

Irish, Mary und Gavin: *Agaves, Yuccas and related plants*, Timber Press, Oregon 2000

Kilvert, Francis: *Kilvert's Diary 1870–1879*, Century, London 1986

Laws, Bill: *Artists' Gardens*, Ward Lock, London 1999

ders.: *The Field Guide to Fields*, HarperCollins, London 2010

Leathart, Scott: *Whence our trees*, Foulsham, London 1991

Lewington, Anna: *Plants for people*, Eden Project Books, London 2003

Lovelock, Yann: *The Vegetable Book*, Allen & Unwin, London 1972

Murphy, Bryan: *The World Book of Whisky*, William Collins, Glasgow 1978

Musgrave, Toby und Will: *An Empire of Plants*, Cassell, London 2000

Nobel, Park S.: *Remarkable agaves and cacti*, OUP, Oxford 1994

Paine, Thomas: *Common Sense*, aus dem Englischen von Lothar Meinzer, © Lothar Meinzer, Reclam, Stuttgart 1982

Pelling, Margaret und White, Frances: *Medical Conflicts in Early Modern London: Patronage, Physicians, and Irregular Practitioners 1550–1640*, OUP, Oxford 2004

Quincey, Thomas de: *Bekenntnisse eines englischen Opiumessers*, Weltgeist-Bücher Verlags-Gesellschaft, o. J.

Rackham, Oliver: *The History of the Countryside*, J. M. Dent, London 1986

Rajakumar, Kumaravel: *Infantile Scurvy: A Historical Perspective, Pediatrics Vol. 108 No. 4, October 2001*, University of Pittsburgh School of Medicine, elektronischer Artikel

Simons, A. J.: *Vegetable Grower's Handbook*, Bakers Nurseries, Wolverhampton 1941

Smith, A. W.: *A Gardener's Handbook of Plant Names*, Harper and Row, New York 1963

Stocks, Christopher: *Forgotten Fruits*, Windmill Hill Books, London 2008

Thoreau, David: *Walden oder ein Leben in den Wäldern*, aus dem Englischen von Wilhelm Nobbe, Eugen Diederichs, Jena 1922

Tudge, Colin: *The Secret Life of Trees*, Allen Lane, London 2005

White, Gilbert, *The Natural History of Selbourne*, Cassell and Company, London 1887

Winch, Tony: *Growing Food: A guide to food production*, Springer, Dordrecht 2006

Woodell, S. R. J. (Hg.): *The English Landscape, past, present and future*, OUP, Oxford 1985

Woodward, Marcus (Hg.): *Gerard's Herbal*, Studio Editions, London 1990

Yeats, William Butler: *Die Gedichte*, neu übersetzt von Marcel Beyer, Mirko Bonné, Gerhard Falkner, Norbert Hummelt, Christa Schuenke. Die Rechte an der deutschen Übersetzung von Norbert Hummelt liegen beim Luchterhand Literaturverlag, München, in der Verlagsgruppe Random House GmbH, München 2005

Nützliche Websites

American Botanical Council
www.herbalgram.org

American Museum of Natural History
www.amnh.org

Australian Network for Plant Conservation
www.anbg.gov.au

Champion Trees
www.championtrees.de

Conservation International
www.conservation.org
www.biodiversityhotspots.org

Deutsche Botanische Gesellschaft
www.deutsche-botanische-gesellschaft.de

Deutsche UNESCO-Kommission
www.unesco.de

European Bamboo Society
www.bamboosociety.org

Fairtrade Deutschland
www.fairtrade.de

Global Partnership for Plant Conservation
www.plants2010.org

GLOBIO
www.globio.info

Museum für Naturkunde, Berlin
www.naturkundemuseum-berlin.de

National Audubon Society
www.audubon.org

National History Museum, London
www.nhm.ac.uk

National Maritime Museum, London
www.nmm.ac.uk

National Society of Allotments and Leisure Gardens
www.nsalg.org.uk

Royal Botanic Gardens, Kew
www.kew.org

Royal Horticultural Society
www.rhs.org.uk

Umweltprogramm der Vereinten Nationen
www.unep.org

Verband Botanischer Gärten
www.verband-botanischer-gaerten.de

Weltgesundheitsorganisation
www.euro.who.int/de

World Wildlife Fund
www.wwf.de

Register

A

B

C

D

E

F

G

H

I

J

K

L

M

N

O

P

Q

R

BILDNACHWEIS

Es wurde größte Sorgfalt darauf verwendet, die Rechteinhaber der in diesem Buch verwendeten Bilder zu ermitteln. Wir entschuldigen uns im Voraus für unbeabsichtigte Auslassungen oder Irrtümer und sind gerne bereit, versehentlich vergessene Firmen oder Privatpersonen in Nachauflagen dieses Werks entsprechend zu vermerken.

Alle Bilder sind lizenzfrei, mit Ausnahme der folgenden:

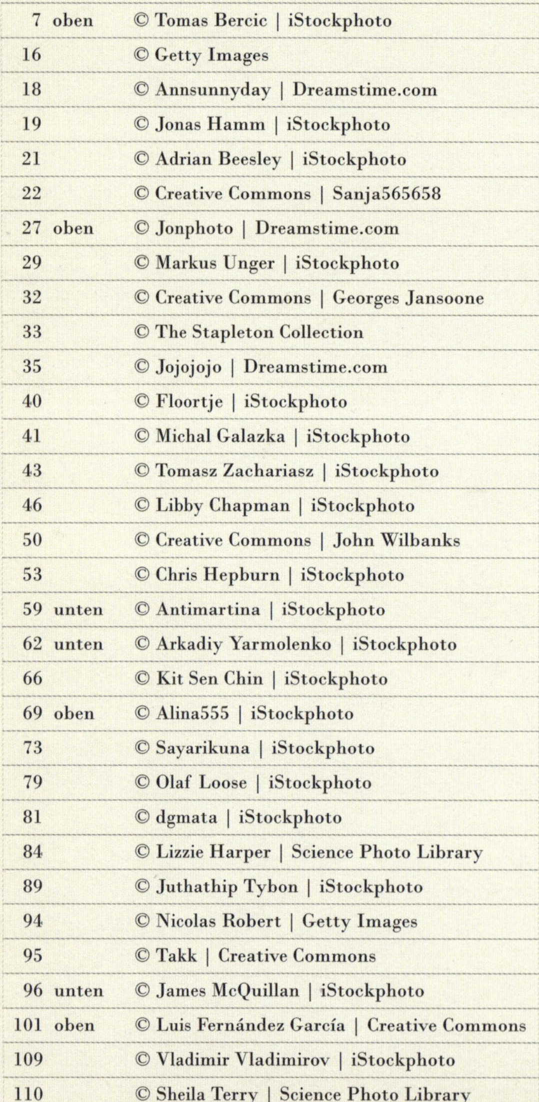

7	oben	© Tomas Bercic | iStockphoto
16		© Getty Images
18		© Annsunnyday | Dreamstime.com
19		© Jonas Hamm | iStockphoto
21		© Adrian Beesley | iStockphoto
22		© Creative Commons | Sanja565658
27	oben	© Jonphoto | Dreamstime.com
29		© Markus Unger | iStockphoto
32		© Creative Commons | Georges Jansoone
33		© The Stapleton Collection
35		© Jojojojo | Dreamstime.com
40		© Floortje | iStockphoto
41		© Michal Galazka | iStockphoto
43		© Tomasz Zachariasz | iStockphoto
46		© Libby Chapman | iStockphoto
50		© Creative Commons | John Wilbanks
53		© Chris Hepburn | iStockphoto
59	unten	© Antimartina | iStockphoto
62	unten	© Arkadiy Yarmolenko | iStockphoto
66		© Kit Sen Chin | iStockphoto
69	oben	© Alina555 | iStockphoto
73		© Sayarikuna | iStockphoto
79		© Olaf Loose | iStockphoto
81		© dgmata | iStockphoto
84		© Lizzie Harper | Science Photo Library
89		© Juthathip Tybon | iStockphoto
94		© Nicolas Robert | Getty Images
95		© Takk | Creative Commons
96	unten	© James McQuillan | iStockphoto
101	oben	© Luis Fernández García | Creative Commons
109		© Vladimir Vladimirov | iStockphoto
110		© Sheila Terry | Science Photo Library
111		© Stephen Sparkes | iStockphoto
112	oben	© Tamara Kulikova | iStockphoto
112	unten	© Trevor Moore | iStockphoto
115	unten	© Bjorn Heller | iStockphoto
117		© Science Photo Library
120		© Tamara Kulikova | iStockphoto
124		© Jeni Neale
128	unten	© Jan Will | iStockphoto
142	oben	© Susib | iStockphoto
144		© Ikopylov | Dreamstime.com
145		© The British Library Board. Add.Or.1740
147		© Angelogila | Dreamstime.com
156		© Getty Images
157		© Gabor Izso | iStockphoto
159		© Julien Grondin | Dreamstime.com
160		© Mary Evans Picture Library
161	unten	© Lindsey Johns
163	rechts	© Gee807 | Dreamstime.com
167		© Phbcz | Dreamstime.com
173		© Mary Evans Picture Library
175		© Getty Images
187		© Floortje | iStockphoto
195		© Floortje | iStockphoto
197		© Tjanze | iStockphoto
201		© Brent Melton | iStockphoto
204		© Museo della Civilta Romana, Rom, Italien | The Bridgeman ArtLibrary
206	unten	© Luoman | iStockphoto
209		© Mary Evans Picture Library
211		© Getty Images
212		© Norman Chan | iStockphoto
216	oben	© Mostafa Hefni | iStockphoto